(주)북스힐

머리말

교육이란 지식을 가르치는 것이 아니라 지혜를 가르치는 것이고, 부유하게 사는 요령을 가르치는 것이 아니라 한 인간으로 살아가는 방법을 가르치는 것이다. 인간은 누구나 교육자이면서 학생이다.

이 책은 이·공학계열 학생들뿐만 아니라 수학을 필요로 하는 인문·사회계열 모두에게 알맞은 일반교양을 위한 교재이다. 어렵고 복잡한 이론 전개보다는 간단하고 평이한 설명으로 누구나 조금 더 쉽게 수학과 접할 수 있게 정리의 증명을 최소화하였다.

그 동안 대학에서 사용된 여러 가지 교재들은 각 대학에 알맞게 집필되어 그 내용이 보는 각도에 따라 상당한 차이가 있었다. 그래서 누구나 쉽게 접근할 수 있는 교재의 필요성에 따라 이 책이 출간되었다.

이 책은 모두 10개의 장으로 구성되었다. 제1장은 나머지 9개의 장을 공부하는데 기초가 되는 장이다. 제2장과 3장은 각각 현대수학의 기본인 함수와 극한에 대하여 다루었고, 제4장은 미분법과 그 응용을, 제5장은 적분법에 관하여 알아보았다. 제6장은 벡터, 제7장은 극좌표에 대하여 다루었다. 제8장과 9장에서는 각각 제4장과 5장에서 다루었던 미분과 적분의 확장인 편미분과 중적분에 대하여 알아보았다. 마지막으로 제10장에서는 제6장 벡터의 확장인 행렬과 행렬식에 대하여 다루었다.

그동안 수학을 공부하면서 느낀 점을 효과적으로 전달하려고 노력하였지만 미흡한 점이 많으리라 생각된다. 이 책이 이번 기회에 수학과 친해지려는 분들의 수학적 사고능력 함양에 조금이라도 도움이 된다면 저자로서는 더없이 기쁠 것이다.

끝으로 이 책을 엮는 데 도움을 주고, 격려를 해주신 선후배와 동료교수들과 여러 가지 어려움에도 아낌없는 도움을 주신 (주)북스힐 가족 여러분께 감사를 드린다. 아울러 이 책을 선택하여 주신 수학과 친해지려는 분들과 그 어떤 이에게 이 책을 바친다.

저자 대표

차례

9장 중적분

10장 행렬과 행렬식

1

기본개념

1 집합과 명제

집합이란 우리의 직관 혹은 사고의 대상이 되는 것 중에서 주어진 조건을 만족하는 대상물들의 모임이다.

집합을 구성하고 있는 대상물들을 그 집합의 원소라 부른다. 만약 a가 집합 A의 **원소**일 때, 이것을

$$a \in A \text{ 또는 } A \ni a$$

로 나타낸다.

한편, 원소가 무한히 많은 집합을 **무한집합**이라 하고, 원소가 유한개인 집합을 **유한집합**이라고 한다. 또 원소가 하나도 없는 집합을 **공집합**이라 하고 ϕ로 나타낸다. 또 집합 A의 모든 원소가 집합 B에 속할 때, A를 B의 **부분집합**이라 하고, 이것을

$$A \subset B \text{ 또는 } B \supset A$$

로 나타낸다.

두 집합 A가 B가 같은 원소로 구성되어 있을 때, 집합 A의 모든 원소가 역시 집합 B의 원소이고 아울러 집합 B의 모든 원소 역시 집합 A의

원소일 때, 즉, $A \subset B$이고 $A \subset B$일 때 집합 A는 집합 B와 **상등**이라 하고, 이것을

$$A = B$$

로 나타낸다.

한편, $A \subset B$이면서 $A \neq B$일 때, A를 B의 **진부분집합**이라 하고, 이것을

$$A \subset B \text{ 또는 } B \supset A$$

로 나타낸다.

전체집합 U의 부분집합들 사이에 몇 가지 집합연산을 다음과 같이 정의할 수 있다.

정의 1. 1

두 집합 A, B가 전체집합 U의 부분집합일 때,

① $A \cup B = \{x \in U \mid x \in A \text{ 또는 } x \in B\}$

② $A \cap B = \{x \in U \mid x \in A \text{ 그리고 } x \in B\}$

③ $A - B = \{x \in U \mid x \in A \text{ 그리고 } x \notin B\}$

④ $A^c = \{x \in U \mid x \notin A\}$

예제 1

전체집합 $U = \{x \mid x\text{는 정수, } 1 \leq x < 15\}$, 집합 $A = \{1, 3, 5, 7, 9\}$, $B = \{3, 7, 10\}$, $C = \phi$일 때, 다음을 구하여라.

(1) $A \cup B$ (2) $A \cap B$ (3) $A - B$ (4) C^c

풀이 (1) $A \cup B = \{1, 3, 5, 7, 9, 10\}$

(2) $A \cap B = \{3, 7\}$

(3) $A - B = \{1, 5, 9\}$

(4) $C^c = U$ ■

문제 1

다음 두 집합 사이의 포함관계를 구하여라.

$$A = \{1, 2, 3, 7, 2, 3, 9, 7\}, \qquad B=\{1, 2, 3, 7, 9\}$$

정의 1.2

두 집합 A, B에 대하여, 집합

$$A \times B = \{(a, b) \mid a \in A, b \in B\}$$

를 A와 B의 **데카르트 곱**이라 한다.

집합 $A \times B$의 원소 (a, b)를 a와 b의 **순서쌍**이라고 한다. 한편, 집합 $A \times B$에서 두 원소의 상등관계 $(a, b) = (c, d)$를 $a = c$이고 $b = d$로 정의한다.

예제 2

집합 $A = \{1, 2, 3\}$, $B = \{a, b\}$일 때, $A \times B$와 $B \times A$를 구하여 비교하여라.

풀이 $A \times B = \{(1, a), (1, b), (2, a), (2, b), (3, a), (3, b)\}$

$B \times A = \{(a, 1), (a, 2), (a, 3), (b, 1), (b, 2), (b, 3)\}$

따라서, $A \times B \neq B \times A$이다. ■

문제 2

집합 $A = \{1, 2, 3\}$, $B = \{1, 2, 3, 4, 5\}$일 때 다음을 구하여라.

(1) $A \cup B$ (2) $A \cap B$ (3) $A \times B$ (4) $B \times A$

우리가 앞으로 다루게 될 부분의 집합은 실수, 복소수, 또는 그들의 부분 집합들이다. 따라서 주로 사용하는 집합의 기호를 다음과 같이 정의한다.

$N=\{1, 2, 3, \ldots\}$ 자연수 전체의 집합

$Z=\{\cdots, -2, -1, 0, 1, 2, \cdots\}$ 정수 전체의 집합

$Q=\left\{\frac{m}{n} \mid m,\ n \in Z,\ n \neq 0\right\}$ 유리수 전체의 집합

R 실수 전체의 집합

$C=\{a+bi \mid a,\ b \in R,\ i^2=-1\}$ 복소수 전체의 집합

두 명제 p, q가 있을 때, 이들 두 명제를 "…이면, …이다"로 연결시켜 만든 명제 'p이면 q이다'를 **조건문**이라 하고, 이것을

$$p \rightarrow q$$

로 나타낸다. 명제 $p \rightarrow q$의 진리값이 항상 참일 때, 이것을

$$p \Rightarrow q$$

로 나타낸다. 또,

p는 q이기 위한 충분조건

q는 p이기 위한 필요조건

이라 한다.

아울러 $p \Rightarrow q$인 동시에 $q \Rightarrow p$일 때, 이를

$$p \Leftrightarrow q$$

로 나타내고 p와 q는 서로 동치인 명제라고 한다. 또,

p는 q이기 위한 필요충분조건

q는 p이기 위한 필요충분조건

이라 한다.

2 수와 식

$5+3=8$, $5-3=2$, $5\times3=15$, $5\div3=\frac{5}{3}$와 같이 일정한 규칙에 따라 새로운 수를 만들어 내는 셈을 **연산**이라고 하고 앞에서와 같은 덧셈, 뺄셈, 곱셈, 나눗셈을 **사칙연산**이라 한다.

집합 A가 있을 때, A의 원소 a, b에 대하여 A의 단 하나의 원소 c를 대응시켜 주는 대응규칙

$$(a,\ b)\mapsto c$$

를 A 위의 **이항연산**이라 한다. 이때, 흔히 기호 $\circ$를 써서 $a\circ b=c$로 나타내고, A위에 연산 $\circ$이 정의되어 있다고 한다.

집합 A에서의 이항연산 $\circ$이 정의되어 있을 때, A의 임의의 두 원소 a, b에 대한 연산의 결과가 다시 그 집합의 원소가 될 때, 즉,

$$a,\ b\in A\Rightarrow a\circ b\in A$$

가 성립하는 경우 A는 연산 $\circ$에 대하여 닫혀 있다고 한다.

집합 A가 연산 $\circ$에 대하여 닫혀 있고, 모든 $a\in A$에 대하여, $a\circ e=a=e\circ a$을 만족하는 원소 $e\in A$가 존재할 때, 이 원소 e를 연산 $\circ$에 대한 **항등원**이라 한다.

또, 임의의 원소 $a\in A$에 대하여,

$$a\circ x=x\circ a=e$$

를 만족하는 원소 $x\in A$를 연산 $\circ$에 대한 a의 **역원**이라 한다.

다음 절에서 다루게 될 방정식은 실생활에서 아주 유용하게 사용되는 개념 중의 하나이다. 주어진 방정식의 해를 구하는 가장 기본적인 방법은 주어진 방정식을 인수분해하여 단항식 또는 다항식의 곱으로 표현하는 것이다. 이번에는 인수분해와 인수정리에 대하여 알아보자.

정리 1.3 (다항식의 곱셈과 인수분해)

① $ma + mb - mc = m(a + b - c)$

② $x^2 + (a + b)x + ab = (x + a)(x + b)$

③ $acx^2 + (ad + bc)x + bd = (ax + b)(cx + d)$

④ $a^2 \pm 2ab + b^2 = (a \pm b)^2$ (복호동순)

⑤ $a^2 - b^2 = (a + b)(a - b)$

⑥ $a^3 \pm 3a^{2b} + 3ab^2 \pm b^3 = (a \pm b)^3$ (복호동순)

⑦ $a^3 \pm b^3 = (a \pm b)(a^2 \mp ab + b^2)$ (복호동순)

⑧ $a^2 + b^2 + c^2 + 2ab + 2bc + 2ca = (a + b + c)^2$

⑨ $a^4 + a^2b^2 + b^4 = (a^2 + ab + b^2)(a^2 - ab + b^2)$

⑩ $a^3 + b^3 + c^3 - 3abc = (a + b + c)(a^2 + b^2 + c^2 - ab - bc - ca)$

정리 1.4 (나머지 정리와 인수정리)

(1) x의 다항식 $f(x)$를 x의 일차식 $(x - \alpha)$로 나눈 나머지는 $f(\alpha)$이고 $(ax + b)$로 나눈 나머지는 $f\left(-\dfrac{b}{a}\right)$이다.

(2) x의 다항식 $f(x)$가 $(x - \alpha)$로 나누어 떨어지기 위한 필요충분조건은 $f(\alpha) = 0$이고 몫은 조립제법을 사용하여 구한다.

정리 1.4에서 설명하였던 **조립제법**에 대하여 알아보자.

실제로 3차 다항식 $2x^3 + 3x^2 - 7x + 6$을 $(x - 1)$로 나눌 때 몫을 $a_1x^2 + a_2x + a_3$, 나머지를 R이라 하면 다음과 같이 조립제법을 사용하여 몫과 나머지를 구할 수 있다.

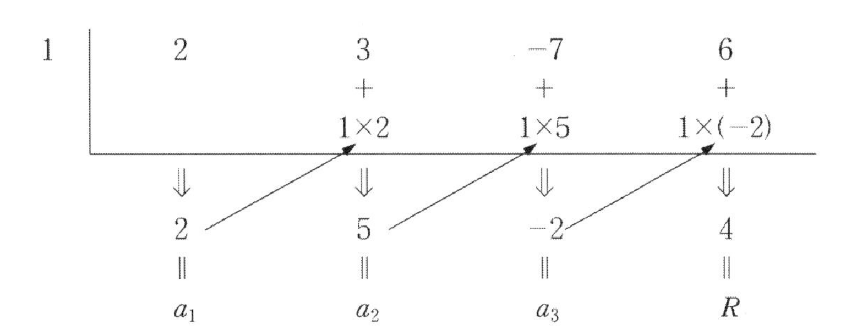

따라서, 몫은 $a_1x^2 + a_2x + a_3 = 2x^2 + 5x - 2$이고 나머지는 $R = 4$이다.

문제 3

다음은 인수분해 공식

$$a^3 - b^3 = (a - b)(a^2 + ab + b^2)$$

을 증명한 것이다.

빈 칸을 채워 증명을 완성하여라.

$$\begin{aligned} a^3 - b^3 &= \boxed{} + \boxed{}\ (a - b) \\ &= (a - b)\{\boxed{} + \boxed{}\} \\ &= (a - b)(a^2 + ab + b^2) \end{aligned}$$

문제 4

$f(x) = x^3 + ax^2 + 5x - 6$을 $x - 2$로 나눈 나머지가 $x - 3$으로 나눈 나머지와 같을 때, a의 값을 구하여라.

3 방정식

등호를 사용하여 좌·우의 두 항이 같음을 표현한 식을 **등식**이라고 한다. 등식 중에서 $x + 1 = 5$와 같이 x의 값에 따라 진리값이 참이 되기도 하고 거짓이 되기도 하는 등식을 x에 대한 **방정식**이라 하고 $2x+3x=5x$와 같이 x 대신에 어떤 수를 대입해도 진리값이 항상 참이 되는 등식을 x에 대한 **항등식**이라고 한다.

방정식 $x+1=5$에서 x 대신에 4를 대입하면 주어진 방정식의 진리값이 참이 된다. 이와 같이 방정식의 진리값을 참으로 만드는 미지수 x의 값을 그 방정식의 **해**(또는 **근**)라 하고 방정식의 해를 구하는 것을 방정식을 푼다고 한다.

일차방정식 $ax=b$의 해를 구할 때,

① $a \neq 0$이면 $x=\dfrac{b}{a}$이고,

② $a=0$, $b \neq 0$이면 $0 \cdot x=b$이므로 **불능**, 즉 근이 없다고 하고,

③ $a=0$, $b=0$이면 $0 \cdot x=0$이므로 **부정**, 즉 근이 무한히 많다고 한다.

방정식을 정리한 식이

$$(x\text{에 관한 이차식})=0$$

의 꼴이 되는 방정식을 x에 대한 이차방정식이라고 한다.

이차방정식 $ax^2+bx+c=0(a \neq 0)$의 해를 구하는 방법은 다음과 같이 두 가지 방법이 있다.

① 인수분해에 의한 방법

$$ax^2+bx+c=0 \Leftrightarrow a(x-\alpha)(x-\beta)=0 \Leftrightarrow x=\alpha,\ \beta$$

② 근의 공식에 의한 방법

$$x=\frac{-b \pm \sqrt{b^2-4ac}}{2a}$$

예제 3

다음 방정식의 해를 구하여라.

(1) $(a-1)(x-a)=0$ (2) $3x^2-7x+2=0$

풀이 (1) $(a-1)(x-a)=0$에서 $(a-1)x=a(a-1)$

따라서, $a \neq 1$이면 $x=a$

$a=1$이면 $0 \cdot x=0$이므로 부정.

(2) (인수분해의 이용)

$3x^2-7x+2=0$에서, $(3x-1)(x-2)=0$

따라서 $3x-1=0$ 또는 $x-2=0$

즉, $x=\frac{1}{3}$, 2

(근의 공식의 이용)

$3x^2-7x+2=0$에서

$$x=\frac{7 \pm \sqrt{7^2-4 \times 3 \times 2}}{2 \times 3}=\frac{7 \pm 5}{6}=2,\ \frac{1}{3}$$ ■

다음 방정식의 해를 구하여라.

(1) $|x-1|=2-3x$　　　　(2) $x^2-4x+3=0$

이차방정식 $x^2+1=0$에서 $x^2=-1$을 얻을 수 있다. 즉, 어떤 수를 제곱한 값이 음수가 되는 주어진 방정식의 해를 실수 범위에서는 구할 수 없다. 어떻게 하면 해를 구할 수 있을까? 이때, 수를 제곱하여 음수가 되는 수까지 확장하면 이 방정식의 해를 구할 수 있다. 이 확장된 수를 **복소수**라 한다. 복소수 범위에서 주어진 방정식의 해를 구하여 보면

$$x=\pm\sqrt{-1}$$

이다. 이때, $\sqrt{-1}$은 제곱근의 정의에 위배되므로 i로 나타내고 **허수**라고 한다. 즉, $i^2=-1$이다. 이 기호는 1771년 오일러가 처음으로 사용하였는데, 1801년 독일의 수학자 가우스가 이 기호를 사용하면서부터 널리 사용되어졌다.

a, b가 실수일 때 임의의 복소수는 $a+bi$로 나타내는데, a를 **실수부분**, b_i를 **허수부분**이라고 한다. 이 복소수의 표기법도 오일러가 처음으로 사용하였다.

예제 4

이차방정식 $x^2 - 2x + 3 = 0$의 해를 구하여라.

풀이 $x^2 - 2x + 3 = 0$에서 근의 공식을 이용하면,

$$x = \frac{2 \pm \sqrt{(-2)^2 - (4\times1\times3)}}{2\times1} = \frac{2\pm2\sqrt{-2}}{2} = 1 \pm \sqrt{-2} = 1 \pm \sqrt{2}i \quad ■$$

문제 6

다음 방정식의 해를 구하여라.

(1) $2x^2 + 3x + 4 = 0$ (2) $x^2 - x + 3 = 0$

삼차 이상의 방정식을 **고차방정식**이라고 하는데, 이들 고차방정식의 풀이는 일반적으로 쉽지 않다. 다음의 예제를 통하여 고차방정식의 풀이를 설명한다.

예제 5

다음 방정식을 풀어라.

(1) $x^3 - x = 0$

(2) $x^4 - 3x^2 - 4 = 0$

(3) $x^4 + 2x^3 - 8x - 16 = 0$

(4) $(x+1)(x+3)(x-5)(x-7) = -63$

풀이 (1) 주어진 방정식의 좌변을 인수분해하면

$$x^3 - x = x(x^2 - 1) = x(x-1)(x+1) = 0$$

따라서, $x = -1,\ 0,\ 1$이다.

(2) $x^2 = T$라 하면 주어진 사차방정식은

$T^2 - 3T - 4 = 0$, $(T+1)(T-4) = 0$

따라서, $T = -1$ 또는 $T = 4$이므로 $x = \pm i$, ± 2 이다.

(3) $f(x) = x^4 + 2x^3 - 8x - 16$라 하면 $f(2) = 0$, $f(-2) = 0$

즉, $f(x)$는 $(x-2)(x+2)$를 인수로 갖는다.

2	1	2	0	−8	−16
		2	8	16	16
−2	1	4	8	8	0
		−2	−4	−8	
	1	2	4	0	

$$f(x) = (x-2)(x+2)(x^2+2x+4) = 0$$

따라서, $x = \pm 2$, $-1 \pm \sqrt{3}i$ 이다.

(4) 주어진 방정식 $(x+1)(x+3)(x-5)(x-7) = -63$은 다음과 같이 고쳐 쓸 수 있다.

$$(x^2-4x-5)(x^2-4x-21) + 63 = 0$$

$T = x^2 - 4x - 5$라 하면 고쳐 쓴 방정식은

$$T(T-16) + 63 = 0 \rightarrow (T-7)(T-9) = 0$$
$$\therefore T = 7, 9$$

(i) $T = 7$이면 $x^2 - 4x - 5 = 7 \rightarrow (x+2)(x-6) = 0$

$$\therefore x = -2, 6$$

(ii) $T = 9$이면 $x^2 - 4x - 5 = 9 \rightarrow x^2 - 4x - 14 = 0$

$$\therefore x = \frac{4 \pm \sqrt{(-4)^2 - \{4 \times 1 \times (-14)\}}}{2} = 2 \pm 3\sqrt{2}$$

따라서, $x = -2$, 6, $2 \pm 3\sqrt{2}$ 이다. ■

문제 7

다음 방정식을 풀어라.

(1) $3x^2 + 7x^2 - 4 = 0$

(2) $x^4 + x^2 + 1 = 0$

2

함 수

1 좌 표

임의의 직선 l상에 서로 다른 두 점 O와 E를 정하자.

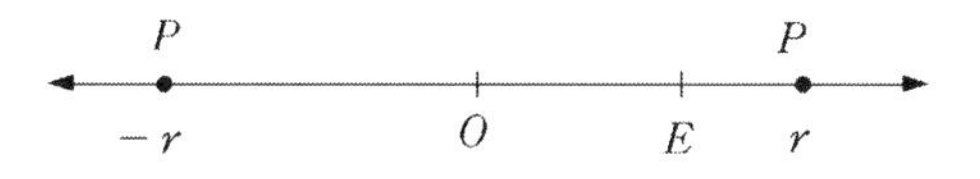

이 직선 l상의 임의의 점 P에 대하여

$$\frac{\overline{OP}}{\overline{OE}} = r(\in R)$$

이라 하면, 실수 r은 점 P와 O가 일치하면 $r=0$이고 점 P와 O가 일치하지 않으면 $r>0$이 된다. 이때, 점 P가 점 O을 기준으로 하여 점 E와 같은 편에 있으면 점 P의 좌표는 r이라 하고, 반대편에 있으면 점 P의 좌표는 $-r$이라 한다.

즉, 직선상에 있는 모든 점은 실수와 맺어질 수 있고 역으로, 임의의 실수를 좌표로 갖는 점이 직선상에 정하여 진다. 따라서 앞의 명제를 이용하여 직선 l에 좌표를 도입하면, 직선 l상의 점들의 집합은 실수 전체로 나타내어진다. 이와 같은 직선 l을 수직선이라 하고 점 O를 이 수직선의 원점이라 하고 점 E를 좌표의 **단위점**이라 한다.

수직선상에서 좌표가 x_1인 점 P를 $P(x_1)$으로 나타낸다. 따라서, $O(0)$이고 $E(1)$이다.

수직선은 원점 $O(0)$을 기준으로 2개의 부분으로 나누어진다. 단위점 $E(1)$을 포함하는 쪽을 양의 부분이라 하고 반대편을 음의 부분이라 한다.

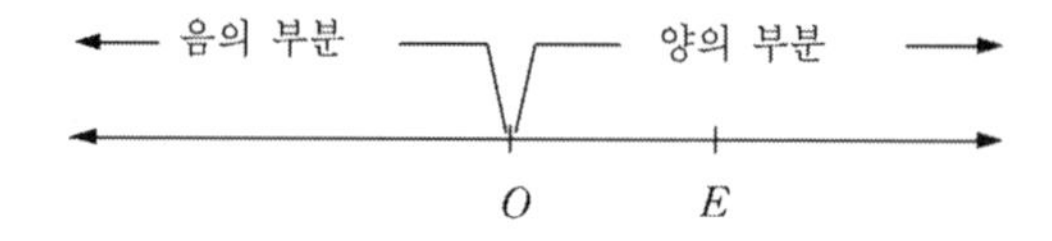

수직선 위의 두 점 $P(x_1)$와 $Q(x_2)$ 사이의 거리 $\overline{PQ}$는 두 점 x_1과 x_2의 대소에 따라 구하는 방법이 달라지므로 일반적으로 다음과 같이 구할 수 있다.

$$\overline{PQ} = |x_2 - x_1|$$

선분 PQ상에 점 R이 있을 때, 점 R은 선분 PQ를 **내분한다**라고 하고 점 R을 **내분점**이라고 한다.

두 점 $P(x_1)$과 $Q(x_2)$를 이은 선분 PQ를 $m : n$으로 내분하는 점 $R(x)$의 좌표는

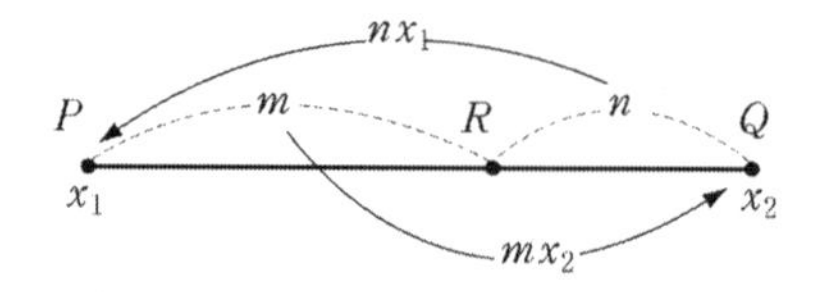

위 수직선에서 $\overline{PR} = x - x_1$, $\overline{RQ} = x_2 - x$이므로,

$$(x - x_1) : (x_2 - x) = m : n$$
$$n(x - x_1) = m(x_2 - x)$$

이므로

$$x = \frac{mx_2 + mx_1}{m + n}$$

이다.

선분 PQ의 연장선상에 점 R이 있을 때, 점 R은 선분 PQ를 **외분한다**고 하고 점 R을 **외분점**이라 한다.

두 점 $P(x_1)$과 $Q(x_2)$를 이은 선분 PQ를 $m: n$으로 외분하는 점 $R(x)$의 좌표는

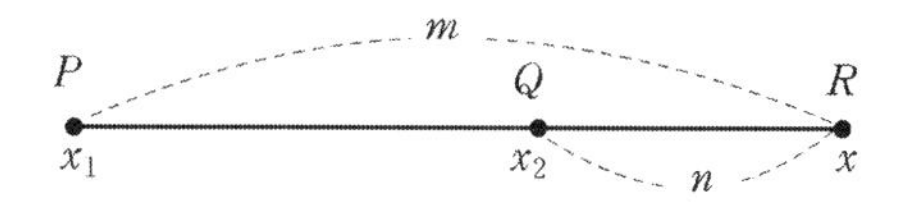

위 수직선에서 $\overline{PR} = x - x_1$, $\overline{QR} = x - x_2$이므로

$$(x - x_1) : (x - x_2) = m : n$$
$$n(x - x_1) = m(x - x_2)$$

이므로

$$x = \frac{mx_2 - nx_1}{m - n}$$

이다.

예제 1

수직선상의 두 점 $P(2)$와 $Q(5)$를 이은 선분 PQ를 $3:2$으로 내분하는 점 R_1과 외분하는 점 R_2의 좌표를 구하여라.

풀이 내분점 R_1: $\dfrac{(3 \times 5) + (2 \times 2)}{3 + 2} = 3.8$

외분점 R_2: $\dfrac{(3 \times 5) - (2 \times 2)}{3 - 2} = 11$ ■

예제 1에서 선분 PQ의 중점은 선분 PQ를 $1:1$로 내분하는 점과 같으므로 중점 M은 $\dfrac{x_2 + x_1}{2} = \dfrac{5 + 2}{2} = 3.5$이다.

문제 1

수직선상의 두 점 $P(-2)$와 $Q(4)$를 이은 선분 PQ를 $2:1$으로 내분하는 점 R_1과 외분하는 R_2 그리고 중점 M의 좌표를 구하여라.

이번에는 아래 그림과 같이 평면상의 한 점 O에서 직교하는 두 직선에서, 가로로 뻗은 직선을 x축이라 하고 세로로 뻗은 직선을 y축이라 하면, x축과 y축과의 교점을 원점이라 한다.

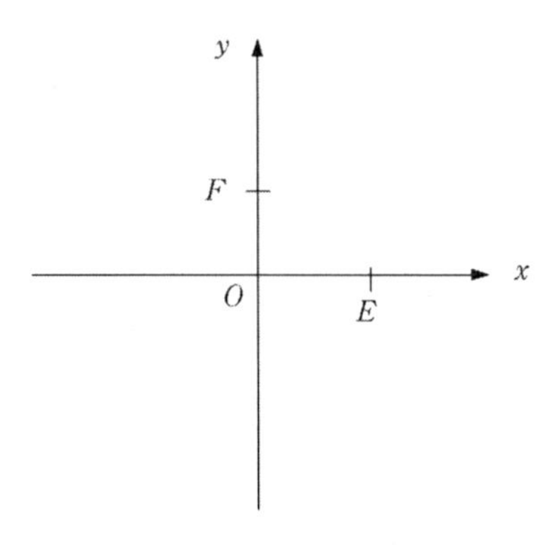

x축에서 점 O의 오른쪽에 점 E를, y축에서 점 O의 위쪽에 점 F를 $OE = OF$가 되도록 정하면 이들 좌표축은 각각 O를 원점으로 하고 E와 F를 단위점으로 하는 수직선이 된다. 이때, 평면상의 임의의 점 P에서 y축과 나란하게 수선을 뻗어 x축과 만나는 점을 $X(x_1)$이라 하고 x축과 나란하게 수선을 뻗어 y축과 만나는 점을 $Y(y_1)$이라 하면, 점 P에 대하여 실수들의 순서쌍 (x_1, y_1)이 하나 정해진다.

마찬가지 방법으로, 평면상의 각 점에 실수들의 순서쌍을 대응시켰을 때, 이 평면을 좌표평면이라 하고, 좌표평면상에서 임의의 점 P에 대응하는 실수들의 순서쌍 (x_1, y_1)를 점 P의 좌표라 하고, 좌표평면상에서 좌표가 (x_1, y_1)인 점 P를 $P(x_1, y_1)$로 나타낸다. 분명히 $O(0, 0)$, $E(1, 0)$이고 $F(0, 1)$이다.

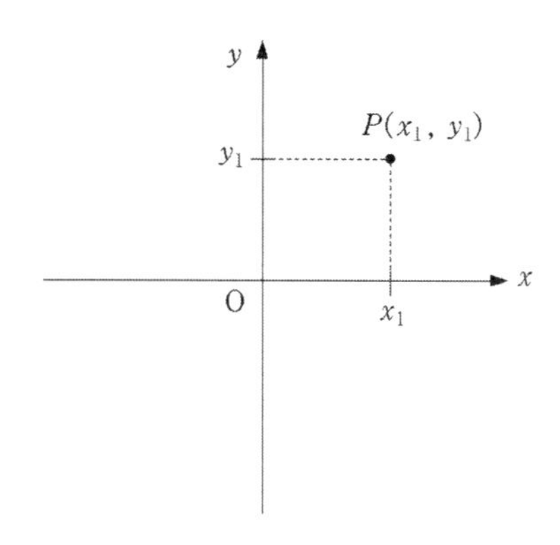

좌표평면상의 두 점 $P(x_1, y_1)$와 $Q(x_2, y_2)$ 사이의 거리를 $\overline{PQ}$는 다음과 같이 구할 수 있다.

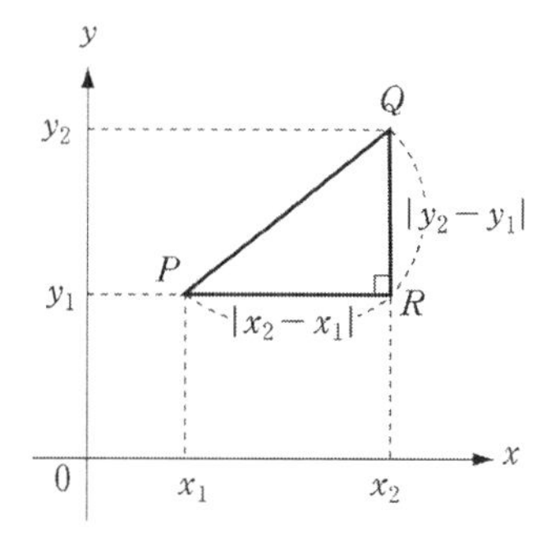

피타고라스 정리에 의하여,

$$(\overline{PQ})^2 = (\overline{PR})^2 + (\overline{RQ})^2$$

이고, $\overline{PR} = |x_2 - x_1|$, $\overline{QR} = |y_2 - y_1|$ 이므로

$$(\overline{PR})^2 = (x_2 - x_1)^2 + (y_2 - y_1)^2$$
$$\overline{PQ} = \sqrt{(x_2 - x_1)^2 + (y_2 - y_1)^2}$$

이다.

좌표평면상의 두 점 $P(x_1, y_1)$와 $Q(x_2, y_2)$를 이은 선분 PQ를 $m:n$으로 내분하는 점 $R(x, y)$의 좌표를 구하기 위해서는 세 점 P, R, Q에서 각각 x축에 수선을 그어 x축과 만나는 지점을 P', R', Q'라 하면 $\overline{P'R'} : \overline{R'Q'} = \overline{PR} : \overline{RQ} = m : n$

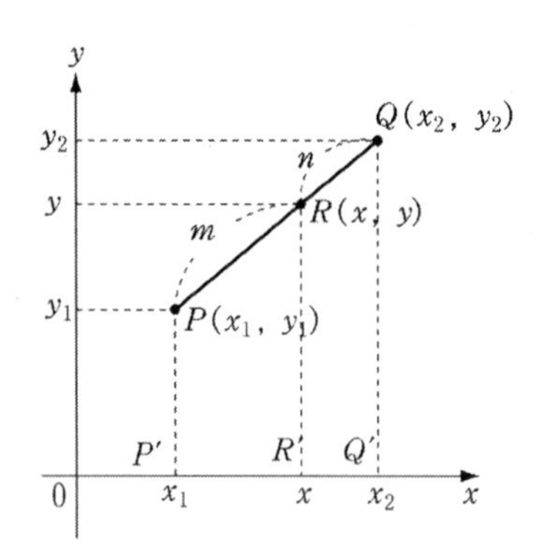

$$\overline{P'R'} : \overline{R'Q'} = m : n$$

$$(x - x_1) : (x_2 - x) = m : n$$

$$n(x - x_1) = m(x_2 - x)$$

따라서, $x = \dfrac{mx_2 + nx_1}{v} m + n$이다.

좌표평면은 좌표축에 따라 4부분으로 나누어진다. 이때, 각 부분을 사분면이라 하고 각 사분면을 다음과 같이 부른다.

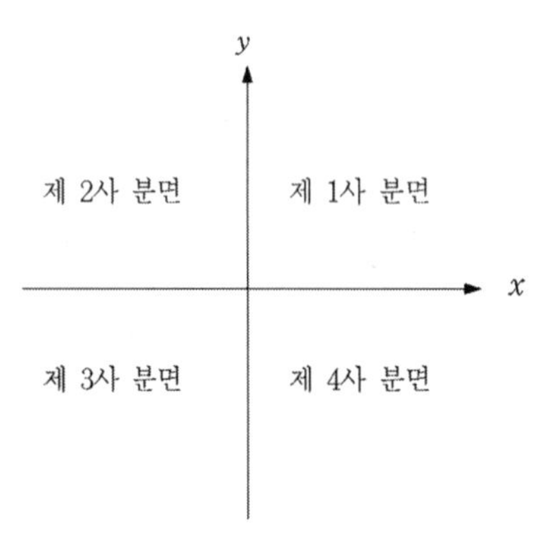

문제 2

좌표평면에서 좌표가 $(a,\ b)$일 때, a와 b의 부호에 따라 속하는 사분면을 구하여라.

2 함수와 그래프

x와 y를 임의의 두 변수들이라 할 때, x와 y 사이에 성립하는 관계, 즉, x의 값이 정해지면 이것에 의하여 y의 값이 정해질 때를 y를 x의 함수라고 한다. 예를 들어 정사각형의 면적 y는 그 정사각형의 한 변의 길이 x에 의하여 결정된다. x와 y 사이에는

$$y = x \cdot x = x^2$$

의 관계가 성립된다. 그러므로 한 변의 길이 x의 값이 정해지면 그것에 대응하여 면적 y의 값이 정해진다. 그러므로 면적 y는 한 변의 길이 x의 함수이다.

정의 2.1 (함수)

두 집합 X와 Y에 대하여, X의 각 원소에 Y의 원소를 하나씩 대응시키는 관계 f를 X에서 Y로의 **함수**라 하고 $f: X \to Y$로 나타낸다.

함수 $f: X \to Y$가 주어졌다고 할 때, X를 함수 f의 **정의역**이라 하고 Y를 **공변역**이라 한다. $x \in X$에 대응하는 Y의 원소 $f(x)$를 x의 **상** 또는 **함수값**이라 하고 함수값 전체의 집합을 **치역**이라 하며, $f(X)$로 나타낸다. 따라서, $f(X) \subset Y$인 관계가 성립한다.

예제 2

두 집합 X, Y가 다음과 같을 때,

$$X = \{x \in Z \mid -5 < x \leq 2\}, \quad Y = \{y \in Z \mid -1 \leq y \leq 10\}$$

$f(x) = x + 5$인 함수 $f: X \to Y$에 대하여

(1) $f(1)$을 구하여라. (2) 함수 f의 정의역을 구하여라.

풀이 (1) $f(1) = 1 + 5 = 6 \in Y$, 따라서 $f(1) = 6$이다.
(2) 함수 f의 정의역 $X = \{x \in Z \mid -5 < x \leq 2\} = \{-4, -3, -2, -1, 0, 1$ $2\}$이다. ■

문제 3

다음 함수의 주어진 점에서의 함수값을 구하여라.

$$f(x) = 2x - 3, \quad x = \{-2, -1, 0, 2\}$$

집합 $X = \{-1, 0, 1\}$을 정의역으로 하는 두 함수 f, g가 $f(x) = x$, $g(x) = x^3$으로 주어질 때, 이 두 함수의 치역을 구하면

$$f(-1) = -1 = g(-1),\ f(0) = 0 = g(0),\ f(1) = 1 = g(1)$$

이다. 즉, 정의역의 모든 원소 x에 대하여 $f(x) = g(x)$이다.

이와 같이 두 함수의 정의역이 같고, 정의역의 모든 원소 x에 대하여 $f(x) = g(x)$일 때, 두 **함수는 같다**고 하고

$$f = g$$

로 나타낸다.

예제 3

정의역이 $X = \{-1, 2\}$인 두 함수 $f(x) = x^2 + 2$, $g(x) = ax + b$에 대하여 $f(x) = g(x)$일 때, 함수 $g(x)$를 구하여라.

풀이 정의역의 원소 $x = -1$, $x = 2$에 대하여 $f(x) = g(x)$이므로

$f(-1) = g(-1)$에서 $3 = -a + b$ .... ①
$f(2) = g(2)$에서 $6 = 2a + b$ .... ②

①과 ②를 연립하여 풀면 $a=1$, $b=4$이므로

$$g(x)=x+4$$

이다. ■

문제 4

집합 $X=\{-4, 2\}$에서 $Y=\{y| y는\ 실수\}$로의 두 함수 f, g를 $f(x)=x^2+x+1$, $g(x)=ax+b$로 정의할 때, $f=g$가 성립하도록 a, b를 구하여라.

함수 $y=f(x)$에서 $f(x)$가 x에 대한 다항식일 때, $y=f(x)$를 **다항함수**라고 한다. 특히, 다항식이 1차, 2차, 3차, …의 다항식일 때의 다항함수를 각각 **1차함수**, **2차함수**, **3차함수**, …라고 한다.

x의 함수 $y=f(x)$가 주어졌을 때, x축과 y축을 좌표축으로 하는 좌표평면에서, $x=x_i$에서의 함수 $f(x)$의 함수값은

$$y_i=f(x_i)$$

이다. 좌표평면상에서 임의의 점 $P_i(x_i, y_i)$를 택하여,

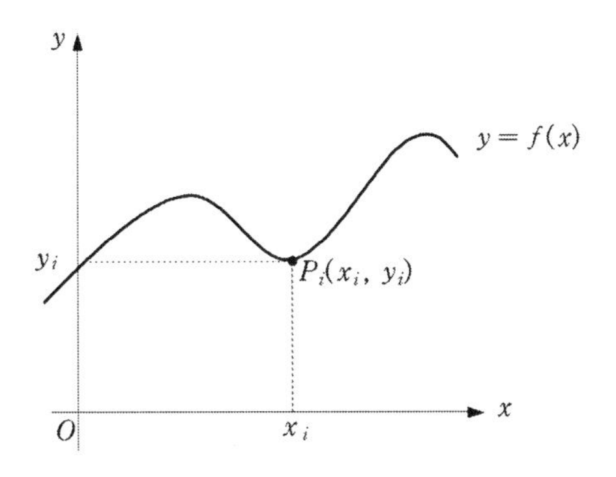

x_i가 변할 때, 점 P_i의 자취는 좌표평면상에서 하나의 곡선을 이룬다. 이 곡선을 함수 $f(x)$의 **그래프**라 한다.

식 $y=f(x)$는 그래프상의 임의의 점의 x좌표와 y좌표 사이의 관계를

설명하는 식으로 이 식을 함수 $f(x)$의 그래프의 방정식이라 한다.

x의 1차함수 $ax+b(a \neq 0)$의 그래프의 방정식 $y=ax+b$는 **기울기**가 a이고 y**절편**이 b인 직선 l을 나타낸다. 이 직선 l이 x축의 양의 방향과 이루는 교각을 θ라 하면 다음이 성립한다. 즉, $a=\tan\theta$이다.

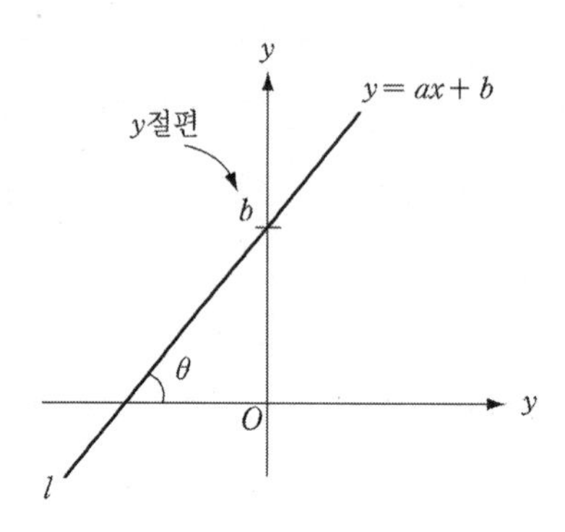

직선의 방정식의 일반형 $ax+by+c=0$의 그래프는 다음과 같이 3가지 경우로 나누어 그릴 수 있다.

(i) $b \neq 0$일 때, $y=-\dfrac{a}{b}x-\dfrac{c}{b}$

(ii) $a \neq 0$, $b=0$일 때, $x=-\dfrac{c}{a}$

(iii) $a=0$, $b \neq 0$일 때, $y=-\dfrac{c}{b}$

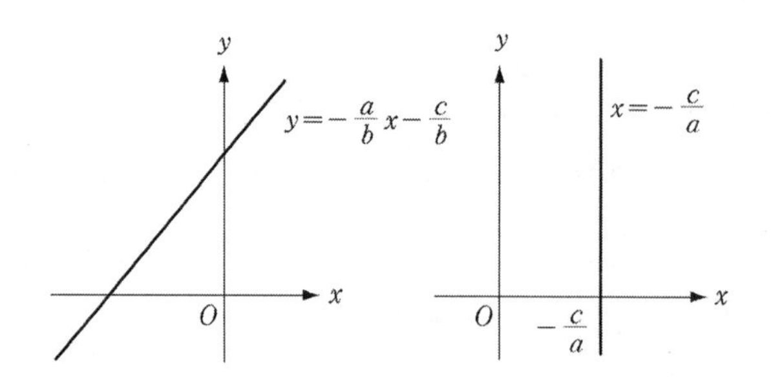

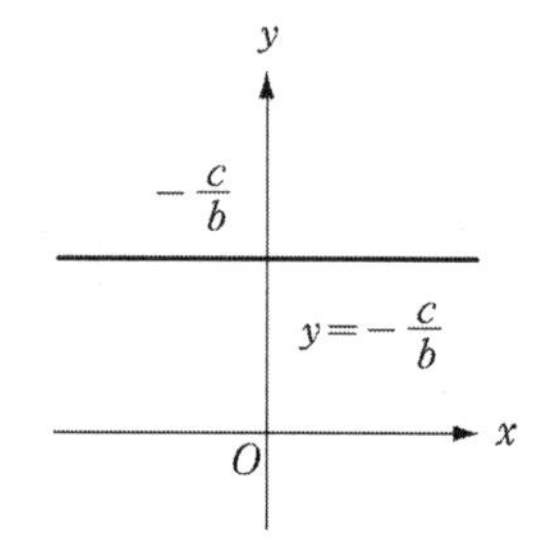

예제 4

1차함수 $x-y+1=0$의 그래프에 대하여 다음을 구하여라.

(1) 기울기 (2) x절편 (3) y절편

풀이 $x-y+1=0$에서 $y=x+1$이므로

(1) 기울기는 1

(2) x절편은 $y=0$일 때의 x의 값이므로 $x+1=0$, $x=-1$
따라서 x절편은 -1이다.

(3) y절편은 $x=0$일 때의 y의 값이므로 $-y+1=0$, $y=1$
따라서 y절편은 1이다. ■

문제 5

다음 식의 그래프를 그려라.

(1) $x+5=0$ (2) $3y-2=0$

x의 2차함수 $ax^2(a \neq 0)$의 그래프의 방정식을

$$y = ax^2$$

이라 하면, 이 그래프는 좌표평면상에서 **포물선**이라 하고 다음 그래프와 같다.

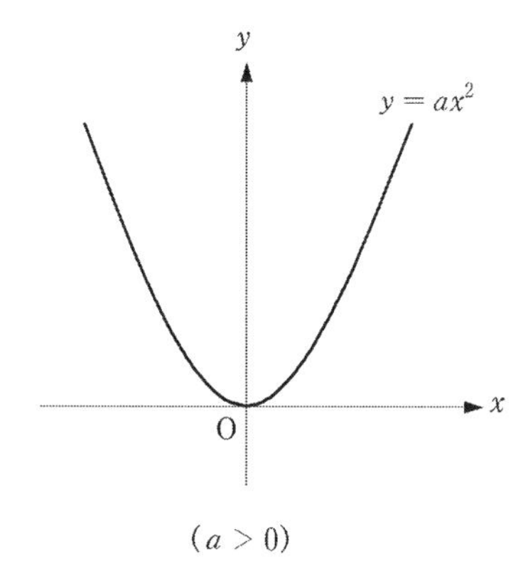

$(a>0)$

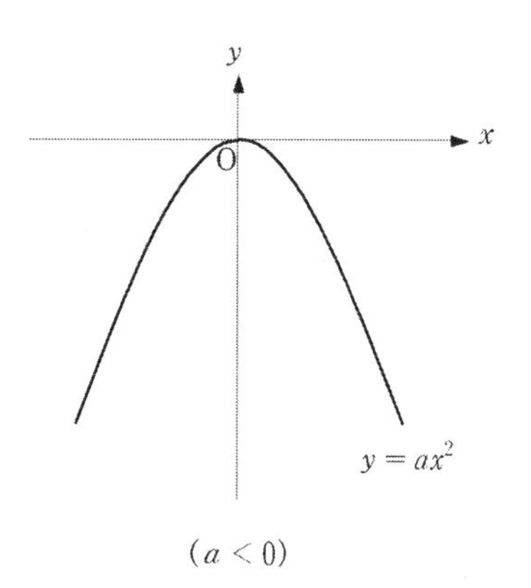

$(a<0)$

방정식 $y = ax^2$의 그래프상의 임의의 점 $P_i(x_i, y_i)$에 대하여 y축에 대하여 대칭이 되는 대칭점을 $P_j(x_j, y_j)$라 하면

$$x_j = -x_i, \ y_j = y_i, \ y_i = ax_i^2$$

이므로,

$$y_j = y_i = ax_i^2 = a(-x_j)^2 = ax_j^2$$

따라서

$$y_j = ax_j^2$$

이다. 즉, P_j도 방정식 $y = ax^2$이 나타내는 포물선상의 점이다. 그러므로 방정식 $y = ax^2$의 그래프는 y축에 대하여 대칭이다.

또, 방정식 $y = ax^2$의 그래프상의 임의의 점 $P_i(x_i, y_i)$에 대하여 x축에 대하여 대칭인 점을 $P_k(x_k, y_k)$라 하면

$$x_k = x_i, \ y_k = -y_i, \ y_i = ax_i^2$$

이므로, $y_k = -ax_k^2$ 이다.

즉, P_k는 방정식 $y = -ax^2$의 그래프상의 점이다.

따라서 방정식 $y = ax^2$의 그래프와 방정식 $y = -ax^2$의 그래프는 x축에 대하여 대칭이 된다.

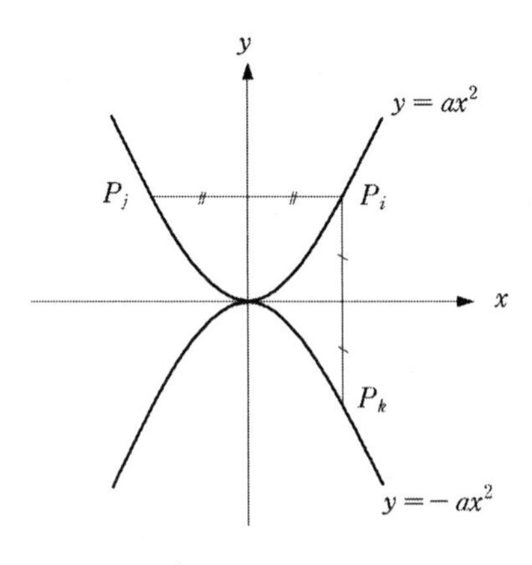

 문제 6

다음 각 방정식의 그래프를 그리고, x축에 대하여 대칭인 그래프의 방정식을 구하여라.

(1) $y = x^2$　　(2) $y = 5x^2$　　(3) $y = -3x^2$

앞에서 2차함수 $y = ax^2$의 그래프를 그려보았다. 이 2차함수의 그래프를 y축 방향으로 q만큼 평행이동시킨 그래프의 함수식은

$$y = ax^2 + q \quad \cdots\cdots ③$$

이다. 이때, 대칭축은 y축이고 꼭지점은 $(0, q)$이다.

식 ③의 2차함수의 그래프를 다시 x축의 방향으로 p만큼 평행이동시킨 그래프의 함수식은

$$y = a(x - p)^2 + q \quad \cdots\cdots ④$$

이다. 이때, 대칭축은 $x = 2$이고 꼭지점은 (p, q)이다. 그러므로 식 ④의 2차함수식의 그래프는 $y = ax^2$의 그래프를 x축 방향으로 p만큼 y축 방향으로 q만큼 평행이동시킨 것이다.

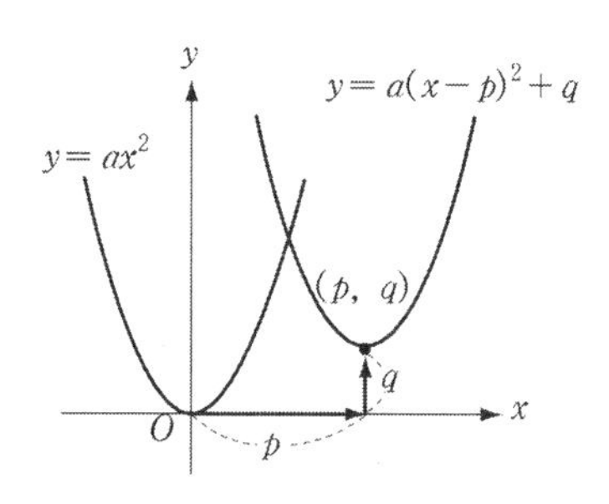

문제 7

다음 2차함수의 그래프를 그려라.

(1) $y = 5(x-1)^2$　　　　(2) $y = -3(x+2)^2 + 1$

이번에는 x의 2차함수 ax^2의 함수값의 변화에 대하여 알아보자.

(i) $a > 0$일 때, 정의역의 두 원소 x_1과 x_2가 다음을 만족한다고 하자.

$$x_1 < x_2 \leq 0$$

$ax_1^2 - ax_2^2 = a(x_1 + x_2)(x_1 - x_2) > 0$ 이므로

$$ax_1^2 > ax_2^2$$

이다. 이와 같을 때 함수 ax^2은 $x \leq 0$의 범위에서 **단조감소**한다고 한다.

또, x_3와 x_4가 $0 \leq x_3 < x_4$를 만족하면

$$ax_3^2 < ax_4^2$$

이므로, $x \geq 0$의 범위에서 함수 ax^2은 **단조증가**한다고 한다.

또한, $x = 0$ 일 때, $ax^2 = 0$이고 $x \neq 0$일 때, $ax^2 > 0$이므로, 함수 ax^2의 최소값은 0이다.

(ii) $a < 0$ 일 때, 함수 ax^2은 $x \leq 0$의 범위에서 단조증가하고 $x \geq 0$의 범위에서 단조감소한다. 또한 $x = 0$일 때 $ax^2 = 0$ 이고 $x \neq 0$일 때 $ax^2 < 0$이므로, 함수 ax^2의 최대값은 0이다.

x의 2차함수 $y = ax^2 + bx + c(a \neq 0)$를

$$y = ax^2 + bx + c = a\left(x + \frac{b}{2a}\right)^2 - \frac{b^2 - 4ac}{4a}$$

로 변형하면

$$a>0 \text{ 일 때} \quad x=-\frac{b}{2a} \text{이면} \quad a\left(x+\frac{b}{2a}\right)^2=0$$

$$x \neq -\frac{b}{2a} \text{이면} \quad a\left(x+\frac{b}{2a}\right)^2>0$$

$$a<0 \text{ 일 때} \quad x=-\frac{b}{2a} \text{이면} \quad a\left(x+\frac{b}{2a}\right)^2=0$$

$$x \neq -\frac{b}{2a} \text{이면} \quad a\left(x+\frac{b}{2a}\right)^2<0$$

이므로, 다음 정리를 얻을 수 있다.

정리 2. 2

x의 2차함수 $y=ax^2+bx+c(a \neq 0)$는

① $a>0$ 일 때, $x=-\dfrac{b}{2a}$에서 최소값 $-\dfrac{b^2-4ac}{4a}$

② $a<0$ 일 때, $x=-\dfrac{b}{2a}$에서 최대값 $-\dfrac{b^2-4ac}{4a}$

를 갖는다.

예제 5

함수 $y=2x^2+8x+11$의 최소값을 구하여라.

풀이 함수 $y=2x^2+8x+11=2(x+2)^2+3$이므로
$x=-2$에서 최소값 3을 갖는다. ■

문제 8

다음 각 함수의 최대 또는 최소값을 구하여라.

(1) $y=-x^2+3x-1$ (2) $y=2x^2+3x-4$

예제 6

x의 범위가 $-1 \le x \le 1$일 때 함수 $y=-3x^2-2x+1$의 최대 · 최소값을 구하여라.

풀이 함수 $-3x^2-2x+1=-3\left(x+\frac{1}{3}\right)^2+\frac{4}{3}$이므로 정리 2.2에 의하여

$x=-\frac{1}{3}$에서 최대값 $\frac{4}{3}$를 갖는다.

또, 포물선 $y=-3x^2-2x+1$은 x의 범위가 $-1 \le x \le 1$에서

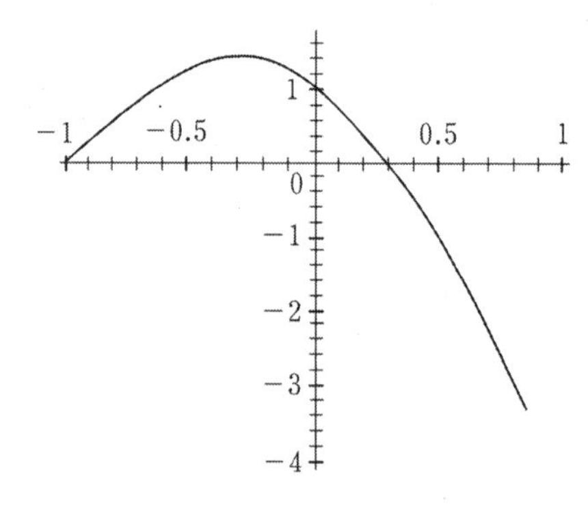

이므로, 주어진 범위 $-1 \le x \le 1$에서 $x=-\frac{1}{3}$일 때 최대값 $\frac{4}{3}$, $x=1$에서 최소값 -4를 갖는다. ■

3 합성함수

두 함수 $f: X \to Y$, $g: Y \to Z$가 주어질 때, X의 임의의 원소 x의 함수값은 Y의 원소 $f(x)$이고, $f(x)$의 g에 의한 함수값은 Z의 원소 $g(f(x))$이다.

이때, X의 각 원소 x에 $g(f(x))$를 대응시키는 X에서 Z로의 함수를 f와 g의 **합성함수**라 하고 $g \circ f$로 나타낸다.

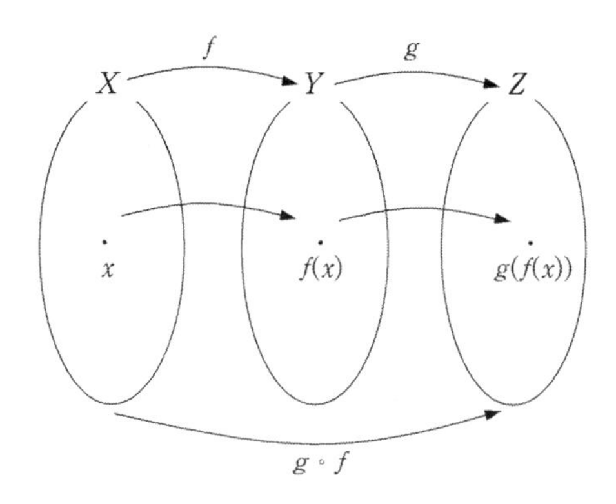

즉, 함수 $g \circ f : X \to Z$를

$$(g \circ f)(x) = g(f(x)) \quad (x \in X)$$

로 나타낸다.

예제 7

두 함수 $f(x) = 2x - 1$, $g(x) = x^2$에 대한 합성함수 $f \circ g$와 $g \circ f$를 구하여라.

풀이 $(f \circ g)(x) = f(g(x)) = f(x^2) = 2x^2 - 1$

$(g \circ f)(x) = g(f(x)) = g(2x - 1) = (2x - 1)^2 = 4x^2 - 4x + 1$ ■

위의 예제에서와 같이 합성함수의 교환법칙은 성립하지 않음을 알 수 있다.

문제 9

두 함수 $f(x) = 3x - 1$, $g(x) = 4 - 3x$에 대한 다음 합성함수를 구하여라.

(1) $f \circ g$ (2) $g \circ f$ (3) $f \circ f$ (4) $g \circ g$

예제 8

두 함수 $f(x) = 2x+1$과 $g(x) = -x+1$일 때, $h \circ f = g$를 만족하는 일차함수 $h(x)$에 대한 $h(3)$의 값을 구하여라.

풀이 $h(x) = ax + b(a \neq 0)$로 놓으면

$$(h \circ f)(x) = h(f(x)) = h(2x+1) = a(2x+1) + b = 2ax + a + b$$

$h \circ f = g$ 이므로

$$2ax + a + b = -x + 1$$

이것은 x에 관한 항등식이므로

$$2a = -1, \quad a + b = 1$$

$$\therefore a = -\frac{1}{2}, \quad b = \frac{3}{2}$$

$h(x) = -\frac{1}{2}x + \frac{3}{2}$ 이므로 $h(3) = 0$이다. ■

문제 10

두 함수 $f(x) = x^2 + 2x$, $g(x) = x^2 + 5x - 1$에 대하여 일차함수 $h(x)$가 $(f \circ h)(x) = g(x)$를 만족시킨다. 이때, $h(1)$의 값을 구하여라.

4 역함수

함수에서 정의역과 공변역을 바꾸어 역으로 대응관계를 생각할 때, 이 대응 관계가 반드시 함수인 것은 아니다.

그러나 함수 $f: X \rightarrow Y$가 일대일 대응일 때는 Y의 각 원소 y에 대하여 $y = f(x)$를 만족시키는 X의 원소 x가 하나씩이므로 Y의 원소 y에 $f(x) = y$를 만족시키는 x를 대응시키면 Y를 정의역으로 하고 X를 공변

역으로 하는 새로운 함수가 정의된다.

이 새로운 함수를 f의 **역함수**라 하며, $f^{-1}: Y \rightarrow X$ 또는 $x = f^{-1}(y)$로 나타낸다.

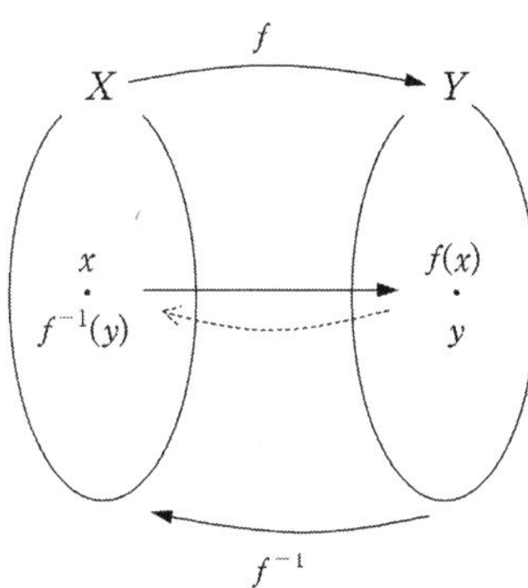

함수를 나타낼 때, 정의역에 속하는 원소를 x, 함수값을 y로 나타내므로 함수 $y = f(x)$의 역함수 $x = f^{-1}(y)$의 경우도 x와 y를 바꾸어 $y = f^{-1}(x)$로 나타낸다. 일반적으로 역함수에는 다음과 같은 성질이 있다.

정리 2.3

임의의 일대일 대응인 두 함수 $f: X \rightarrow Y$ $g: Y \rightarrow Z$에 대하여

① $(f^{-1})^{-1} = f$

② $f \circ f^{-1} = I = f^{-1} \circ f$ (I는 항등함수)

③ $(g \circ f)^{-1} = f^{-1} \circ g^{-1}$

④ 함수 $y = f(x)$와 그의 역함수 $y = f^{-1}(x)$의 그래프는 직선 $y = x$에 대하여 서로 대칭이다.

예제 9

함수 $f(x) = 3x + 2$의 역함수를 구하여라.

풀이 함수 $f(x)$의 정의역과 공변역이 실수의 집합 R이고 일대일 대응이므로 역함수 f^{-1}가 존재한다.

$y=3x+2$로 놓고 x와 y를 바꾸면

$$x=3y+2$$

여기서, y에 대하여 정리하면 구하는 역함수는

$$y=\frac{1}{3}x-\frac{2}{3}$$

이다. ■

문제 11

다음 함수의 역함수를 구하여라.

(1) $y=x+1$ (2) $y=x^3$ (3) $y=2x^2+1(0\leq x\leq 7)$

예제 10

두 함수 $f(x)=2x+1$, $g(x)=-x+1$일 때, $(g\circ f)^{-1}(x)$를 구하여라.

풀이 먼저 합성함수 $(g\circ f)(x)$를 구하면

$$g(f(x))=g(2x+1)=-(2x+1)+1=-2x$$

여기서 x와 y를 바꾸고 y에 대하여 정리하면, $x=-2y$
따라서

$$(g\circ f)^{-1}(x)=-\frac{1}{2}x$$

이다. ■

문제 12

위의 예제에서 다음 등식이 성립함을 보여라.

$$(g\circ f)^{-1}(x)=(f^{-1}\circ g^{-1})(x)$$

5 분수함수와 무리함수

변수 x의 함수가 x에 관한 분수식으로 표시될 때, 이 함수를 x의 **분수함수**라한다. x의 분수함수

$$y = \frac{1}{x-1}$$

은 $x=1$일 때 함수값이 정의되지 않는다. 하지만 $x \neq 1$이면 항상 함수값이 정하여 진다. 따라서 이 함수의 정의역은 $\{x \in R \mid x < 1,\ x > 1\}$이다.

예제 11

다음 함수의 정의역을 구하여라.

(1) $y = \frac{2}{x}$ (2) $y = x^2 + \frac{2x}{5-x}$

풀이 (1) 함수 $y = \frac{2}{x}$는 함수가 x의 분수식으로 표현되어진 분수함수이다. 따라서 분모가 0이 되는 x값에서는 함수값이 정의되지 않으므로 $x=0$일 때, 함수값이 정의되지 않는다. 따라서 이 함수의 정의역은 $\{x \in R \mid x \neq 0\}$이다.

(2) 함수 $y = x^2 + \frac{2x}{5-x}$는 $\frac{2x}{5-x}$에서 분모가 0이되는 x값에서는 함수값이 정의되지 않으므로 $x=5$ 일 때, 함수값이 정의되지 않는다. 따라서 이 함수의 정의역은 $\{x \in R \mid x < 5,\ x > 5\}$이다. ■

x의 분수함수 $y = \frac{k}{x}$ (k는 상수, $k \neq 0$)에서

(ⅰ) $k > 0$ 이면 $x > 0$ 일 때 $y > 0$

$x < 0$ 일 때 $y < 0$

이므로 이 함수의 그래프는 1사분면과 3사분면에 나타난다.

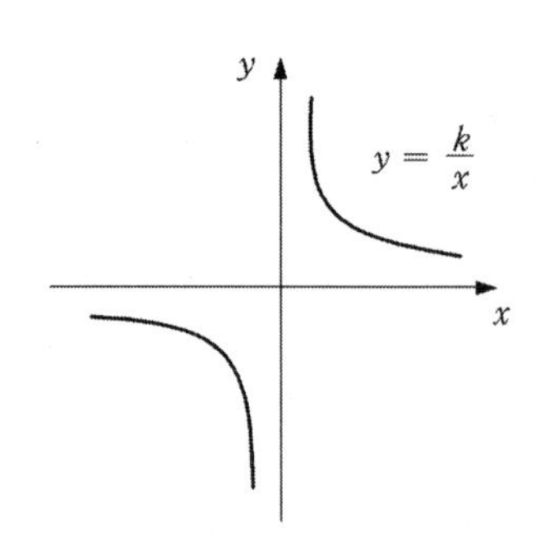

(ii) $k < 0$ 이면 $x > 0$ 일 때 $y > 0$

$x < 0$ 일 때 $y < 0$

이므로 이 함수의 그래프는 2사분면과 4사분면에 나타난다.

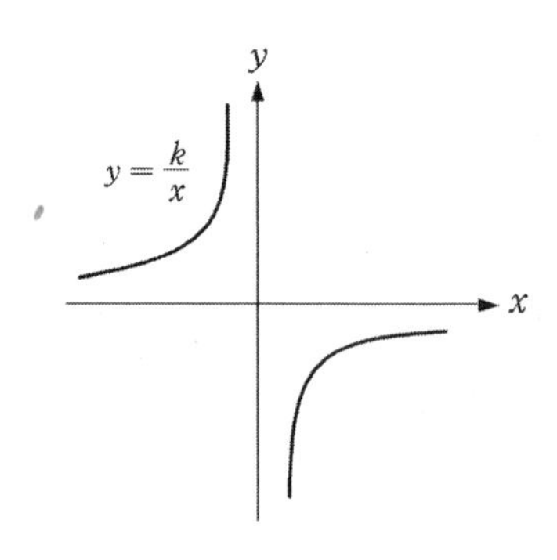

이와 같은 그래프를 직각쌍곡선이라 한다.

임의의 쌍곡선상의 한 점에 대하여 x좌표의 절대값이 커지면 커질수록 y좌표의 절대값은 반대로 작아지므로, 쌍곡선은 충분히 x축에 가까워진다. 또, x좌표의 절대값이 작아지면 작아질수록 y좌표의 절대값은 반대로 커지므로, 쌍곡선은 충분히 y축에 가까워진다.

이때, x축과 y축을 쌍곡선의 점근선이라 한다.

예제 12

분수함수 $y = \frac{2x+4}{x+3}$ 의 그래프를 그려라.

풀이 주어진 함수 $y=\frac{2x+4}{x+3}=2-\frac{2}{x+3}$ 이므로 쌍곡선 $y=-\frac{2}{x}$ 를 x축의 음의 방향으로 3만큼 y축의 양의 방향으로 2만큼 평행이동시킨 그래프이다.

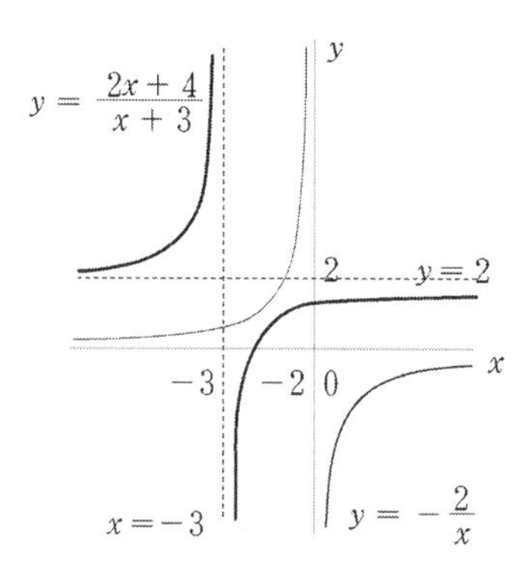

■

문제 13

다음 분수함수의 그래프를 그려라.

(1) $y=\frac{1}{x-1}$　　(2) $y=\frac{2}{x+1}+5$　　(3) $y=\frac{2x+1}{x-2}$

이번에는 무리함수에 대하여 알아보자.

변수 x의 함수가 x에 관한 무리식으로 표현될 때, 이 함수를 x의 **무리함수**라 한다.

x의 무리함수 $y=\sqrt{x}$ 와 $y=\sqrt{5-x}$ 의 함숫값은 반드시 실수이어야만 하므로, 정의역은 각각 $\{x\in R\mid x\geq 0\}$과 $\{x\in R\mid x\leq 5\}$이다.

x의 무리함수 $y=\sqrt{ax}$ $(a\neq 0)$의 그래프는 좌표평면상에서

$a>0$ 경우 $x\geq 0,\ y\geq 0$의 범위

$a<0$ 경우 $x\leq 0,\ y\geq 0$의 범위

에 있고, 이 범위에서는 방정식

$$y^2=ax$$

가 나타내는 그래프와 같다.

방정식 $y^2=ax$의 그래프는 포물선 $y=\frac{1}{a}x^2$과 직선 $y=x$에 대칭이므

로 함수 $y=\sqrt{ax}$의 그래프는

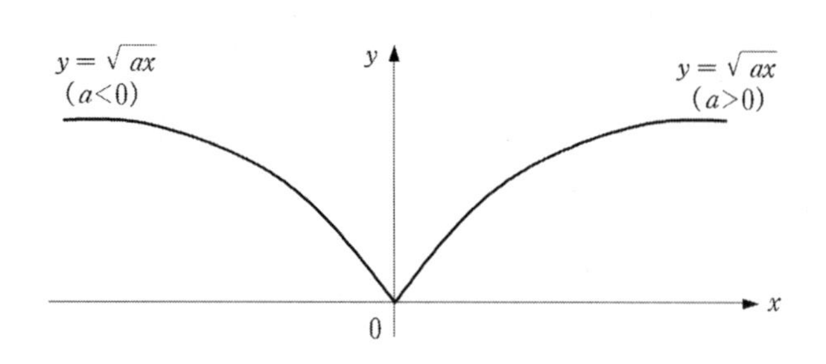

예제 13

무리함수 $y=\sqrt{4-2x}-1$의 그래프를 그려라.

풀이 함수 $y=\sqrt{4-2x}-1=\sqrt{-2(x-2)}-1$이므로 함수 $y=\sqrt{-2x}$의 그래프를 x축의 양의 방향으로 2 만큼, y축의 음의 방향으로 1 만큼 평행이동 시킨 그래프이다.

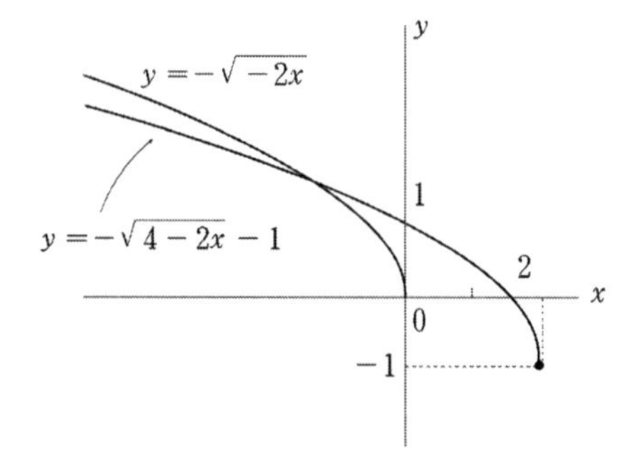

■

문제 14

다음 함수의 그래프를 그려라.

(1) $y=\sqrt{-x}$ (2) $y=\sqrt{5x+1}$ (3) $y=-2\sqrt{1-x}+3$

6 지수함수와 로그함수

지수함수를 공부하기에 앞서 지수법칙부터 알아보자

$a \neq 0$이고 n이 자연수일 때 $a^0 = 1$, $a^n = \underbrace{a \times a \times a \cdots \times a}_{n\text{개}}$, $a^{-n} = \frac{1}{a^n}$ 정의한다.

$a > 0$이고 m은 정수일 때 $a^{\frac{m}{n}} = \sqrt[n]{a^m}$으로 정의한다.

정리 2. 4

$a > 0$, $b > 0$이고 m, n이 유리수일 때,

① $a^m \times a^n = a^{m+n}$ ② $a^m \div a^n = a^{m-n}$

③ $(a^m)^n = a^{mn}$ ④ $(ab)^n = a^n b^n$, $\left(\frac{b}{a}\right)^n = \frac{b^n}{a^n}$

임의의 상수 $a(a > 0,\ a \neq 1)$에 대하여 $y = a^x$의 꼴로 표시되는 함수를 a를 밑으로 하는 x의 **지수함수**라고 한다.

지수함수 $y = a^x$는 다음과 같은 성질을 갖는다.

① 정의역은 실수 전체의 집합이고

② 치역은 양수 전체의 집합이고

③ 밑 a가 1보다 크면, 주어진 함수 $y = a^x$는 증가함수이고

④ 밑 a가 $0 < a < 1$이면, 주어진 함수 $y = a^x$는 감소함수이다.

또, 지수함수 $y = a^x$의 그래프를 그려보면 다음과 같다.

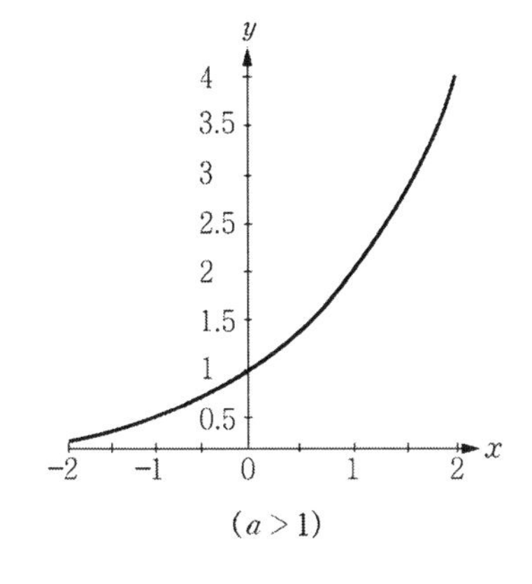

$(a > 1)$

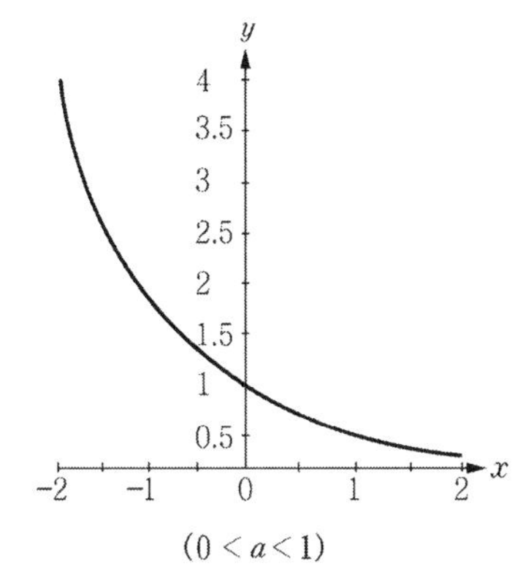

$(0 < a < 1)$

예제 14

다음 식을 간단히 하여라.

(1) $2^3 \cdot 2^5$ (2) $16^3 \div 2^9$ (3) $\sqrt[3]{125}$

풀이 (1) $2^3 \cdot 2^5 = 2^{3+5} = 2^8$

(2) $16^3 \div 2^9 = (2^4)^3 \div 2^9 = 2^{12} \div 2^9 = 2^{12-9} = 2^3$

(3) $\sqrt[3]{125} = \sqrt[3]{5^3} = 5$ ■

문제 15

다음 식을 간단히 하여라.

(1) $(5^2)^3$ (2) $\dfrac{27^5}{3^2}$ (3) $5^{\frac{3}{2}}$

예제 15

다음 함수의 그래프를 그려라.

(1) $y = 2^{x-2}$ (2) $y=3^{|x|}$

풀이 (1) $y = 2^x$의 그래프를 x축의 양의 방향으로 2 만큼 평행이동 시킨다.

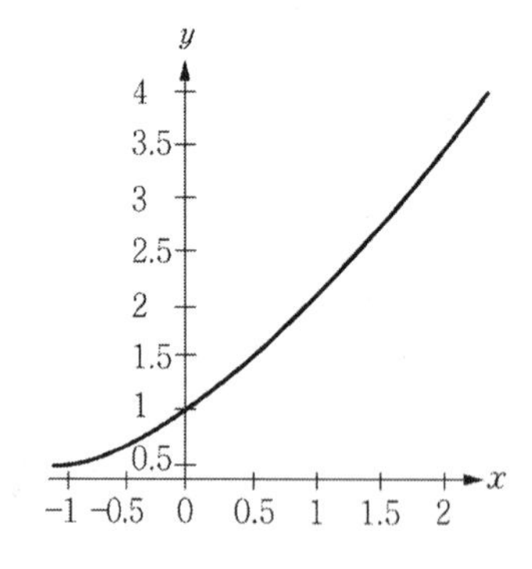

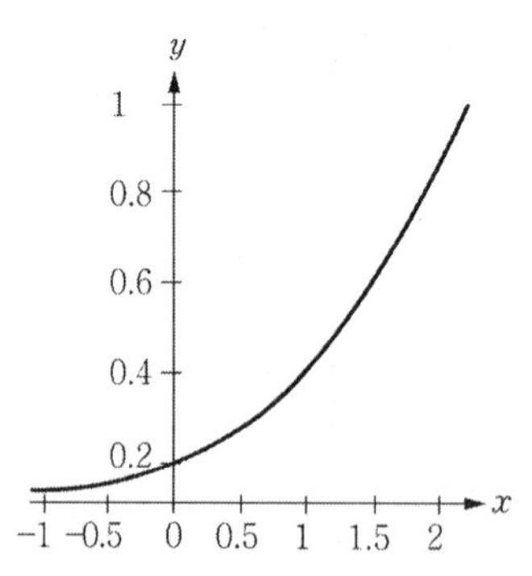

(2) $x \geq 0$일 때는 $y = 3^x$, $x < 0$일 때는 $y = 3^{-x}$이다. 한편 $y = 3^{-x}$는 $y = 3^x$의 그래프를 y축에 대하여 대칭으로 그린다.

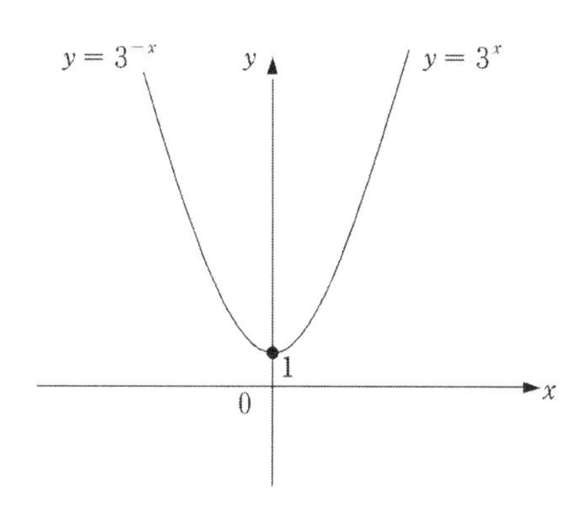

■

문제 16

다음 함수의 그래프를 그려라.

(1) $y = 10^{x+1} - 3$

(2) $y = 2^x + 2^{-x}$

$2^x = 10$을 만족하는 x의 값을 구하여 보자.

$2^x = 10$을 만족시키는 x의 값은 유리수의 범위 내에서는 구할 수 없다. 이 경우 새로운 기호인 log를 사용하여 나타낼 수 있다. 즉,

$$2^x = 10 \text{이면 } x = \log_2 10$$

이다. 여기서, $x = \log_2 10$을 2를 밑으로 하는 10의 **로그**라고 한다.

정리 2.5

$a > 0$, $a \neq 1$이고 $y > 0$일 때

$$y = a^x \Leftrightarrow x = \log_a y$$

이다.

지수의 성질에 의하여 다음과 같은 로그의 성질을 구할 수 있다.

정리 2.6

$a(\neq 1) > 0$이고 $x > 0$, $y > 0$일 때

① $\log_a a = 1$

② $\log_a 1 = 0$

③ $\log_a xy = \log_a x + \log_a y$

④ $\log_a \dfrac{x}{y} = \log_a x - \log_a y$

⑤ $\log_a x^n = n\log_a x$(n은 실수)

⑥ $\log_a b = \dfrac{\log_c b}{\log_c a}$ $(c > 0,\ c \neq 1)$

증명

① $a^1 = a$이므로 $\log_a a = 1$

③ $\log_a x = m$, $\log_a y = n$라 하면 $a^m = x$, $a^n = y$

따라서 $xy = a^m \cdot a^n = a^{m+n}$

이것을 로그로 나타내면 $\log_a xy = m + n = \log_a x + \log_a y$

⑤ $\log_a x = m$이라 하면 $x = a^m$

따라서 $x^n = (a^m)^n = a^{mn}$

이것을 로그로 나타내면 $\log_a x^n = m \cdot n = n \cdot m = n\log_a x$이다. ■

정리 2.7

$a(\neq 1) > 0$이고 $b > 0$, $c > 0$일 때

① $\log_a b = \dfrac{1}{\log_b a}$

② $\log_{a^m} a^n = \dfrac{n}{m}$, $\log_{a^m} b^n = \dfrac{n}{m}\log_a b$ (m, n 유리수)

③ $a^{\log_a b} = b^{\log_a a} = b$

임의의 상수 $a(a > 0,\ a \neq 1)$에 대하여, $y = \log_a x$의 꼴로 표시되는 함수를 a를 밑으로 하는 x의 **로그함수**라고 한다.

로그함수 $y = \log_a x$는 다음과 같은 성질을 갖는다.

① 정의역은 양수 전체의 집합이고

② 치역은 실수전체의 집합이고

③ a가 1보다 크면, 주어진 함수 $y = \log_a x$는 증가함수이고

④ a가 $0 < a < 1$이면, 주어진 함수 $y = \log_a x$는 감소함수이고

⑤ $y = \log_a x$와 $y = a^x$의 그래프는 직선 $y = x$에 대하여 대칭이다. (역함수 관계)

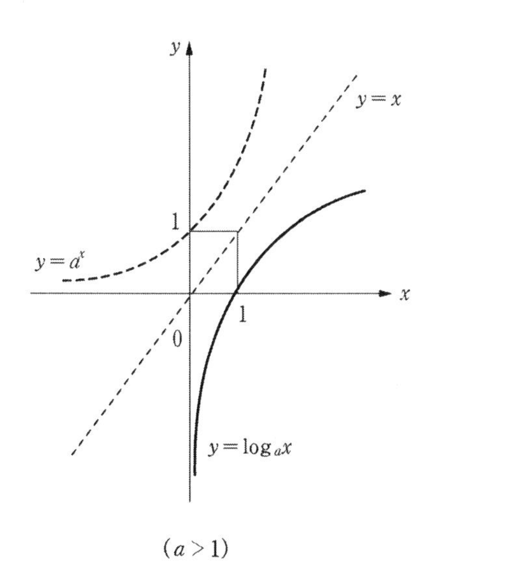

$(a > 1)$

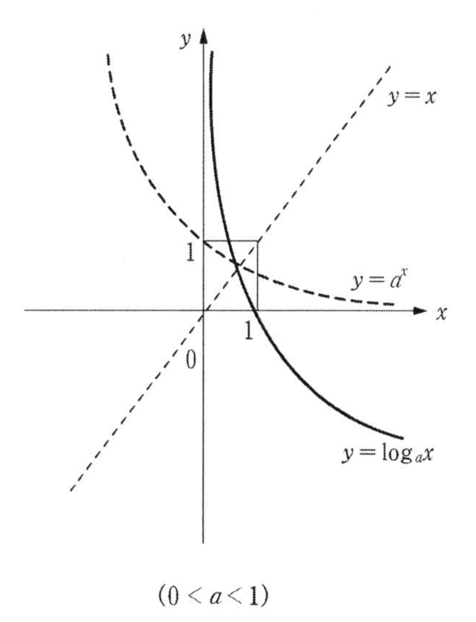

$(0 < a < 1)$

예제 16

다음식을 간단히 하여라.

(1) $\log_5 2 + \log_5 3 - \log_5 6$　　(2) $\log_2 3 \cdot \log_3 5 \cdot \log_5 2$

풀이 (1) $\log_5 \frac{2 \times 3}{6} = \log_5 1 = 0$

(2) $\frac{\log_{10} 3}{\log_{10} 2} \cdot \frac{\log_{10} 5}{\log_{10} 3} \cdot \frac{\log_{10} 2}{\log_{10} 5} = 1$ ■

문제 17

등식 $\log_2(\log_3(\log_4 x)) = \log_3(\log_4(\log_2 y)) = \log_4(\log_2(\log_3 z)) = 0$이 성립할 때, $x + y + z$의 값을 구하여라.

예제 17

함수 $y = -\log_{10}x$의 그래프를 그려라.

풀이 $y = \log_{10}x$의 그래프와 x축에 대하여 대칭인 그래프를 그린다.

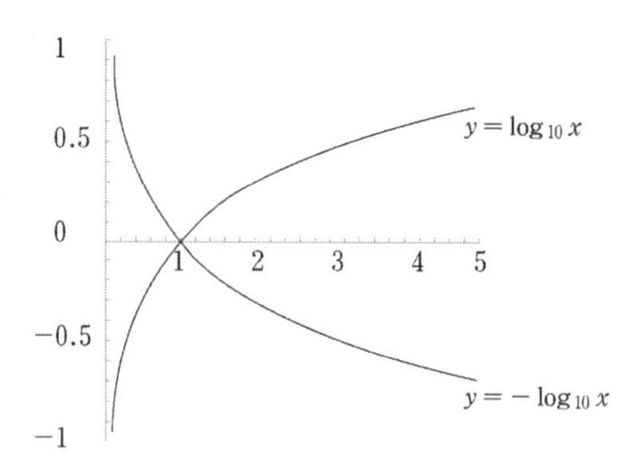

■

문제 18

함수 $y = \log_3(x + 5)$의 그래프를 그려라.

7 삼각함수

각의 크기를 표현하는 방법은 크게 60분법과 호도법 두 가지로 나누어진다. 60분법은 각의 크기를 도(°)를 사용하여 나타내고 호도법은 다음 그림과 같이 반지름의 길이와 같은 크기의 원호에 대한 중심각의 크기를 **1라디안**이라 하고,

이것을 단위로 하여 각의 크기를 나타내는 방법을 **호도법**이라 한다.

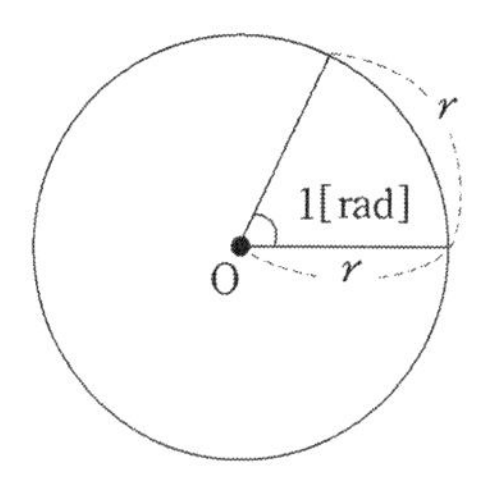

따라서, 반지름의 길이가 1인 단위원의 둘레는 2π이므로

$$180^\circ = \pi[\text{rad}]$$

이다. 그러므로

$$1[\text{rad}] = \left(\frac{180}{\pi}\right)^\circ = 57.\times\times\times^\circ$$

$$1^\circ = \frac{\pi}{180}[\text{rad}]$$

을 얻을 수 있다.

호도법을 이용하면 부채꼴의 호의 길이와 넓이에 대한 공식을 얻을 수 있다. 반지름의 길이가 r, 중심각의 크기가 θ[rad]인 부채꼴에서 호의 길이를 l, 넓이를 S라 하면

$$\frac{l}{2\pi r} = \frac{\theta}{2\pi} \Rightarrow l = r\theta$$

$$\frac{S}{\pi r^2} = \frac{\theta}{2\pi r} \Rightarrow S = \frac{1}{2}r^2\theta = \frac{1}{2}rl$$

이다.

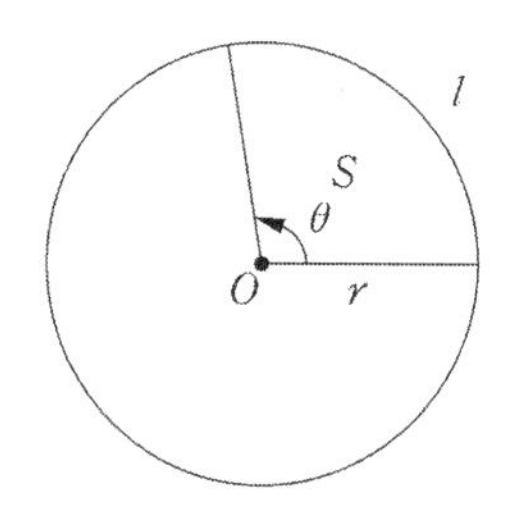

좌표평면에서 중심이 원점 O이고 반지름이 r인 원을 생각하자. 좌표평면 위의 한 점 $P(a,\ b)$에 대하여 선분 OP가 x축과 시계 반대 방향으로 이루는 각을 x라 할 때, 다음과 같이 **삼각함수**를 정의할 수 있다.

정의 2.8 (삼각함수)

① $\sin x = \dfrac{b}{r}$

② $\cos x = \dfrac{a}{r}$

③ $\tan x = \dfrac{b}{a}$

④ $\csc x = \dfrac{r}{b} = \dfrac{1}{\sin x}$

⑤ $\sec x = \dfrac{r}{a} = \dfrac{1}{\cos x}$

⑥ $\cot x = \dfrac{a}{b} = \dfrac{1}{\tan x}$

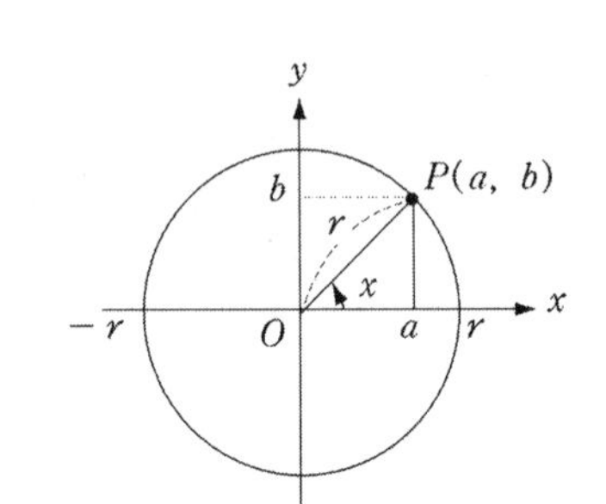

$y = \sin x,\ y = \cos x,\ y = \tan x$의 그래프는 다음과 같다.

① $y = \sin x$

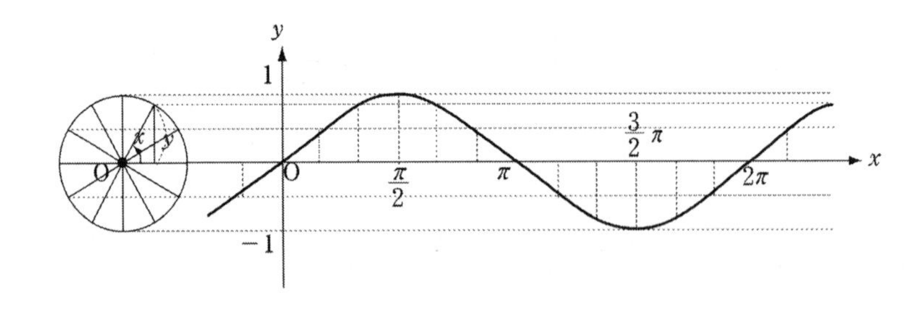

② $y = \cos x$

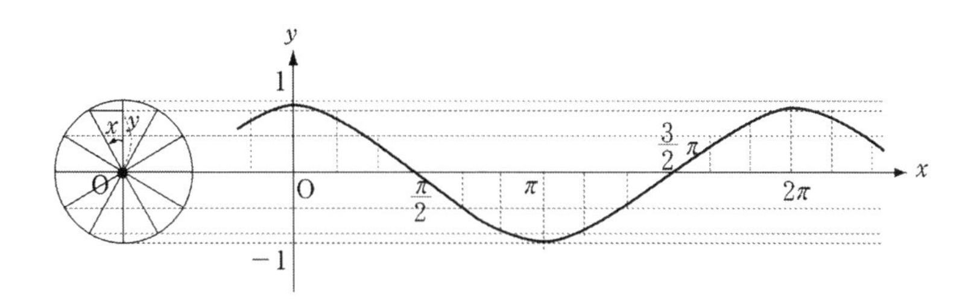

③ $y = \tan x$

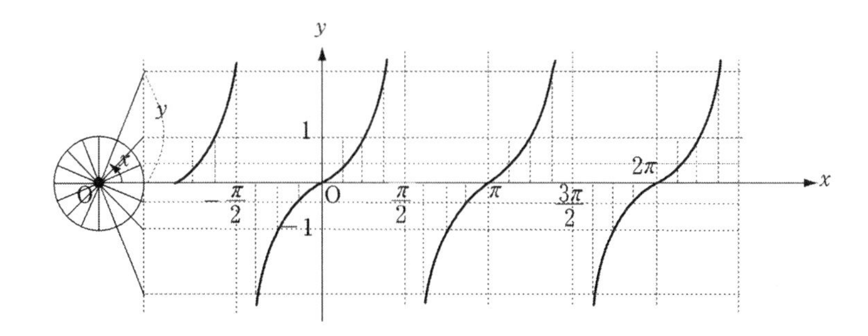

이들 함수들의 그래프에서 보듯이 $\sin x$, $\cos x$의 정의역은 실수 전체이고 $\tan x$의 정의역은 집합 $\left\{x \in R \mid x \neq \frac{\pi}{2} + n\pi,\ n\text{은 정수}\right\}$이다. 치역은 $\sin x$, $\cos x$는 $\{y \mid -1 \le y \le 1\}$이고 $\tan x$는 실수 전체이다. 따라서 일반적인 삼각함수 $y = r\sin(ax+b)$나 $y = r\cos(ax+b)$의 최대값은 $|r|$이고 최소값은 $-|r|$이고 주기는 $\frac{2\pi}{|a|}$이다.

다음은 삼각함수의 기본공식들이다.

정리 2.9 (삼각함수의 기본공식)

① $\sin(-x) = -\sin x$, $\cos(-x) = \cos x$, $\tan(-x) = -\tan x$

② $\sin^2 x + \cos^2 x = 1$, $1 + \tan^2 x = \sec^2 x$, $1 + \cot^2 x = \csc^2 x$

③ $\sin(\pi \pm x) = \mp \sin x$, $\cos(\pi \pm x) = -\cos x$, $\tan(\pi \pm x) = \pm \tan x$

④ $\sin\left(\frac{\pi}{2} \pm x\right) = \cos x$, $\cos\left(\frac{\pi}{2} \pm x\right) = \mp \sin x$,

$\tan\left(\frac{\pi}{2} \pm x\right) = \mp \cot x$

⑤ $S = \frac{1}{2} ab \sin C$

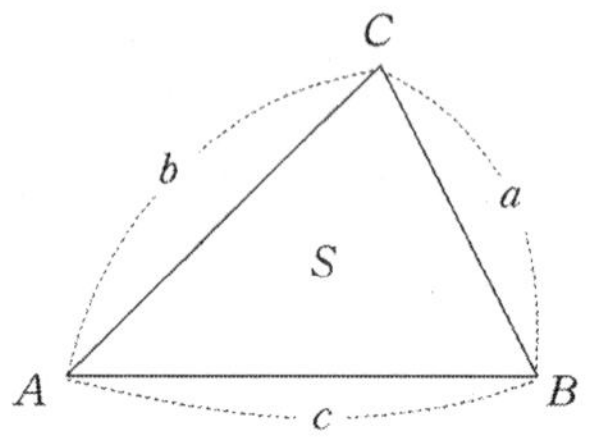

⑥ $\sin(x \pm y) = \sin x \cos y \pm \cos x \sin y$

$\cos(x \pm y) = \cos x \cos y \mp \sin x \sin y$

$\tan(x \pm y) = \dfrac{\tan x \pm \tan y}{1 \mp \tan x \tan y}$

$\cos^2 x = \frac{1}{2}(1 + \cos 2x)$, $\sin^2 x = \frac{1}{2}(1 - \cos 2x)$

$\sin 2x = 2\sin x \cos x$

$\cos 2x = \cos^2 x - \sin^2 x = 2\cos^2 x - 1 = 1 - 2\sin^2 x$

$\tan 2x = \dfrac{2\tan x}{1 - \tan^2 x}$

⑦ $\sin x \cos y = \frac{1}{2}\{\sin(x+y) + \sin(x-y)\}$

$\cos x \sin y = \frac{1}{2}\{\sin(x+y) - \sin(x-y)\}$

$\cos x \cos y = \frac{1}{2}\{\cos(x+y) + \cos(x-y)\}$

$\sin x \sin y = -\frac{1}{2}\{\cos(x+y) - \cos(x-y)\}$

예제 18

$\sin 105°$ 의 값을 구하여라.

풀이 (방법 1) $\sin 105° = \sin(60° + 45°) = \sin 60° \cdot \cos 45° + \cos 60° \cdot \sin 45°$

$$= \frac{\sqrt{3}}{2} \cdot \frac{1}{\sqrt{2}} + \frac{1}{2} \cdot \frac{1}{\sqrt{2}}$$

$$= \frac{\sqrt{3}+1}{2\sqrt{2}}$$

(방법 2) $\sin 105° = \sin(180° - 75°) = \sin 75° = \sin(30° + 45°)$

$$= \sin 30° \cdot \cos 45° + \cos 30° \cdot \sin 45°$$

$$= \frac{1}{2} \cdot \frac{1}{\sqrt{2}} + \frac{\sqrt{3}}{2} \cdot \frac{1}{\sqrt{2}}$$

$$= \frac{1+\sqrt{3}}{2\sqrt{2}}$$ ■

문제 19

다음 삼각함수의 값을 구하여라.

(1) $\cos(-30°)$　　(2) $\sin(-45°)$

(3) $\sin 285°$　　(4) $\tan 225°$

예제 19

다음 함수의 그래프를 그려라.

(1) $y = \sin|x|$　　(2) $y = |\sin x|$

풀이 (1) x 대신 $-x$를 대입하여도 같은 식이 되므로 주어진 함수의 그래프는 y축에 관하여 대칭이다.

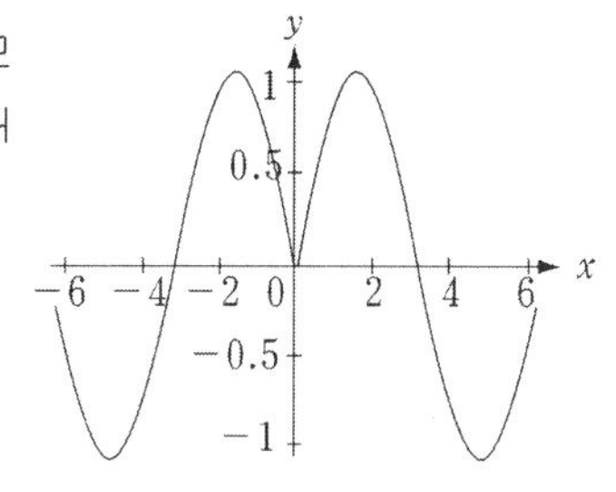

(2) $y = \sin x$의 그래프에서 x축 위쪽의 부분은 그대로 두고, x축 아래쪽의 부분은 x에 관하여 대칭으로 옮기면 된다.

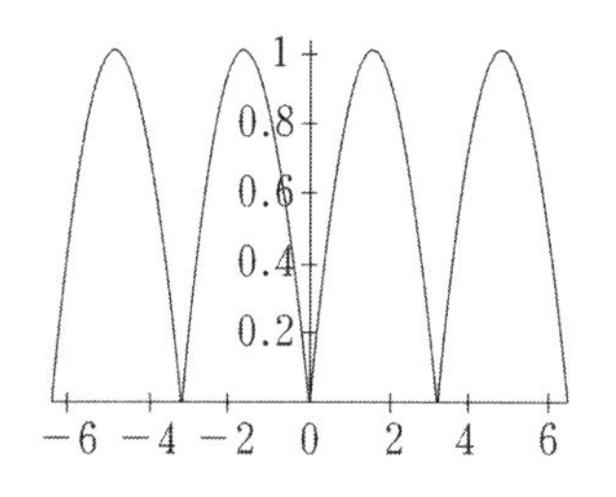

연습문제

1. 함수 $y=(x-1)|x-1|$의 그래프를 그려라.

2. 포물선 $y=ax^2+bx+c\ (a\neq 0)$상의 두 점 $(1,\ y_1)$과 $(-1,\ y_2)$에 대하여 $y_1-y_2=10$일 때, b의 값을 구하여라.

3. 포물선 $y=ax^2+bx+c\ (a\neq 0)$의 최대값이 $-3a$, 두 점 $(-1,-2)$와 $(1,\ 6)$를 지날 때, $a,\ b,\ c$의 값을 구하여라.

4. 다음 함수의 그래프를 그려라.

(1) $y=\dfrac{1}{|x|+1}$ (2) $y=\sqrt{|x|+1}$

5. $5^{-a}=3$ 일 때 $5^{-(2+3a)}$의 값을 구하여라.

6. $\{x\}$는 x에 가장 가까운 정수를 나타낸다고 할 때, $\{\log_3 52\}+\{\log_5 63\}$의 값을 구하여라. (단, $\sqrt{3}\fallingdotseq 1.73$, $\sqrt{5}\fallingdotseq 2.24$)

7. 다음 두 함수의 그래프가 일치하는 것을 찾으시오.

(1) $y=\sin x,\ y=\sin|x|$ (2) $y=\cos|x|,\ y=\cos x$

(3) $y=\tan x,\ y=\tan|x|$ (4) $y=\tan|x|,\ y=|\tan x|$

8. $\sin x=\dfrac{4}{5}$ 일 때 $\sin 2x$의 값을 구하여라. (단, $\dfrac{\pi}{2}<x<\pi$)

3

극 한

1 수 열

한 농부가 가로와 세로의 길이가 각각 1m인 황무지를 매일 가로와 세로의 길이를 1m씩 새로 개간한다고 하자. 이때 개간된 황무지의 넓이를 차례로 쓰면

$$1,\ 4,\ 9,\ 16,\ 25,\ \cdots$$

이다. 이 수들은 각각

$$1^2,\ 2^2,\ 3^2,\ 4^2,\ 5^2,\ \cdots$$

으로 자연수의 제곱을 차례로 늘어놓은 것이다.

이와 같이, 어떤 규칙에 따라 늘어놓은 수들을 **수열**이라 한다. 이때, 수열의 각 수를 그 수열의 항이라 하고 첫 번째 항부터 차례로 제1항, 제2항, $\cdots$, 제 n항이라 한다. 제 n항을 보통 **일반항**이라 한다.

일반적으로, 수열을 나타낼 때는 항의 번호를 사용하여

$$a_1,\ a_2,\ \cdots,\ a_n,\ \cdots$$

과 같이 나타내거나, 간단히 $\{a_n\}$으로 나타내기도 한다.

예제 1

다음 수열의 일반항을 구하여라.

$$1,\ 3,\ 5,\ 7,\ 9,\ \cdots$$

풀이 주어진 수열의 규칙은 홀수이다. 즉

$$\begin{array}{cccccc} 1, & 3, & 5, & 7, & 9, & \cdots \\ \updownarrow, & \updownarrow, & \updownarrow, & \updownarrow, & \updownarrow, & \cdots \\ (2\times1)-1 & (2\times2)-1 & (2\times3)-1 & (2\times4)-1 & (2\times5)-1 & \cdots \end{array}$$

따라서, 일반항은 2에 n을 곱합 후 1을 빼는 것이다.

$$a_n = 2n - 1$$

■

문제 1

다음과 같은 점들의 배열에서 점들의 개수를 각각 a_1, a_2, a_3, …라고 할 때 일반항 a_n을 구하여라.

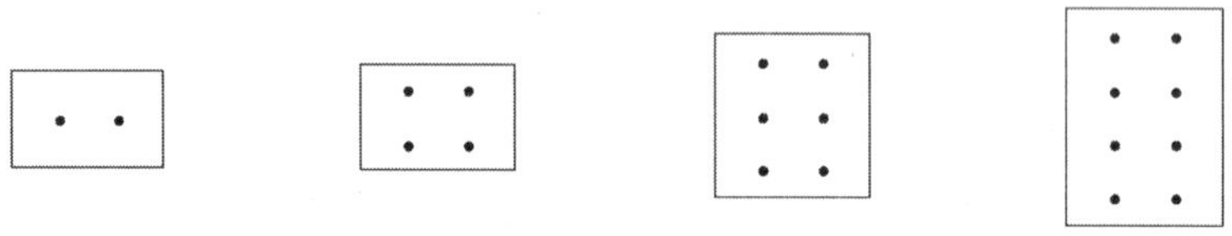

2 등차수열과 등비수열

임의의 수열 $\{a_n\}$에서 제1항부터 시작하여 차례로 일정한 수를 더하여 만들어진 수열을 **등차수열**이라 하고, 이웃한 두 항 사이의 일정한 수를 **공차**라고 한다. 예를 들어, 수열 1, 2, 3, 4, 5, … 은 제1항이 1이고 공차가 1인 수열이다. 이 수열에서

$$a_1 = 1$$
$$a_2 = a_1 + 1 = 1 + 1$$
$$a_3 = a_2 + 1 = (a_1 + 1) + 1 = 1 + 2$$
$$a_4 = a_3 + 1 = \{(a_1 + 1) + 1\} + 1 = 1 + 3$$
$$\vdots$$

이므로, 일반항 a_n은

$$a_n = 1 + (n-1) \cdot 1$$

와 같이 나타내어진다.

따라서, 임의의 수열 $\{a_n\}$에서 제 1항이 a이고 공차가 d라고 하면 이 수열 $\{a_n\}$의 일반항 a_n은

$$a_n = a + (n-1)d$$

이다.

예제 2

제 1항이 3, 공차가 5인 등차수열에서 처음으로 31을 넘는 것은 제 몇 항인가?

풀이 제 1항이 3이고 공차가 5이므로 이 등차수열의 일반항은

$$a_n = 3 + (n-1) \cdot 5$$

이므로

$$3 + 5(n-1) > 31$$

이것을 풀면 $n > 6.6$

이때, n은 양의 정수이므로 제 7항부터 31을 넘는다. ■

제 1항이 21, 공차가 $-\frac{4}{3}$인 등차수열에서 처음으로 음수가 되는 항은 몇 항부터인가?

등차수열 1, 3, 5, 7, 9, …의 제 7항까지의 합 S_7을 구하여 보자.

$$S_7 = 1 + 3 + 5 + 7 + 9 + 11 + 13$$

이므로 S_7을 다음과 같이 다시 표현할 수도 있다.

$$S_7 = 13 + 11 + 9 + 7 + 5 + 3 + 1$$

이들을 변변 더하면

$$2S_7 = 14 + 14 + 14 + 14 + 14 + 14 + 14$$

따라서,

$$S_7 = \frac{14 \times 7}{2} = 7 \times 7 = 49$$

같은 방법으로 제 1항이 a_1, 공차가 d, 제 n항이 a_n인 등차수열의 합을 구하여 보자. 이 합을 S_n이라 하면

$$S_n = a_1 + (a_1 + d) + (a_1 + 2d) + \cdots + (a_n - d) + a_n \cdots\cdots ①$$

식 ①의 우변에서 더하는 순서를 거꾸로 하면

$$S_n = a_n + (an - d) + \cdots + (a_1 + 2d) + (a_1 + d) + a_1 \cdots\cdots ②$$

①, ②을 변변 더하면

$$\begin{aligned} 2S_n &= (a_1 + a_n) + (a_1 + a_n) + \cdots + (a_1 + a_n) \\ &= n \cdot (a_1 + a_n) \end{aligned}$$

따라서,

$$S_n = \frac{n(a_1 + a_n)}{2} \quad \cdots\cdots\cdots\cdots\cdots\cdots ③$$

여기서, $a_n = a_1 + (n-1)d$이므로, 이를 ③에 대입하면

$$S_n = \frac{n}{2}\{2a_1 + (n-1)d\}$$

이다.

예제 3

마라톤 선수가 42.195km의 마라톤 전구간 완주를 위하여 25일간의 훈련을 하려고 한다. 첫날의 a km를 시작하여 매일 1km씩 거리를 늘려 25일째 되는 날에는 44km를 달리려고 한다. 첫날 달린 a km의 값과 25일 동안 달린 총 거리를 구하여라.

풀이. 훈련 첫날에 달린 거리 a가 제 1항이고, 매일 늘려나가는 거리 1이 공차이므로 25일째에 달린 거리는

$$a + (25 - 1) \times 1 = 44(\text{km})$$

따라서, $a = 20(\text{km})$
또 25일 동안 달린 총 거리는

$$\begin{aligned} S_{25} &= \frac{25}{2}(20 + 44) \\ &= 800(\text{km}) \end{aligned}$$

이다. ■

이번에는 동차수열과는 달리 제 1항에서부터 시작하여 차례로 일정한 수를 곱하여 만들어진 수열인 **등비수열**에 대하여 알아보자. 임의의 수열 $\{a_n\}$에서 제1항부터 시작하여 차례로 일정한 수를 곱하여 만들어진 수열을 등비수열이라 한다. 이때의 이웃한 두 항의 비를 **공비**라 한다.

예제 4

다음 등비수열의 공비를 구하여라.

$$8,\ 4,\ 2,\ 1,\ \cdots$$

풀이 이웃하는 두 항의 비는

$$\frac{4}{8} = \frac{2}{4} = \frac{1}{2} = \cdots = \frac{1}{2}$$

이므로, 주어진 등비수열의 공비는 $\frac{1}{2}$ 이다. ■

문제 3

다음 등비수열의 공비를 구하여라.

$$1,\ -1,\ 1,\ -1,\ \cdots$$

임의의 등비수열

$$a,\ ar,\ ar^2,\ \cdots\ ar^{n-1},\ \cdots$$

에 대하여 제 n항 까지의 합 S_n을 구하여 보자.

$$S_n = a + ar + ar^2 + \cdots + ar^{n-2} + ar^{n-1} \quad \cdots\cdots ④$$

식 ④의 양변에 공비 r을 곱하면

$$r \cdot S_n = ar + ar^2 + ar^3 + \cdots + ar^{n-1} + ar^n \quad \cdots\cdots ⑤$$

식 ④에서 식 ⑤를 변변 빼면

$$(1-r)S_n = a - ar^n = a(1-r^n)$$

이므로 $r \neq 1$이면

$$S_n = \frac{a(1 - r^n)}{1 - r}$$

이고 $r = 1$이면

$$S_n = a + a + \cdots + a = n \cdot a$$

이다.

문제 4

다음 등비수열이 제 1항부터 제 10항까지의 합을 구하여라.

(1) $1, -\sqrt{3}, 3, -3\sqrt{3}, \cdots$ (2) $2, 4, 8, 16, \cdots$

예제 5

연이율이 i이고 1년마다 복리로 계산하는 적금에서 년초에 P원씩 적립할 때 n년 말까지의 원리합계를 구하여라.

풀이 매년 초에 P원씩 적립할 때, 적립금 P원의 n년 말까지의 원리합계는

제 n회	;	$P(1+i)^n$
제 $n-1$회	;	$P(1+i)^{n-1}$
제 $n-2$회	;	$P(1+i)^{n-2}$
	…………	
제 2회	;	$P(1+i)^2$
제 1회	;	$P(1+i)$

따라서, 구하는 원리 합계를 S_n이라 하면

$$S_n = P(1+i) + P(1+i)^2 + \cdots + P(1+i)^n$$
$$= \frac{P(1+i)\{(1+i)^n - 1\}}{i} \quad (원)$$

이다. ■

문제 5

연이율 7%, 1년마다의 복리로 계산하는 적금에서 매년초에 50만원씩 적립할 때, 10년 후의 원리합계를 구하여라.

예제 6

25만원 짜리 휴대폰을 5만원을 주고 이달 초에 샀다. 나머지 금액 20만원은 이달 말부터 매달 말에 일정한 금액씩 10회에 걸쳐서 상환하기로 하였다. 월 이율 10%의 복리로 계산할 때, 월부금을 구하여라.

풀이 P원의 빚에 대한 n개월 후의 원리합계는, 월 이율을 r이라 할 때

$$P(1+r)^n \quad \cdots\cdots ⑥$$

이고 매월 말에 a원씩 적립한다고 하면 이들의 n개월 후의 원리합계는

$$a(1+r)^{n-1}+a(1+r)^{n-2}+\cdots+a(1+r)+a$$
$$=\frac{a\{(1+r)^n-1\}}{(1+r)-1}=\frac{a\{(1+r)^n-1\}}{r} \text{ (원)} \quad \cdots\cdots ⑦$$

여기서, 식 ⑥과 ⑦이 같아야 하므로

$$a=\frac{Pr(1+r)^n}{(1+r)^n-1} \text{ (원)} \quad \cdots\cdots ⑧$$

이다. 따라서 주어진 문제에서 20만원에 대한 10달 후의 원리합계는 식 ⑥에 의하여

$$20\text{만} \times (0.1)(1+0.1)^{10} \quad \cdots\cdots ⑨$$

또, 매월 말에 a원씩 적립한다면 10개월 후의 원리합계는 식 ⑦에 의하여

$$\frac{a\cdot(1.1^{10}-1)}{0.1} \quad \cdots\cdots ⑩$$

식 ⑨와 ⑩은 같은 값이므로

$$a=\frac{20\text{만}\times(0.1)(1+0.1)^{10}}{1.1^{10}-1}$$
$$\fallingdotseq 32,549 \text{ (원)}$$

즉, 매달 9개월 동안 32,600원씩 월부금을 불입하고 마지막 달에 32,090원을 불입하면 된다. ■

3 수열의 극한

수열 $\left\{\frac{n}{n+1}\right\}$에서 n의 값이 증가함에 따라 변하는 수열 $\left\{\frac{n}{n+1}\right\}$의 각 항의 값을 좌표평면 위에 나타내면 다음 그림과 같다.

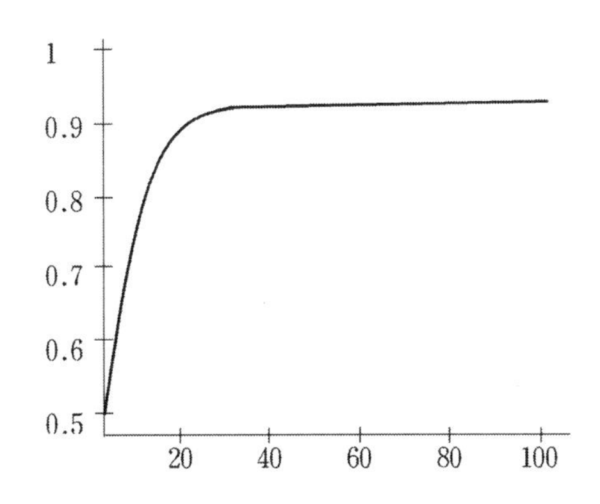

n이 무한히 증가할 때 $\frac{n}{n+1}$은 무한히 1에 다가감을 알 수 있다.

일반적으로, 무한수열 $\{a_n\}$에서 n이 무한히 증가할 때 a_n의 값이 특정한 값 α에 수렴한다고 하고, 이 α를 수열 $\{a_n\}$의 **극한(값)**이라고 한다. 이것을 기호로

$$\lim_{n\to\infty} a_n = \alpha$$

와 같이 나타낸다.

이번에는 수렴하지 않는 수열에 대하여 알아보자.

수열 $\{n+5\}$는 n이 무한히 증가할 때 수열 $\{n+5\}$도 한없이 커진다.

일반적으로, 수열 $\{a_n\}$에서 n이 무한히 증가하고, a_n의 값이 무한히 커지거나 반대로 무한히 작아질 때, 수열 $\{a_n\}$은 전자의 경우 양의 무한대로 발산한다고 하고 후자일 경우 음의 무한대로 발산한다고 하고 각각 다음과

같이 나타낸다.

$$\lim_{n\to\infty} a_n = \infty,$$
$$\lim_{n\to\infty} a_n = -\infty$$

문제 6

수열 $\{(-1)^n \cdot n\}$의 수렴 · 발산을 조사하여라.

수열의 극한에는 다음과 같은 수렴하는 두 수열의 합, 차, 곱, 몫에 대한 극한값의 성질이 있다.

정리 3.1

두 수열 $\{a_n\}$, $\{b_n\}$에서

$$\lim_{n\to\infty} a_n = \alpha, \quad \lim_{n\to\infty} b_n = \beta$$

일 때,

① $\lim_{n\to\infty} k \cdot a_n = k \cdot \lim_{n\to\infty} a_n = k \cdot \alpha$ (단, k는 상수)

② $\lim_{n\to\infty} (a_n \pm b_n) = \lim_{n\to\infty} a_n \pm \lim_{n\to\infty} b_n = \alpha \pm \beta$ (복호동순)

③ $\lim_{n\to\infty} (a_n \cdot b_n) = \lim_{n\to\infty} a_n \cdot \lim_{n\to\infty} b_n = \alpha \cdot \beta$

④ $\lim_{n\to\infty} \dfrac{a_n}{b_n} = \dfrac{\lim_{n\to\infty} a_n}{\lim_{n\to\infty} b_n} = \dfrac{\alpha}{\beta}$ (단, $b_n \neq 0$, $\beta \neq 0$)

예제 7

다음 수열의 극한값을 구하여라.

(1) $\left\{\dfrac{5n+1}{n}\right\}$ (2) $\{\sqrt{n+1} - \sqrt{n}\}$

풀이 (1) $\lim_{n\to\infty}\frac{5n+1}{n} = \lim_{n\to\infty}\left(5+\frac{1}{n}\right) = \lim_{n\to\infty}5 + \lim_{n\to\infty}\frac{1}{n}$

$= 5 + 0 = 5$

(2) $\lim_{n\to\infty}(\sqrt{n+1} - \sqrt{n})$

$$= \lim_{n\to\infty}\frac{(\sqrt{n+1}-\sqrt{n})(\sqrt{n+1}+\sqrt{n})}{(\sqrt{n+1}+\sqrt{n})}$$

$$= \lim_{n\to\infty}\frac{(n+1)-n}{\sqrt{n+1}+\sqrt{n}} = \lim_{n\to\infty}\frac{1}{\sqrt{n+1}+\sqrt{n}}$$

$$= \lim_{n\to\infty}\frac{\frac{1}{\sqrt{n}}}{\sqrt{1+\frac{1}{n}}+\sqrt{1}} = \frac{0}{2} = 0$$ ■

문제 7

다음 수열의 극한값을 구하여라.

(1) $\left\{\frac{n^2+n}{5n^3+2}\right\}$　　(2) $\left\{\frac{(n+1)(n-2)}{n^2}\right\}$

(3) $\{\sqrt{n} - \sqrt{n-1}\}$　　(4) $\left\{\frac{n-1}{\sqrt{n^2+1}}\right\}$

수렴하는 수열 사이에는 다음과 같은 성질이 있다.

정리 3.2

수열 $\{a_n\}$, $\{b_n\}$과 $\{c_n\}$에 대하여

$$a_n \le b_n \le c_n \text{ 이고 } \lim_{n\to\infty}a_n = \alpha = \lim_{n\to\infty}c_n$$

이면, 수열 $\{b_n\}$도 수렴하고,

$$\lim_{n\to\infty}b_n = \alpha$$

이다.

예제 8

수열 $\left\{\frac{1}{n}\cdot\sin n\theta\right\}$의 극한값을 구하여라.

풀이 $\sin n\theta$의 값은 -1과 1 사이에서 존재하므로

$$-1 \le \sin n\theta \le 1 \quad \cdots\cdots\cdots\cdots \text{⑪}$$

식 ⑪의 양변을 n으로 나누면

$$-\frac{1}{n} \le \frac{\sin n\theta}{n} \le \frac{1}{n}$$

이다. 그런데 $\lim_{n\to\infty}\left(-\frac{1}{n}\right) = 0 = \lim_{n\to\infty}\frac{1}{n}$이므로, 정리 3.2에 의하여

$$\lim_{n\to\infty}\frac{\sin n\theta}{n} = 0$$

이다. ■

문제 8

다음 수열의 극한값을 구하여라.

(1) $\left\{\frac{1}{n}\cdot\cos n\theta\right\}$ (2) $\left\{\frac{\sin n\theta}{1+n^2}\right\}$

4 함수의 극한

함수 $f(x) = \frac{x^2-1}{x-1}$은 $x=1$일 때 분모가 0이 되므로 함수 $f(x)$는 $x=1$에서 정의되지 않는다. 그러나 $x \neq 1$일 때 $f(x) = \frac{x^2-1}{x-1} = x+1$이므로 x가 1이외의 값을 가지면서 1에 한없이 가까워지면 $f(x)$의 값은 $1+1=2$에 한없이 가까워진다.

일반적으로 함수 $y=f(x)$에서 x가 a이외의 값을 가지면서 a에 한없이 가까워질 때, $f(x)$의 값이 특정한 값 L에 한없이 가까워지면 x가 a에 가까워질 때, $f(x)$는 L에 수렴한다고 하며, 기호로는

$$\lim_{x \to a} f(x) = L$$

로 나타낸다. 이때, L을 $x \to a$일 때의 $f(x)$의 **극한(값)**이라고 한다.

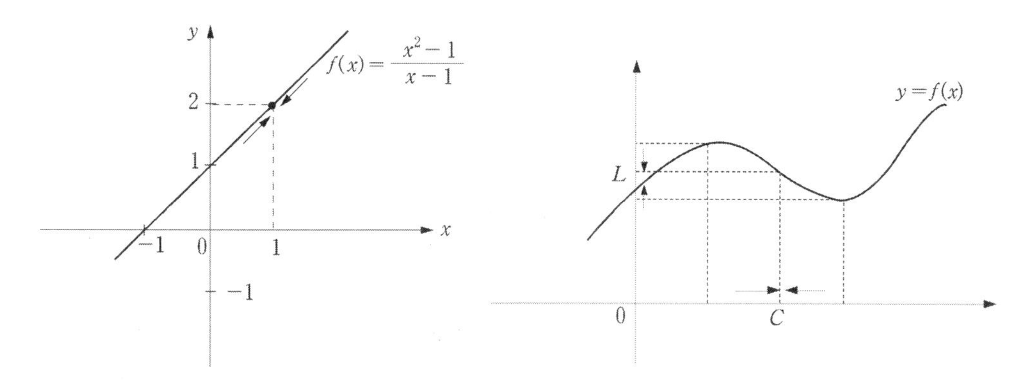

앞의 함수 $f(x)=\frac{x^2-1}{x-1}$에 대하여

$$\lim_{x \to 1}\frac{x^2-1}{x-1} = \lim_{x \to 1}(x+1) = 2$$

이다.

우극한과 좌극한에 대하여 알아보자.

x가 a와 다름 값을 가지면서 a보다 큰 값으로부터 a에 한없이 가까워지는 것을 $x \to a+0$으로 나타낸다. 또 a보다 작은 값으로부터 a에 한 없이 가까워지는 것을 $x \to a-0$으로 나타낸다.

$x \to a-0$ ⟶ ⟵ $x \to a+0$

a

특히, $a=0$일 때 $x \to 0+0$을 $x \to +0$을, $x \to 0-0$을 $x \to -0$으로 나타내기도 한다.

이를테면, 함수 $f(x)=\frac{|x|}{x}$에서

$x>0$일 때, $|x|=x$이므로 $f(x)=\dfrac{|x|}{x}=\dfrac{x}{x}=1$

$x<0$일 때, $|x|=-x$이므로 $f(x)=\dfrac{|x|}{x}=\dfrac{-x}{x}=-1$

따라서, 함수 $f(x)=\dfrac{|x|}{x}$의 그래프는 아래와 같다.

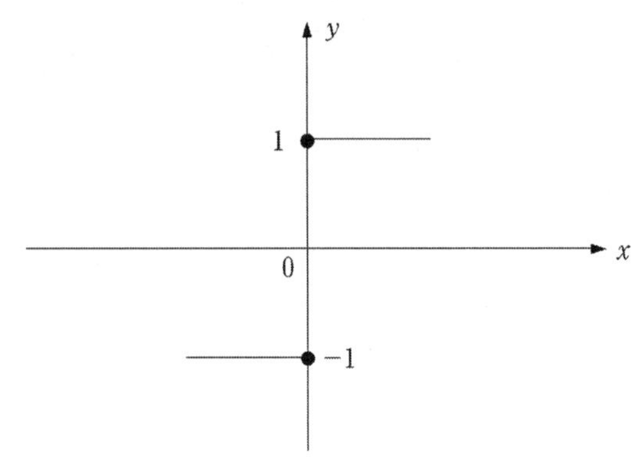

양수 x가 0에 한없이 가까워지면 함수 $f(x)$의 값은 1에 한없이 가까워진다. 또, 음수 x가 0에 한없이 가까워지면 함수 $f(x)$의 값은 -1에 한없이 가까워진다.

$x \to a+0$일 때, $f(x)$가 일정한 값 α에 한없이 가까워지면

$$\lim_{x \to a+0} f(x) = \alpha$$

로 나타내고 α를 $x \to a$일 때의 $f(x)$의 **우극한** 또는 **우극한 값**이라 한다.

또, $x \to a-0$일 때, $f(x)$가 일정한 값 β에 한없이 가까워지면

$$\lim_{x \to a-0} f(x) = \beta$$

로 나타내고 β를 $x \to a$일 때의 $f(x)$의 **좌극한** 또는 **좌극한 값**이라고 한다.

함수의 극한에서 $\lim_{x \to a} f(x) = \alpha$이면

$$\lim_{x \to a+0} f(x) = \lim_{x \to a-0} f(x) = \alpha$$

가 성립함을 뜻한다. 즉, 우극한과 좌극한이 같지 않으면 극한값 $\lim_{x \to a} f(x)$는 존재하지 않는다.

예제 9

다음 극한값을 구하여라.

(1) $\lim_{x \to 1} 2x + 5$　　(2) $\lim_{x \to 2} \frac{x^2 - 4}{x - 2}$

풀이 (1) $x \to 1$일 때 $2x \to 2$이므로 $2x + 5 \to 2 + 5$이고,

$$\lim_{x \to 1}(2x + 5) = 2 + 5 = 7$$

이다.

(2) $\frac{x^2 - 4}{x - 2} = \frac{(x + 2)(x - 2)}{(x - 2)} = x + 2$이고,

$x \to 2$ 일 때 $x + 2 \to 2 + 2$이고,

$$\lim_{x \to 2} \frac{x^2 - 4}{x - 2} = \lim_{x \to 2}(x + 2) = 2 + 2 = 4$$

이다. ■

이제, 함수 $f(x)$가 수렴하지 않는 경우에 대하여 알아보자.

함수 $f(x) = \frac{1}{x^2}$에서 $f(0)$의 값은 존재하지 않는다. 하지만 $x \neq 0$일 때 x이 값이 무한히 0에 근접하면 $f(x)$의 값은 무한히 커진다.

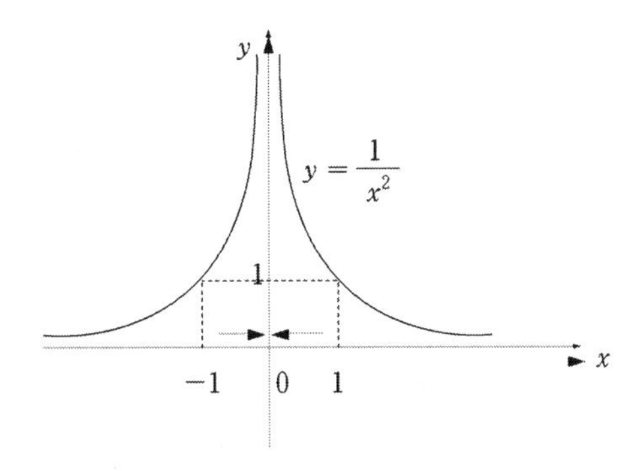

즉, $x \to 0$일 때 $f(x) \to \infty$이다.

따라서 $x = 0$에서 $f(x) = \frac{1}{x^2}$의 극한값은 존재하지 않는다.

일반적으로, 함수 $f(x)$에서 x의 값이 a에 무한히 근접할 때 $f(x)$의 값

이 무한히 커지면 $x \to a$ 일 때 $f(x)$는 양의 무한대로 발산한다고 하며

$$\lim_{x \to a} f(x) = \infty$$

로 나타낸다.

또, x의 값이 a에 무한히 근접할 때 $f(x)$의 값이 무한히 작아지면 $x \to a$ 일 때 $f(x)$는 음의 무한대로 발산한다고 하며

$$\lim_{x \to a} f(x) = -\infty$$

로 나타낸다.

문제 9

다음 극한값을 구하여라.

(1) $\lim_{x \to 2} (x^2 + 1)$　　(2) $\lim_{x \to 2} \frac{2}{x-1}$

(3) $\lim_{x \to \infty} x$　　(4) $\lim_{x \to -\infty} x - 5$

수열의 극한에서와 마찬가지로 함수의 극한에서도 다음과 같은 성질이 성립한다.

정리 3. 3

$\lim_{x \to a} f(x) = \alpha,$　　$\lim_{x \to a} g(x) = \beta$일 때

① $\lim_{x \to a} k \cdot f(x) = k \cdot \lim_{x \to a} f(x) = k \cdot \alpha$ (k는 상수)

② $\lim_{x \to a} \{f(x) \pm g(x)\} = \lim_{x \to a} f(x) \pm \lim_{x \to a} g(x) = \alpha \pm \beta$ (복호동순)

③ $\lim_{x \to a} \{f(x) \cdot g(x)\} = \lim_{x \to a} f(x) \cdot \lim_{x \to a} g(x) = \alpha \cdot \beta$

④ $\lim_{x \to a} \frac{f(x)}{g(x)} = \frac{\lim_{x \to a} f(x)}{\lim_{x \to a} g(x)} = \frac{\alpha}{\beta}$ ($g(x) \neq 0$, $\beta \neq 0$)

예제 10

다음 극한값을 구하여라.

(1) $\lim_{x \to 1}(5x^2 + 1)$ (2) $\lim_{x \to 2}\frac{x^2 - 1}{x + 1}$

풀이 (1) $\lim_{x \to 1}(5x^2+1) = \lim_{x \to 1}5x^2 + \lim_{x \to 1}1 = 5\lim_{x \to 1}x^2 + \lim_{x \to 1}1$

$= 5(\lim_{x \to 1}x \cdot \lim_{x \to 1}x) + 1 = 5 \cdot 1 \cdot 1 + 1 = 6$

(2) $\lim_{x \to 2}\frac{x^2 - 1}{x + 1} = \frac{\lim_{x \to 2}(x^2 - 1)}{\lim_{x \to 2}(x + 1)} = \frac{3}{3} = 1$ ■

문제 10

다음 극한값을 구하여라.

(1) $\lim_{x \to 2}(3x^2 + 1)$ (2) $\lim_{x \to 0}x(x + 5)$

(3) $\lim_{x \to -1}\frac{x}{x^2 + 1}$ (4) $\lim_{x \to -2}\frac{2x + 1}{1 + x^2}$

함수 $f(x)$와 $g(x)$가 $x \to 0$ 또는 $x \to \pm\infty$일 때,

$$f(x) \to 0,\ f(x) \to \pm\infty,\ g(x) \to 0,\ g(x) \to \pm\infty$$

인 경우

$$f(x) - g(x),\ f(x) \cdot g(x),\ \frac{f(x)}{g(x)}$$

의 극한값은 각각

$$\infty - \infty,\ \infty \cdot 0,\ \frac{\infty}{\infty},\ \frac{0}{0}$$

과 같은 꼴이 된다. 이와 같은 꼴을 **부정형**이라 한다.

부정형의 극한값은 그대로는 구할 수 없으므로 부정형을 부정형이 아닌 형태로 고쳐서 구할 수 있다. 다음 예제들로 그 풀이방법을 대신하여 설명한다.

예제 11

다음 극한값을 구하여라.

(1) $\lim_{x \to -2} \frac{3x^2+5x-2}{x+2}$

(2) $\lim_{x \to 0} \frac{\sqrt{5+x}-\sqrt{5-x}}{x}$

(3) $\lim_{x \to \infty} \frac{x^2+3x}{2x^2+x-1}$

풀이 (1) 분모, 분자 모두 x 대신에 -2를 대입하면 0이므로 $\frac{0}{0}$꼴이다. 분자 $3x^2+5x-2=(x+2)(3x-1)$이므로 분모와 분자의 공통인수 $(x+2)$로 약분하면

$$\lim_{x \to -2} \frac{3x^2+5x-2}{x+2} = \lim_{x \to -2}(3x-1) = -7$$

(2) 분모, 분자 모두 x 대신에 0을 대입하면 0이므로 $\frac{0}{0}$꼴이다. 분자의 유리화를 위하여 분자, 분모에 $\sqrt{5+x}+\sqrt{5-x}$를 곱하면

$$\begin{aligned}
\lim_{x \to 0} \frac{\sqrt{5+x}-\sqrt{5-x}}{x} &= \lim_{x \to 0} \frac{(\sqrt{5+x}-\sqrt{5-x})(\sqrt{5+x}+\sqrt{5-x})}{x(\sqrt{5+x}+\sqrt{5-x})} \\
&= \lim_{x \to 0} \frac{5+x-(5-x)}{x(\sqrt{5+x}+\sqrt{5-x})} \\
&= \lim_{x \to 0} \frac{2x}{x(\sqrt{5+x}+\sqrt{5-x})} \\
&= \frac{2}{\sqrt{5+x}+\sqrt{5-x}} \\
&= \frac{2}{2\sqrt{5}}
\end{aligned}$$

(3) 마찬가지로, x에 ∞를 대입하면 $\frac{\infty}{\infty}$꼴이므로, 분모의 최고차 x^2으로 분모, 분자를 나누면

$$\frac{x^2+3x}{2x^2+x-1} = \frac{1+\frac{3}{x}}{2+\frac{1}{x}-\frac{1}{x^2}}$$

이므로

$$\lim_{x\to\infty}\frac{x^2+3x}{2x^2+x-1} = \lim_{x\to\infty}\frac{1+\frac{3}{x}}{2+\frac{1}{x}-\frac{1}{x^2}} = \frac{1}{2}$$ ■

문제 11

다음 극한값을 구하여라.

(1) $\lim_{x\to2}\frac{x^2-4}{x-2}$ (2) $\lim_{x\to\infty}\frac{x^2-2x+3}{x^2+1}$

정리 3.4 (압축정리)

a에 가까운 값 x에 대하여,

$f(x) \le g(x) \le h(x)$ 이고 $\lim_{x\to a} f(x) = L = \lim_{x\to a} h(x)$이면

$$\lim_{x\to a} g(x) = L$$

이다.

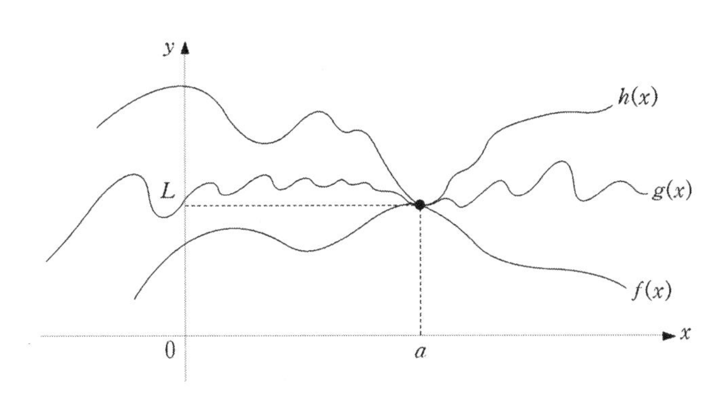

예제 12

극한값 $\lim_{x\to\infty}\frac{\cos x}{x}$를 구하여라.

풀이 $x\to\infty$이므로 $x>0$이라 하면 $-1\le\cos x\le 1$이므로

$$-\frac{1}{x}\le\frac{\cos x}{x}\le\frac{1}{x}$$

한편, $\lim_{x\to\infty}\frac{1}{x}=0=\lim_{x\to\infty}\left(-\frac{1}{x}\right)$이므로,

$$\lim_{x\to\infty}\frac{\cos x}{x}=0$$

■

문제 12

다음 극한값을 구하여라.

(1) $\lim_{x\to\infty}\frac{\sin x}{x}$

(2) $\lim_{x\to\infty}\frac{1}{x}\cdot\cos x$

예제 13

극한값 $\lim_{\theta\to 0}\frac{\sin\theta}{\theta}=1$임을 보여라.

증명

$\lim_{\theta\to 0}\frac{\sin\theta}{\theta}$의 극한값이 1이 됨을 보이기 위해 우극한 값 $\lim_{\theta\to 0^+}\frac{\sin\theta}{\theta}$와 좌극한 값 $\lim_{\theta\to 0^-}\frac{\sin\theta}{\theta}$의 값을 각각 구하여 비교해 보자. 먼저 우극한 값을 구하기 위하여

(i) $\theta\in\left[0,\ \frac{\pi}{2}\right]$일 때

다음 그림과 같이 반지름이 1인 단위원의 원주상에 $\angle AOB=\theta$가 되도록 두 점 A, B를 잡고 점 A에 접하는 원의 접선과 반지름 OB와의 교점을 T라 하자.

$$\triangle OAB \le \text{ 부채꼴 } OAB \le \triangle OAT$$

여기서,

$$\triangle OAB = \frac{1}{2} \sin\theta$$

$$\text{부채꼴 } \mathrm{OAB} = \frac{1}{2}\theta$$

$$\triangle OAT = \frac{1}{2} \tan\theta$$

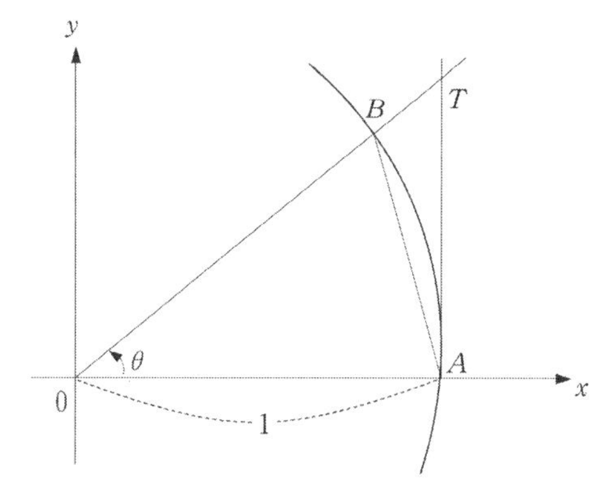

이므로,

$$\frac{1}{2}\sin\theta \le \frac{1}{2}\theta \le \frac{1}{2}\tan\theta$$

이다. 그런데 $\dfrac{2}{\sin\theta} > 0$이므로 이것으로 각 변을 나누면

$$1 \le \frac{\theta}{\sin\theta} \le \frac{1}{\cos\theta}$$

이고, 이 식의 각 변은 양수이므로 역수를 취하면,

$$\cos\theta \le \frac{\sin\theta}{\theta} \le 1$$

그런데, $\lim_{\theta\to 0}\cos\theta = 1$이므로,

$$\lim_{\theta\to 0^+}\frac{\sin\theta}{\theta} = 1$$

(ii) $\theta \in \left[-\frac{\pi}{2},\ 0\right]$ 일 때

$0 \le \theta' \le \frac{\pi}{2}$ 일 때, $\theta = -\theta'$라 하면

$\theta \to 0^-$이면 $\theta' \to 0^+$이므로,

$$\lim_{\theta \to 0^-} \frac{\sin\theta}{\theta} = \lim_{\theta' \to 0^+} \frac{\sin(-\theta')}{-\theta} = \lim_{\theta' \to 0^+} \frac{-\sin\theta'}{-\theta'} = 1$$

따라서, (ⅰ)과 (ⅱ)에 의하여 $\lim_{\theta \to 0} \frac{\sin\theta}{\theta} = 1$ ■

예제 14

다음을 증명하여라.

(1) $\lim_{x \to 0} \frac{\sin nx}{mx} = \frac{n}{m}$ (2) $\lim_{x \to 0} \frac{\tan nx}{mx} = \frac{n}{m}$

증명

(1) $\lim_{x \to 0} \frac{\sin nx}{mx} = \lim_{x \to 0}\left(\frac{\sin nx}{nx} \cdot \frac{nx}{mx}\right) = 1 \cdot \frac{n}{m} = \frac{n}{m}$

(2) $\lim_{x \to 0} \frac{\tan nx}{mx} = \lim_{x \to 0}\left(\frac{\tan nx}{nx} \cdot \frac{nx}{mx}\right) = 1 \cdot \frac{n}{m} = \frac{n}{m}$ ■

문제 13

다음 극한값을 구하여라.

(1) $\lim_{x \to 0} \frac{\cos x - 1}{x}$ (2) $\lim_{x \to 0} \frac{\tan 5x}{x}$

지수함수 $y = a^x$의 그래프를 이용하여 $x \to \pm\infty$일 때, a^x의 극한값을 구하여 보자. 앞에서 알아보았듯이 지수함수 $y = a^x$의 그래프는 a의 값의 범위에 따라 두 가지 경우로 나누어진다.

(1) $a > 1$일 경우 x의 값이 증가하면 a^x의 값도 증가하므로 $\lim_{x \to \infty} a^x = \infty$

이고 $\lim_{x \to -\infty} a^x$는 $x = -t$라고 하면 $t \to \infty$이므로

$\lim_{x \to -\infty} a^x = \lim_{t \to \infty} a^{-t} = \lim_{t \to \infty} \frac{1}{a^t} = 0$이다.

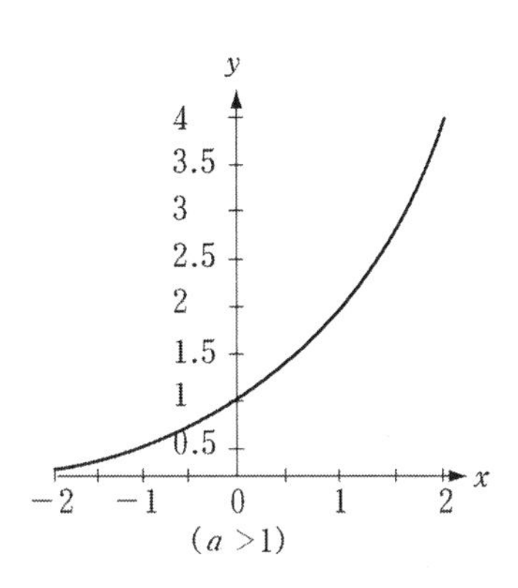

$(a>1)$

(2) $0<a<1$일 경우 x의 값이 증가하면 a^x의 값은 감소하므로

$\lim_{x\to\infty} a^x = 0$이고 $\lim_{x\to-\infty} a^x$는 $x=-t$라고 하면 $t\to\infty$이므로

$\lim_{x\to-\infty} a^x = \lim_{t\to\infty} a^{-t} = \lim_{t\to\infty}\frac{1}{a^t} = \infty$이다.

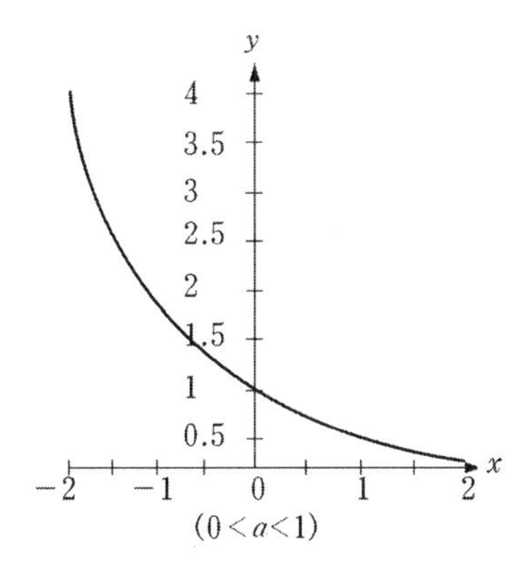

$(0<a<1)$

로그함수는 지수함수와 역함수 관계에 있으므로 로그함수 $y=\log_a x$의 그래프는 지수함수의 그래프를 $y=x$의 그래프에 대하여 대칭인 그래프를 그리게 된다. 그러므로 $x\to\pm\infty$일 때, $\log_a x$의 극한값은 지수함수의 경우와 마찬가지로 a의 값의 범위에 따라 두 가지 경우로 나누어진다.

(3) $a>1$일 경우 x의 값이 증가하면 $\log_a x$의 값도 증가하므로

$\lim_{x\to\infty}\log_a x=\infty$이고 $x\to+0$일 때, $\log_a x$의 값은 감소하므로

$\lim_{x\to+0}\log_a x=-\infty$이다.

(4) $0 < a < 1$일 경우 x의 값이 증가하면 $\log_a x$의 값은 감소하므로 $\lim_{x \to \infty} \log_a x = -\infty$이고 $x \to +0$일 때, $\log_a x$의 값은 증가하므로 $\lim_{x \to +0} \log_a x = \infty$이다.

예제 15

다음 극한값을 구하여라.

(1) $\lim_{x \to \infty} \dfrac{5^x + 5^{-x}}{5^x - 5^{-x}}$ (2) $\lim_{x \to \infty} \log_5(3x+1)$

풀이 (1) $\dfrac{5^x + 5^{-x}}{5^x - 5^{-x}} = \dfrac{5^x(1+5^{-2x})}{5^x(1-5^{-2x})} = \dfrac{1+5^{-2x}}{1-5^{-2x}}$이므로

$$\lim_{x \to \infty} \frac{5^x + 5^{-x}}{5^x - 5^{-x}} = \lim_{x \to \infty} \frac{1+5^{-2x}}{1-5^{-2x}} = 1$$

(2) $\lim_{x \to \infty} \log_5(3x+1) = \infty$ ■

문제 14

다음 극한값을 구하여라.

(1) $\lim_{x \to -\infty} \dfrac{5^x - 5^{-x}}{5^x + 5^{-x}}$ (2) $\lim_{x \to \infty} \log_2\left(\dfrac{1+x}{x}\right)$

극한값 $\lim_{x \to \infty} (1+x)^{\frac{1}{x}}$을 구하여 보자.

다음의 표에 의하면 x가 0에 가까워지면 $(1+x)^{\frac{1}{x}}$의 값이 어떤 특정한 값을 향하여 한없이 다가감을 알 수 있다.

x	$(1+x)^{\frac{1}{x}}$
0.1	2.593742460
0.01	2.704813829
0.001	2.716923932
0.0001	2.718145927
0.00001	2.718268237
0.000001	2.718280469
0.0000001	2.718281692
⋮	⋮
−0.0000001	2.718281692
−0.000001	2.718280469
−0.00001	2.718268237
−0.0001	2.718417728
−0.001	2.719642214
−0.01	2.731998999
−0.1	2.867971988

실제로, 극한값 $\lim_{x \to 0}(1+x)^{\frac{1}{x}}$이 존재한다는 것이 알려져 있다.

이 값을 e로 나타내고 Napier의 수라고 한다. 즉

$$\lim_{x \to 0}(1+x)^{\frac{1}{x}} = e \quad (e = 2.718281828459045\cdots)$$

이다. 이것으로부터 $\lim_{x \to \infty}\left(1+\frac{1}{x}\right)^{x} = e$를 쉽게 보일 수 있다.

문제 15

다음을 증명하여라.

(1) $\lim_{x \to 0}\frac{\ln(1+x)}{x} = 1$　　(2) $\lim_{x \to 0}\frac{\log_a(1+x)}{x} = \frac{1}{\ln a}$

(3) $\lim_{x \to 0} \dfrac{e^x - 1}{x} = 1$　　　　(4) $\lim_{x \to 0} \dfrac{a^x - 1}{x} = \ln a$

5 함수의 연속

함수 $y = f(x)$가 다음 세 조건을 만족할 때 $f(x)$는 $x = a$에서 **연속**이라 한다.

(1) $x = a$에서의 함수값 $f(a)$가 정의되고

(2) 극한값 $\lim_{x \to a} f(x)$가 존재하고

(3) $\lim_{x \to a} f(x) = f(a)$

함수 $f(x)$가 $x = a$ 에서 연속이 아닐 때 $x = a$ 에서 **불연속**이라 하고 $f(x)$가 주어진 구간의 모든 점에서 연속일 때 $f(x)$는 이 구간에서 연속이라 한다.

예제 16

함수 $f(x) = \dfrac{x^2 - 4}{x - 2}$는 $x = 2$에서 불연속이다. $x = 2$에서 연속이 되려면 어떤 조건이 있어야 하는가?

풀이 $x = 2$에서 $f(2)$가 정의되지 않으므로 불연속이다. 극한값

$$\lim_{x \to 2} f(x) = \lim_{x \to 2} \frac{x^2 - 4}{x - 2} = \lim_{x \to 2} \frac{(x-2)(x+2)}{(x-2)} = \lim_{x \to 2} (x + 2) = 4$$

따라서, $f(2) = 4$로 정의하면 함수 $f(x)$는

$$f(x) = \begin{cases} \dfrac{x^2 - 4}{x - 2}, & x \neq 2 \\ 4, & x = 2 \end{cases}$$

이므로,

$$\lim_{x \to 2} f(x) = f(2)$$

가 되어 $x=2$에서 연속이 된다. ■

문제 16

다음 함수의 연속성을 조사하여라.

(1) $f(x) = x^3$

(2) $f(x) = \begin{cases} \dfrac{|x|}{x}, & x \neq 0 \\ 0, & x = 0 \end{cases}$

함수의 극한의 성질을 이용하면 다음과 같은 연속함수의 성질을 알 수 있다.

정리 3. 5

두 함수 $f(x)$, $g(x)$가 $x=a$에서 연속이면, 다음 함수들도 $x=a$에서 연속이다.

① $f(x) \pm g(x)$

② $kf(x)$ (k는 상수)

③ $f(x) \cdot g(x)$

④ $\dfrac{g(x)}{f(x)}$ $(f(x) \neq 0)$

증명

① 가정에서 $f(x)$, $g(x)$가 $x=a$에서 연속이므로,

$$\lim_{x \to a} f(x) = f(a), \quad \lim_{x \to a} g(x) = g(a)$$

이다. 또 $f(x) \pm g(x)$은 $x=a$에서 함수값 $f(a) \pm g(a)$를 가지며

$$\begin{aligned}\lim_{x \to a}\{f(x) \pm g(x)\} &= \lim_{x \to a} f(x) \pm \lim_{x \to a} g(x) \\ &= f(a) \pm g(a)\end{aligned}$$

따라서, 함수 $f(x) \pm g(x)$는 $x=a$에서 연속이다.

④ 앞의 증명 ①에서와 같이

$$\lim_{x \to a} \frac{g(x)}{f(x)} = \frac{\lim_{x \to a} g(x)}{\lim_{x \to a} f(x)} = \frac{g(a)}{f(a)}$$

따라서 $\dfrac{g(a)}{f(a)}$는 $x=a$에서 연속이다. ■

함수 $f(x)=x$는 모든 실수에 대하여 연속이므로 임의의 다항함수

$$f(x) = a_0x^n + a_1x^{n-1} + a_2x^{n-2} + \cdots + a_{n-1}x + a_n (a_0 \neq 0)$$

은 모든 실수에서 연속임을 알 수 있고, 유리함수

$$f(x) = \frac{h(x)}{g(x)} (g(x),\ h(x)\text{는 다항식})$$

도 $g(x)=0$인 점을 제외한 모든 실수에서 연속임을 알 수 있다.

구간 $[a, b]$에 대하여 연속인 함수 $f(x)$가 주어진 구간에서 가장 큰 값을 **최대값**이라 하고 가장 작은 값을 최소값이라고 한다.

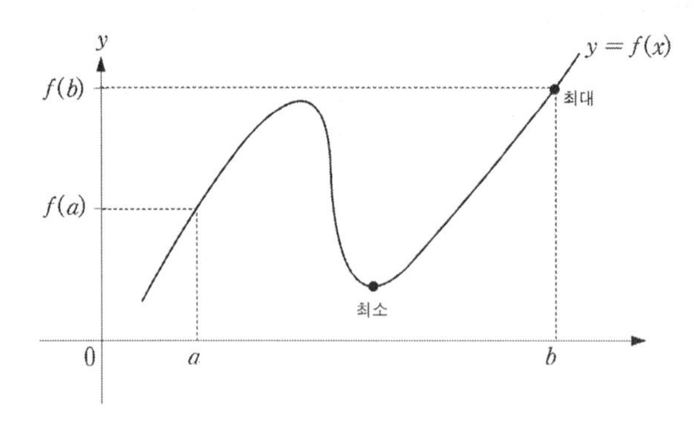

다음 정리는 함수가 최대값과 최소값을 동시에 갖기 위한 조건을 보여준다.

정리 3. 6

함수 $f(x)$가 구간 $[a, b]$에서 연속이면 $f(x)$는 주어진 구간에서 최대값과 최소값을 갖는다.

 문제 17

다음과 같이 주어진 구간에서 함수 $f(x)$의 최대·최소값을 구하여라.

(1) $f(x) = -x^2 + 3$, $[-1, 2]$

(2) $f(x) = \dfrac{2}{x-1}$, $[0, 3]$

연습문제

1. 다음 수열에서 제10항을 구하여라.
   (1) 4, 8, 12, 16, …
   (2) 1, 4, 16, 64, …

2. 다음 그림과 같이 차례로 점을 찍어 나갈 때, 7번째 줄에서 몇 개의 점이 있고, 7째줄까지의 점의 총 개수를 구하여라.

$$\begin{array}{c} \cdot \\ \cdot\quad\cdot \\ \cdot\quad\cdot\quad\cdot\quad\cdot \\ \cdot\quad\cdot\quad\cdot\quad\cdot\quad\cdot\quad\cdot\quad\cdot\quad\cdot \end{array}$$

3. 연이율이 10%, 1년마다 복리로 연초에 100만원을 대출받아 그 연초부터 매년 초에 P원씩 갚아서 5년 초에 모두 상환하려고 한다. 매년의 할부금 P원을 구하여라.

4. 다음 극한값을 구하여라.

(1) $\lim_{x \to 0} \frac{6x^2 - 4x}{3x^2 + 4x}$ (2) $\lim_{x \to 4} \frac{x - 4}{\sqrt{x} - 2}$

(3) $\lim_{x \to 0} \frac{\sin 2x}{x}$ (4) $\lim_{x \to 0} \frac{e^x - 1}{x}$

(5) $\lim_{x \to \infty} \frac{3x + 1}{2x^2 - 4x + 1}$ (6) $\lim_{x \to \infty} \frac{4x^2 - 3x + 2}{2x + 1}$

(7) $\lim_{x \to 0} (1 + x)^{\frac{1}{x}}$ (8) $\lim_{x \to \infty} \left(1 + \frac{1}{x}\right)^x$

4

도함수

1 평균변화율

자동차가 A지점을 출발하여 200m 떨어진 B지점까지 가는 동안 시간별로 움직인 거리를 조사하여 다음의 표를 완성하였다.

경과한 시간(초)	0	5	10	15	20
주행거리(m)	0	12.5	50	112.5	200

이때, 주행거리를 y라 하고, 경과한 시간을 x라 하면 x에 관한 함수가 된다. 즉, $y = f(x) = 0.5x^2$이다. 자동차가 출발 후 10초부터 5초 동안 움직인 평균속도는

$$f(10+5) - f(10) = 62.5 \text{ m}$$

를 소요시간 5(초)로 나눈 12.5(m/sec)이다.

앞의 표를 그래프로 나타내면

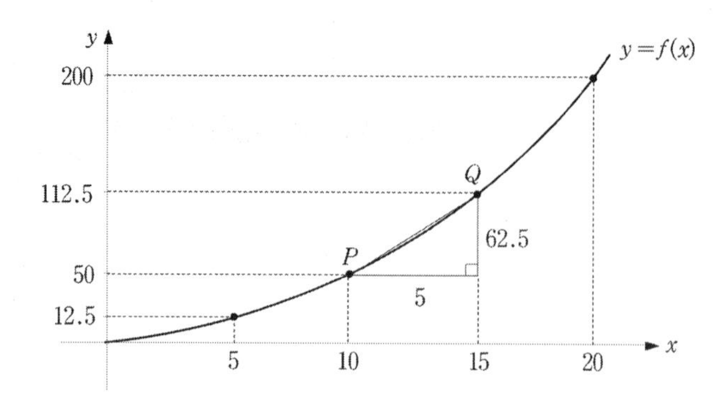

이다. 이때 평균속도는 위 그래프에서 직선 PQ의 기울기와 같다.

일반적으로, 함수 $y = f(x)$에서 x가 a에서 $a + \Delta x$까지 변할 때,

$$\frac{\Delta y}{\Delta x} = \frac{f(a + \Delta x) - f(a)}{\Delta x}$$

을 구간 $[a, a + \Delta x]$에서의 함수 y의 **평균변화율**이라 한다.

평균변화율은 아래 그림에서 두 점 $P(a, f(a))$와 $Q(a + \Delta x, f(a + \Delta x))$를 지나는 직선의 기울기이므로, 다음과 같다.

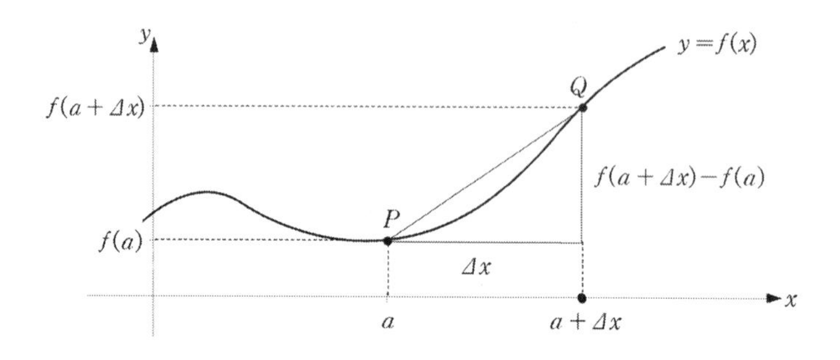

정의 4. 1 (평균변화율)

함수 $y = f(x)$에서 x가 a에서 $a + \Delta x$까지 변할 때의 평균변화율

$$\frac{\Delta y}{\Delta x} = \frac{f(a + \Delta x) - f(a)}{\Delta x}$$

예제 1

다음 각 함수의 지정된 구간에서의 평균변화율을 구하여라.

(1) $y = x^2 - 4x + 3$, [1, 4]

(2) $y = \sqrt{x}$, [4, 9]

풀이 (1) $f(x) = x^2 - 4x + 3$이라 하면

$\Delta x = 4 - 1 = 3$, $\Delta y = f(4) - f(1) = 4$

따라서,

$$\frac{\Delta y}{\Delta x} = \frac{4}{3}$$

(2) $f(x) = \sqrt{x}$ 라 하면,

$\Delta x = 9 - 4 = 5$, $\Delta y = f(9) - f(4) = 1$

따라서,

$$\frac{\Delta y}{\Delta x} = \frac{1}{5}$$

■

문제 1

다음 각 함수의 지정된 구간에서 평균변화율을 구하여라.

(1) $y = x + 5$, [1, 2]

(2) $y = x^2 + 1$, [2, 5]

(3) $y = x^3 + x^2$, [−1, 1]

2 미분계수

§1 순간속도

앞 절에서 정지하고 있던 자동차가 출발하여 x초 $(0 \leq x \leq 20)$동안 주행한 거리를 y m라 하고, x와 y 사이의 관계식을 구하여 보면 $y = 0.5x^2$의

관계가 있음을 알아 보았다. x가 5에서 $5+\Delta x$까지 변할 때의 y의 평균속도를 구하면 다음과 같다.

$$\frac{f(5+\Delta x)-f(5)}{\Delta x}=\frac{\{0.5\times(5+\Delta x)^2\}-(0.5\times 5^2)}{\Delta x}$$
$$=0.5(10+\Delta x)\ (\mathrm{m/sec})$$

윗식에서 Δx가 0에 점점 가까워질 때의 평균속도를 구하여 보면,

Δx	평균속도
1	5.5
0.5	5.25
0.1	5.05
0.01	5.005
0.001	5.0005
0.0001	5.00005
⋮	⋮

이다. 이 표에서 보듯이 Δx가 0에 가까워지면, 자동차가 출발하여 5초부터 Δx초 동안의 평균속도는

$$0.5\times 10=5.0(\mathrm{m/sec})$$

에 가까워짐을 알 수 있다. 즉,

$$\lim_{\Delta x\to 0}\frac{f(5+\Delta x)-f(5)}{\Delta x}=\lim_{\Delta x\to 0}\{0.5\times(10+\Delta x)\}=5.0(\mathrm{m/sec})$$

이고, 이 값을 자동차가 출발하여 5초 후의 **순간속도**라고 한다.

예제 2

골프공이 자유 낙하를 시작하여 x초 동안에 낙하한 거리를 ym라고 하면 x와 y사이에는 $y=4.9x^2$의 관계가 성립한다. 낙하 후 2초 후의 순간속도를 구하여라.

풀이 $f(x) = 4.9x^2$ 이라 하면

$$\lim_{\Delta x \to 0} \frac{f(2+\Delta x) - f(2)}{\Delta x} = \lim_{\Delta x \to 0} \{4.9(4+\Delta x)\} = 19.6(\mathrm{m/sec})$$

따라서, 2초가 되는 순간의 속도는 19.6(m/sec)이다. ■

예제 2에서, 낙하 후 5초 후의 순간속도를 구하여라.

§2 미분계수

함수 $y = f(x)$에서 x가 a에서 $a + \Delta x$까지 변할 때의 평균변화율은

$$\frac{\Delta y}{\Delta x} = \frac{f(a+\Delta x) - f(a)}{\Delta x}$$

이다. 여기서, Δx가 0에 한없이 가까워질 때의 극한값

$$\lim_{\Delta x \to 0} \frac{\Delta y}{\Delta x} = \lim_{\Delta x \to 0} \frac{f(a+\Delta x) - f(a)}{\Delta x}$$

이 존재하면 함수 $y = f(x)$는 $x = a$에서 미분가능하다고 하고 그 극한값을 $y = f(x)$의 $x = a$에서의 **미분계수** 또는 **순간변화율**이라 하고, 기호로

$$f'(a)$$

와 같이 나타낸다.

특히, $f(x)$가 임의의 구간 I에 속하는 모든 x에 대하여 미분가능할 때, $f(x)$는 구간 I에서 미분가능하다고 한다.

정의 4. 2 (미분계수)

함수 $y = f(x)$의 $x = a$에서의 **미분계수** $f'(a)$는

$$f'(a) = \lim_{\Delta x \to 0} \frac{f(a + \Delta x) - f(a)}{\Delta x}$$

예제 3

함수 $f(x) = x^2 - 5x$의 $x = 2$에서의 미분계수를 구하여라.

풀이
$$\begin{aligned} f'(2) &= \lim_{\Delta x \to 0} \frac{f(2 + \Delta x) - f(2)}{\Delta x} \\ &= \lim_{\Delta x \to 0} \frac{\{(2 + \Delta x)^2 - 5(2 + \Delta x)\} - (2^2 - 5 \times 2)}{\Delta x} \\ &= \lim_{\Delta x \to 0} (\Delta x - 1) = -1 \end{aligned}$$
■

문제 3

다음 함수에 대하여 $f'(1)$과 $f'(-2)$를 각각 구하여라.

(1) $f(x) = 5x + 2$ (2) $f(x) = x - x^2$ (3) $f(x) = \dfrac{1}{x}$

함수 $f(x)$가 $x = a$에서 미분가능하면

$$f'(a) = \lim_{\Delta x \to 0} \frac{f(a + \Delta x) - f(a)}{\Delta x}$$

가 존재한다. 하지만 주어진 식에서 분모의 극한이 0이므로 극한값 $f'(a)$가 존재하려면 분자의 극한도 0이어야 하므로

$$\lim_{\Delta x \to 0} \{f(a + \Delta x) - f(a)\} = 0$$

따라서, $\lim_{\Delta x \to 0} f(a + \Delta x) = f(a)$이므로

$f(x)$는 $x = a$에서 연속이다. 이 사실을 이용하면 다음의 정리를 얻을 수 있다.

정리 4. 3

함수 $f(x)$가 $x = a$에서 미분가능하면 함수 $f(x)$는 $x = a$에서 연속이다.

일반적으로, 함수 $f(x)$가 임의의 구간 I에서 미분가능하면 연속이다. 하지만 함수 $f(x)$가 구간 I에서 연속이라고 모두 미분가능한 것은 아니다.

예를 들어, 함수 $f(x) = |x| + 1$은 $x = 0$에서 연속이다. 하지만

$$\lim_{\Delta x \to 0^+} \frac{\{|0 + \Delta x| + 1\} - (|0| + 1)_1}{\Delta x} = \lim_{\Delta x \to 0^+} \frac{\Delta x}{\Delta x} = 1$$

$$\lim_{\Delta x \to 0^-} \frac{\{|0 + \Delta x| + 1\} - (|0| + 1)}{\Delta x} = \lim_{\Delta x \to 0^-} \frac{-\Delta x}{\Delta x} = -1$$

이므로 $\lim_{\Delta x \to 0} \frac{f(0 + \Delta x) - f(0)}{\Delta x}$의 값은 존재하지 않는다.

따라서 $f(x) = |x| + 1$은 $x = 0$에서 미분가능하지 않다.

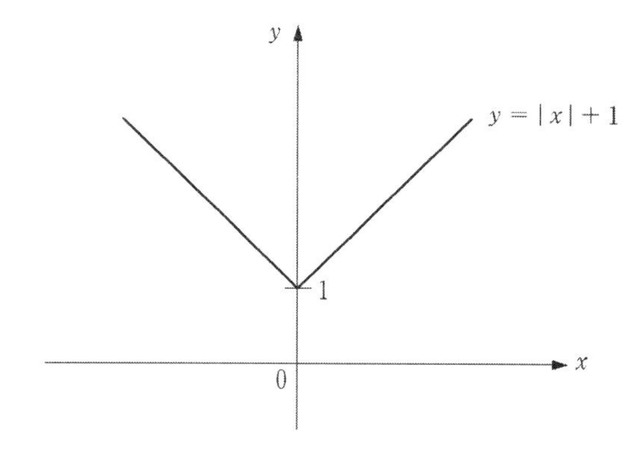

예제 4

함수 $f(x) = |x-1|$의 $x = 1$에서의 미분가능성을 조사하여라.

풀이

$$\lim_{\Delta x \to 0^+} \frac{f(1+\Delta x) - f(1)}{\Delta x} = \lim_{\Delta x \to 0^+} \frac{\Delta x}{\Delta x} = 1$$

$$\lim_{\Delta x \to 0^-} \frac{f(1+\Delta x) - f(1)}{\Delta x} = \lim_{\Delta x \to 0^+} \frac{-\Delta x}{\Delta x} = -1$$

이므로, $f'(1)$값이 존재하지 않는다.

따라서, $f(x) = |x-1|$은 $x = 1$에서 미분가능하지 않다. ■

문제 4

함수 $f(x) = |x^2 - 1|$의 $x = 1$에서의 미분가능성을 조사하여라.

§3 미분계수의 기하학적 의미

함수 $y = f(x)$ 에 대하여, x의 값이 a에서 $a + \Delta x$까지 변할 때의 평균변화율

$$\frac{f(a+\Delta x) - f(a)}{\Delta x}$$

은 오른쪽 그림에서 알 수 있듯이, 함수 $y = f(x)$의 그래프에서 $x = a$와 $x = a + \Delta x$에 대응하는 점을 P, Q라 할 때, 두 점 P와 Q를 잇는 직선의 기울기와 같다.

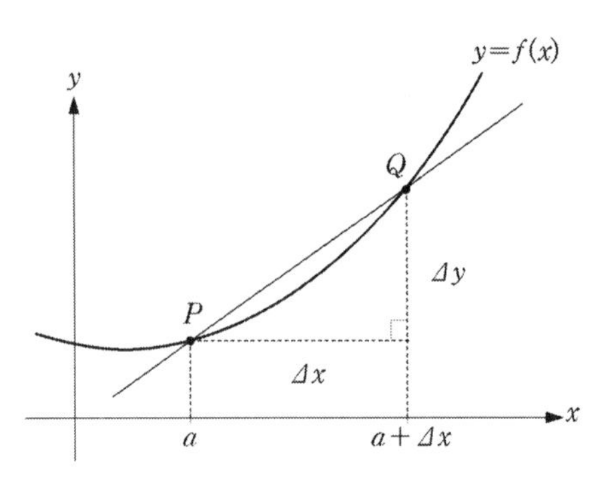

여기서, $\Delta x \to 0$이면 점 Q는 곡선 $y = f(x)$를 따라 점 P에 한없이 가까워진다. 이 경우 직선 PQ는 한 정직선 PT에

한없이 가까워진다.

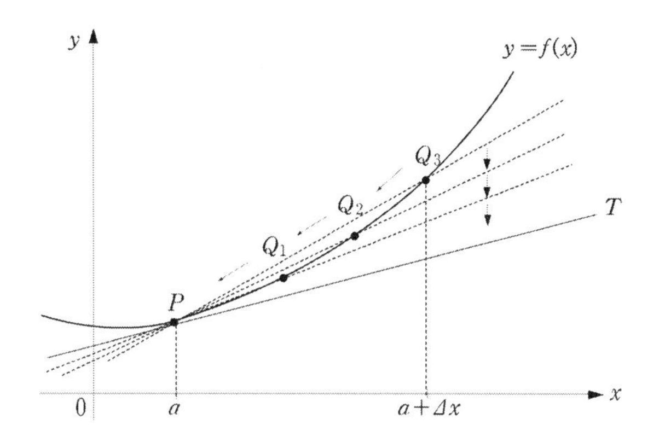

이 직선 PT를 점 P에서의 곡선 $y=f(x)$의 접선이라 하고, 점 P를 접점이라고 한다.

이때, 직선 PQ의 기울기

$$\frac{\Delta y}{\Delta x}=\frac{f(a+\Delta x)-f(a)}{\Delta x}$$

는 $\Delta x \to 0$일 때, 접선 PT의 기울기에 한없이 가까워지므로

$$f'(a)=\lim_{\Delta x \to 0}\frac{f(a+\Delta x)-f(a)}{\Delta x}$$

는 곡선 $y=f(x)$의 $x=a$에서의 **접선의 기울기**가 된다.

예제 5

포물선 $y=3x^2-x$ 위의 점 (1, 2)에서의 접선의 기울기를 구하여라.

풀이 $f(x)=3x^2-x$라고 하면,

$$\begin{aligned} f'(1) &= \lim_{\Delta x \to 0}\frac{f(1+\Delta x)-f(1)}{\Delta x} \\ &= \lim_{\Delta x \to 0}\frac{\{3(1+\Delta x)^2-(1+\Delta x)\}-(3\cdot 1^2-1)}{\Delta x} \\ &= 5 \end{aligned}$$

따라서 포물선 $y = 3x^2 - x$ 위의 점 (1, 2)에서의 접선의 기울기는 5이다. ■

문제 5

다음 곡선 위의 주어진 점에서의 접선의 기울기를 구하여라.

(1) $y = x^2 + 5$ (1, 6) (2) $y = x^3 + 2x$ $(-1, -3)$

3 도함수

함수 $f(x) = x^2 + 1$의 $x = a$에서의 미분계수 $f'(a)$의 값은

$$f'(a) = 2a$$

이다. 이때, $a = -1, 0, 1, 2$라 하면 각각의 미분계수는

$$f'(-1) = -2,\ f'(0) = 0,\ f'(1) = 2,\ f'(2) = 4$$

이다.

따라서, a를 변수로 보면 $f'(a)$는 a에 관한 함수가 된다. 여기서, 변수를 a 대신 x로 바꾸어 나타내면 $f'(x) = 2x$를 얻는다.

일반적으로, 미분 가능한 함수 $f(x)$의 정의역내의 모든 점 x에 대하여 그 점에서의 미분계수 $f'(x)$를 대응시키면 새로운 함수

$$f' : X \to R, \qquad x \to f'(x)$$

를 얻는다. 이 새로운 함수 $f'(x)$를 $f(x)$의 **도함수**라고 한다.

함수 $y = f(x)$의 도함수는 다음과 같은 기호로 나타낸다.

$$y',\ \frac{dy}{dx},\ \frac{d}{dx}f(x),\ D_x f(x),\ Df(x)$$

정의 4.4 (도함수)

미분가능한 함수 $f(x)$의 도함수 $f'(x)$는 다음과 같다.

$$f'(x) = \lim_{\Delta x \to 0} \frac{f(x+\Delta x) - f(x)}{\Delta x}$$

함수 $f(x)$의 도함수 $f'(x)$를 구하는 것을 함수 $f(x)$를 x에 관하여 미분한다고 하고, 그 계산법을 **미분법**이라 한다.

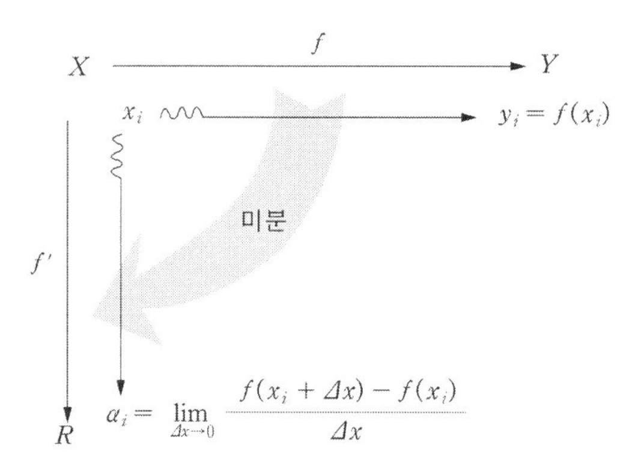

예제 6

다음 함수의 도함수를 구하여라.

(1) $f(x) = k$ (k는 상수) (2) $f(x) = x$

(3) $f(x) = 2x + 5$ (4) $f(x) = x^2$

풀이 (1) $f'(x) = \lim_{\Delta x \to 0} \frac{f(x+\Delta x) - f(x)}{\Delta x}$

$= \lim_{\Delta x \to 0} \frac{k-k}{\Delta x} = 0$

(2) $f'(x) = \lim_{\Delta x \to 0} \frac{f(x+\Delta x) - f(x)}{\Delta x} = \lim_{\Delta x \to 0} \frac{(x+\Delta x) - x}{\Delta x} = 1$

(3) $f'(x) = \lim_{\Delta x \to 0} \frac{f(x+\Delta x) - f(x)}{\Delta x}$

$= \lim_{\Delta x \to 0} \frac{\{2(x+\Delta x)+5\} - (2x+5)}{\Delta x} = 2$

(4) $f'(x) = \lim_{\Delta x \to 0} \frac{f(x+\Delta x) - f(x)}{\Delta x} = \lim_{\Delta x \to 0} \frac{(x+\Delta x)^2 - x^2}{\Delta x} = 2x$ ■

문제 6

다음 함수의 도함수를 구하여라.

(1) $f(x) = -5$

(2) $f(x) = 5x + 2$

(3) $f(x) = 2x^2 + 5x + 1$

(4) $f(x) = x^3 + 2x^2 + x + 1$

4 미분법의 공식

§1 기본공식

함수의 도함수를 구하는데 기본이 되는 공식을 알아보고, 이를 이용하여 쉽게 함수의 도함수를 구하는 방법을 알아보자.

정리 4.5 (미분법의 공식)

① $y = k$ (k는 상수) 이면 $y' = 0$

② $y = k \cdot f(x)$ (k는 상수) 이면 $y' = k \cdot f'(x)$

③ $y = f(x) \pm g(x)$ 이면 $y' = f'(x) \pm g(x)$ (복호동순)

④ $y = f(x) \cdot g(x)$ 이면 $y' = f'(x)g(x) + f(x)g'(x)$

⑤ $y = x^n$ ($n \in Z$)이면 $y' = nx^{n-1}$

⑥ $y = \frac{f(x)}{g(x)}$ ($g(x) \neq 0$)이면 $y' = \frac{f'(x)g(x) - f(x)g'(x)}{(g(x))^2}$

증명

① $f(x) = k$ (k는 상수)라 하면

$$y' = f'(x) = \lim_{\Delta x \to 0} \frac{f(x+\Delta x) - f(x)}{\Delta x} = \lim_{\Delta x \to 0} \frac{k-k}{\Delta x} = 0$$

② $g(x) = k \cdot f(x)$ (k는 상수)라 하면

$$y' = g'(x) = \lim_{\Delta x \to 0} \frac{g(x+\Delta x) - g(x)}{\Delta x} = \lim_{\Delta x \to 0} \frac{k \cdot f(x+\Delta x) - k \cdot f(x)}{\Delta x}$$

$$= \lim_{\Delta x \to 0} k \cdot \frac{f(x+\Delta x) - f(x)}{\Delta x} = k \cdot \lim_{\Delta x \to 0} \frac{f(x+\Delta x) - f(x)}{\Delta x}$$

$$= k \cdot f'(x)$$

⑥ (i) $n \in Z^{+}$;

ⓐ $n = 1$일 때,

$$f'(x) = \lim_{\Delta x \to 0} \frac{f(x+\Delta x) - f(x)}{\Delta x} = \lim_{\Delta x \to 0} \frac{\Delta x}{\Delta x} = 1$$

이므로 성립한다.

ⓑ $n = k$ ($k > 1$)일 때 성립한다고 가정하면

즉, $y = x^{k}$이면 $y' = kx^{k-1}$

ⓒ $n = k+1$일 때 $y = x^{k+1} = x^{k} \cdot x$이므로

②에 의하여 $y' = (x^{k})' \cdot x + x^{k} \cdot (x)'$

$= kx^{k-1} \cdot x + x^{k} \cdot 1$

$= (k+1)x^{k}$

따라서, $n = k+1$일 때도 성립한다.

ⓐ, ⓑ, ⓒ가 성립하므로 수학적 귀납법에 의하여 ③이 성립한다.

(ii) $n \in Z^{-1}$; 문제 8 ■

예제 7

다음 각 함수의 도함수를 구하여라.

(1) $y = -2$ (2) $y = -5x$

(3) $y = 3x^2 + 2x + 1$ (4) $y = (x+2)^2$

(5) $y = (x+3)(6x+5)$ (6) $y = \dfrac{1}{x}$

풀이 (1) $y' = 0$

(2) $y' = -5 \cdot (x)' = -5 \cdot 1 = -5$

(3) $y' = 3(x^2) + 2(x)' + (1)' = 6x + 2$

(4) ① $y = (x+2)^2 = (x^2 + 4x + 4)$이므로

$y' = 2x + 4$

② $y = (x+2)^2 = (x+2)(x+2)$이므로

$y' = (x+2)'(x+2) + (x+2)(x+2)'$

$= (x+2) + (x+2) = 2x + 4$

(5) $y' = (x+3)'(6x+5) + (x+3)(6x+5)'$

$= (6x+5) + 6(x+3)$

$= 6x + 5 + 6x + 18 = 12x + 23$

(6) $y' = \dfrac{(1)' \cdot x - 1 \cdot (x)'}{x^2} = \dfrac{-1}{x^2}$ ■

문제 7

다음 각 함수의 도함수를 구하여라.

(1) $y = x^3 + 1$

(2) $y = (x+1)^3$

(3) $y = (x^2 + 5)(x - 1)$

(4) $y = \dfrac{2x}{(x+1)}$

문제 8

정리 4.5의 ⑤번 공식에서 $n \in Z^-$ 경우도 공식이 성립함을 보여라.

§2 삼각함수의 미분법

$\sin x$, $\cos x$, $\tan x$, $\cot x$, $\sec x$, 그리고 $\csc x$와 같은 삼각함수들의 도함수들을 알아보기 위해서 먼저 변수 x는 라디안 단위라 하고 앞에서 다루었던 다음과 같은 극한값들이 필요하다.

$$\lim_{\theta \to 0} \frac{\sin\theta}{\theta} = 1, \quad \lim_{\theta \to 0} \frac{1-\cos\theta}{\theta} = 0$$

먼저, $f(x) = \sin x$라 할 때, $f'(x)$를 도함수의 정의에 의하여 구하여 보면

$$\begin{aligned}
f'(x) &= \lim_{\Delta x \to 0} \frac{\sin(x+\Delta x) - \sin x}{\Delta x} \\
&= \lim_{\Delta x \to 0} \frac{\sin x \cdot \cos\Delta x + \cos x \cdot \sin\Delta x) - \sin x}{\Delta x} \\
&= \lim_{\Delta x \to 0} \left\{ \sin x \cdot \left(\frac{\cos\Delta x - 1}{\Delta x} \right) + \cos x \left(\frac{\sin\Delta x}{\Delta x} \right) \right\} \\
&= \lim_{\Delta x \to 0} \left\{ \cos x \left(\frac{\sin\Delta x}{\Delta x} \right) - \sin x \left(\frac{1-\cos\Delta x}{\Delta x} \right) \right\} \\
&= \cos x \cdot \lim_{\Delta x \to 0} \frac{\sin\Delta x}{\Delta x} - \sin x \cdot \lim_{\Delta x \to 0} \frac{1-\cos\Delta x}{\Delta x} \\
&= \cos x \cdot 1 - \sin x \cdot 0 = \cos x
\end{aligned}$$

마찬가지 방법으로 $f(x) = \cos x$의 도함수도 구할 수 있다.

정리 4.6 (삼각함수의 도함수 A)

① $(\sin x)' = \cos x$

② $(\cos x)' = -\sin x$

③ $(\tan x)' = \sec^2 x$

증명

③ $\tan x = \dfrac{\sin x}{\cos x}$ 이므로,

$$\begin{aligned}
(\tan x)' = \left(\frac{\sin x}{\cos x} \right)' &= \frac{(\sin x)' \cdot \cos x - \sin x \cdot (\cos x)'}{\cos^2 x} \\
&= \frac{1}{\cos^2 x} = \sec^2 x
\end{aligned}$$

$\csc x = \dfrac{1}{\sin x}$, $\sec x = \dfrac{1}{\cos x}$ 이고 $\cot x = \dfrac{1}{\tan x}$ 이므로 다음의 정리를 증명할 수 있다. ■

정리 4.7 (삼각함수의 도함수 B)

① $(\csc x)' = \left(\frac{1}{\sin x}\right)' = -\csc x \cdot \cot x$

② $(\sec x)' = \left(\frac{1}{\cos x}\right)' = \sec x \cdot \tan x$

③ $(\cot x)' = \left(\frac{1}{\tan x}\right)' = -\csc^2 x$

증명

① $y = \csc x = \frac{1}{\sin x}$ 이므로

$$y' = (\csc x)' = \left(\frac{1}{\sin x}\right)' = \frac{1' \cdot \sin x - 1 \cdot (\sin x)'}{\sin^2 x}$$
$$= \frac{-\cos x}{\sin^2 x} = -\frac{1}{\sin x} \cdot \frac{\cos x}{\sin x}$$
$$= -\csc x \cdot \cot x$$

② $y = \cot x = \frac{1}{\tan x}$ 이므로

$$y' = (\cot x)' = \left(\frac{1}{\tan x}\right)' = \frac{1' \cdot \tan x - 1 \cdot (\tan x)'}{\tan^2 x}$$
$$= \frac{-\sec x}{\tan^2 x} = -\frac{1}{\sin^2 x}$$
$$= -\csc^2 x$$

■

예제 8

함수 $y = x^2 \cdot \sin x$일 때, $\frac{dy}{dx}$를 구하여라.

풀이 정리 4.5의 ④를 이용하여

$$y' = (x^2) \cdot \sin x + x^2 \cdot (\sin x)' = 2x \cdot \sin x + x^2 \cdot \cos x$$

이다. ■

예제 9

함수 $y = \frac{\sin x}{1+\cos x}$ 일 때, $\frac{dy}{dx}$를 구하여라.

풀이 정리 4. 5의 ⑥을 이용하여,

$$y' = \frac{(\sin x)' \cdot (1+\cos x) - \sin x(1+\cos x)'}{(1+\cos x)^2}$$

$$= \frac{\cos(1+\cos x) - \sin x(-\sin x)}{(1+\cos x)^2} = \frac{\cos x + \cos^2 x + \sin^2 x}{(1+\cos x)^2}$$

$$= \frac{\cos x + 1}{(1+\cos x)^2} = \frac{1}{1+\cos x}$$

■

문제 9

다음 각 함수의 $\frac{dy}{dx}$을 구하여라.

(1) $y = x \cdot \tan x$

(2) $y = \frac{\cos x}{1+\sin x}$

§3 연쇄법칙

임의의 두 함수 f와 g의 도함수를 알고 있을 때, 두 함수의 합성함수 $f \circ g$의 도함수를 구하는 방법에 대하여 알아보자.

이것을 풀기 위하여 먼저 $y = (f \circ g)(x) = f(g(x))$이고 $t = g(x)$라 하면 $y = f(t)$가 된다. 도함수 $\frac{dy}{dt} = f'(t)$이고 $\frac{dt}{dx} = g'(x)$를 사용하여 구하려는 도함수

$$\frac{dy}{dx} = \frac{d}{dx}[f(g(x))]$$

을 구할 수 있다.

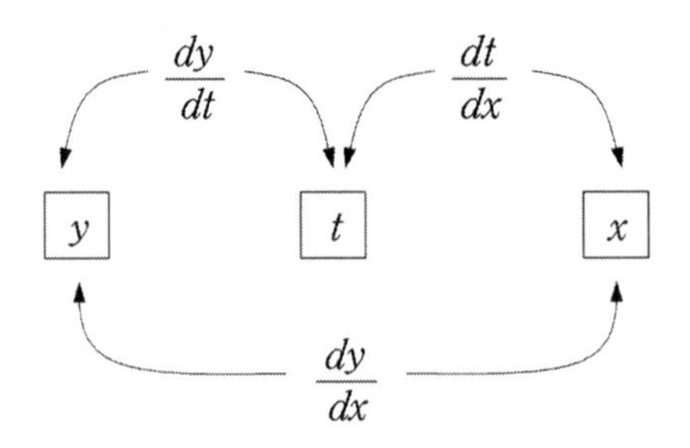

정리 4. 8

함수 $y = f(t)$, $t = g(x)$가 각각 t와 x에 관하여 미분가능하면 합성함수 $y = f(g(x))$는 x에 관하여 미분가능하고

$$\frac{dy}{dx} = \frac{dy}{dt} \cdot \frac{dt}{dx}$$

이다.

증명

$t = g(x)$가 x에 관하여 미분가능이므로 $\Delta x \to 0$일 때 $\Delta t \to 0$이다. 따라서

$$\frac{dy}{dx} = \lim_{\Delta x \to 0} \frac{\Delta y}{\Delta x} = \lim_{\Delta x \to 0} \left(\frac{\Delta y}{\Delta t} \cdot \frac{\Delta t}{\Delta x} \right) = \lim_{\Delta t \to 0} \frac{\Delta y}{\Delta t} \cdot \lim_{\Delta x \to 0} \frac{\Delta t}{\Delta x}$$

즉

$$\frac{dy}{dx} = \frac{dy}{dt} \cdot \frac{dt}{dx}$$

이다. ■

예제 10

다음 각 함수의 $\frac{dy}{dx}$를 구하여라.

(1) $y = (x^2 + 3)^2$ (2) $y = 5\sin(x^2)$

(3) $y = \tan(x^2 + 1)$ (4) $y = \sqrt{1 + \cos x}$

풀이 (1) $t = x^2 + 3$이라 하며

$y = t^2$

$$\frac{dy}{dx} = \frac{dy}{dt} \cdot \frac{dt}{dx} = (t^2)' \cdot (x^2 + 3)'$$

$$= 2t \cdot 2x = 2(x^2 + 3) \cdot 2x = 4x(x^2 + 3)$$

(2) $t = x^2$이라 하면

$y = 5 \cdot \sin t$

$$\frac{dy}{dx} = \frac{dy}{dt} \cdot \frac{dt}{dx} = 5 \cdot (\sin t)' \cdot (x^2)'$$

$$= 5 \cdot \cos t \cdot 2x = 5 \cdot \cos x^2 \cdot 2x = 10x \cdot \cos x^2$$

(3) $t = x^2 + 1$이라 하면

$y = \tan t$

$$\frac{dy}{dx} = \frac{dy}{dt} \cdot \frac{dt}{dx} = (\tan t)' \cdot (x^2 + 1)'$$

$$= \sec^2 t \cdot 2x = \sec^2(x^2 + 1) \cdot 2x = 2x \cdot \sec^2(x^2 + 1)$$

(4) $t = 1 + \cos x$라 하면

$y = \sqrt{t}$

$$\frac{dy}{dx} = \frac{dy}{dt} \cdot \frac{dt}{dx} = (\sqrt{t})' \cdot (1 + \cos x)'$$

$$= \frac{1}{2\sqrt{t}} \cdot (-\sin x) = \frac{-\sin x}{2\sqrt{1 + \cos x}}$$ ■

Q 문제 10

다음 각 함수의 $\dfrac{dy}{dx}$를 구하여라.

(1) $y = (x^3 + 2x^2 + 6x + 5)^5$

(2) $y = \sin(2x)$

(3) $y = \cos(x^2 + 9)$

(4) $y = \left(\dfrac{x-5}{2x+1}\right)^3$

y가 x에 관한 함수일 때, 그 관계식이 항상 $y = f(x)$의 꼴로 나타내어지는 것은 아니다. 예를 들어 $x^2 + y^2 - 4 = 0$은 $y = f(x)$의 꼴은 아니지만 x와 y의 변역을 제한함으로써 y를 x에 관한 함수로 할 수 있다. 즉 $y = \pm\sqrt{4x^2}$ 이다.

이와 같이 x에 관한 함수 y가 $f(x, y) = 0$의 꼴로 주어졌을 때, y를 x의 **음함수**라고 하며, x의 함수 y가 $y = f(x)$인 꼴로 주어졌을 때 y를 x의 **양함수**라고 한다.

임의의 함수가 음함수 $f(x, y) = 0$의 꼴로 주어졌을 때, 합성함수의 미분법을 이용하여 양함수 $y = f(x)$의 꼴로 고치지 않고 직접 도함수를 구하여 보자.

예를 들어 함수 $x^2 + y^2 = 4$의 도함수를 구하면 $2x + 2y \cdot \dfrac{dy}{dx} = 0$이므로

$$\frac{dy}{dx} = -\frac{x}{y} \quad (\text{단, } y \neq 0)$$

이다.

예제 11

다음 각 식에서 $\dfrac{dy}{dx}$를 구하여라.

(1) $y - x^2 = 0$

(2) $x^3 + y^3 - 3xy = 0$

풀이 (1) y를 x의 함수로 보고 각 항을 x에 관하여 미분하면

$$1 \cdot \frac{dy}{dx} - 2x = 0$$

따라서 $\dfrac{dy}{dx} = 2x$이다.

(2) y를 x의 함수로 보고 각 항을 x에 관하여 미분하면

$$3x^2 + 3y^2 \cdot \frac{dy}{dx} - \left(3y + 3x \cdot \frac{dy}{dx}\right) = 0$$

이 식을 정리하면,

$$(3y^2 - 3x)\frac{dy}{dx} = 3y - 3x^2$$

따라서, $y^2 - x \neq 0$일 때,

$$\frac{dy}{dx} = \frac{y - 3x^2}{y^2 - x}$$

이다. ■

문제 11

다음 각 식에서 $\dfrac{dy}{dx}$를 구하여라.

(1) $x^3 + 2xy^2 - y^3 = 5$

(2) $(x + y)^2 = 2y$

예제 12

r이 유리수이고 $y = x^r$일 때, x^{r-1}이 정의되는 x에 대하여 $(x^r)' = rx^{r-1}$임을 보여라.

풀이 (ⅰ) $r > 0$일 때 $r = \dfrac{q}{p}$ (단, p, q는 정수, $p \neq 0$)라 하면

$$y = x^r = x^{\frac{q}{p}}$$

따라서

$$y^p = x^q$$

이다. y를 x의 함수로 보고 양변을 x에 관하여 미분하면

$$py^{p-1} \cdot \frac{dy}{dx} = qx^{q-1}$$

그러므로

$$\frac{dy}{dx} = \frac{qx^{q-1}}{py^{p-1}} = \frac{qx^{q-1}}{p\left(x^{\frac{q}{p}}\right)^{p-1}} = \frac{qx^{q-1}}{px^{q-\frac{q}{p}}} = \frac{q}{p}x^{\frac{p}{q}-1} = rx^{r-1}$$

이다.

(ii) $r<0$일 때, $r=-r'$이라 하고 $r'>0$이면,

$$y = x^r = x^{-r'} = \frac{1}{x^{r'}}$$

따라서,

$$\frac{dy}{dx} = \frac{-r' \cdot x^{r'-1}}{(x^{r'})^2} = -r' \cdot x^{-r'-1} = rx^{r-1}$$

그러므로 (i)과 (ii)에 의하여

$$\frac{d}{dx}x^r = rx^{r-1}$$

이다. ■

§4 역함수의 미분법

함수 $f(x)$가 미분가능하고, 이 함수의 역함수 $f^{-1}(x)$가 존재할 때, $f^{-1}(x)$의 도함수를 구해 보자.

$y=f^{-1}(x)$라 하면 $x=f(y)$이다. 이 식의 양변을 x에 관하여 미분하면 좌변은 $\frac{d}{dx}x=1$이고, 우변은 연쇄법칙에 의하여

$$\frac{d}{dx}f(y) = \frac{d}{dy}f(y) \cdot \frac{dy}{dx} = f'(y)\frac{dy}{dx}$$

따라서

$$1 = f'(y)\frac{dy}{dx}$$

이다.

위의 성질에 의하여 다음의 공식을 얻을 수 있다.

정리 4.9 (역함수의 미분법)

함수 $y=f(x)$가 미분가능하고, 그의 역함수가 존재하면

$$\frac{dy}{dx}=\frac{1}{\frac{dx}{dy}} \quad \left(\text{단, } \frac{dx}{dy}\neq 0\right)$$

예제 13

n을 양의 정수라고 할 때, 정리 4.9를 이용하여 $x^{\frac{1}{n}}$의 도함수를 구하여라.

풀이 $y=x^{\frac{1}{n}}$이라 하면 $x=y^n$이므로

$$\frac{dx}{dy}=ny^{n-1}$$

정리 4.9에 의하여

$$\frac{dy}{dx}=\frac{1}{\frac{dx}{dy}}=\frac{1}{ny^{n-1}}=\frac{1}{n\left(x^{\frac{1}{n}}\right)^{n-1}}=\frac{1}{n}x^{\frac{1}{n}-1}$$

■

문제 12

역함수의 미분법을 이용하여 다음 함수의 도함수를 구하여라.

(1) $y=\sqrt[3]{x}$ (2) $y=\sqrt[5]{x+5}$

주어진 두 함수 $x=f(t)$와 $y=g(t)$가 t에 관하여 미분가능하고, $f'(t)\neq 0$이면

$$\frac{dy}{dx}=\lim_{\Delta x\to 0}\frac{\Delta y}{\Delta x}=\lim_{\Delta t\to 0}\frac{\frac{\Delta y}{\Delta t}}{\frac{\Delta x}{\Delta t}}=\frac{\lim\limits_{\Delta t\to 0}\frac{\Delta y}{\Delta t}}{\lim\limits_{\Delta t\to 0}\frac{\Delta x}{\Delta t}}=\frac{g'(t)}{f'(t)} \quad (f'(t)\neq 0)$$

이므로, 다음 공식을 얻을 수 있다.

정리 4. 10 (매개함수의 미분법)

$x = f(t)$, $y = g(t)$가 t에 관하여 미분가능하고, $f'(t) \neq 0$이면

$$\frac{dy}{dx} = \frac{\frac{dy}{dt}}{\frac{dx}{dt}} = \frac{g'(t)}{f'(t)}$$

예제 14

x, y 사이에 다음 관계가 있을 때, $\frac{dy}{dx}$를 구하여라.

$$x = \frac{1+t^2}{1-t^2}, \quad y = \frac{3t}{1-t^2}$$

풀이 $x = \frac{1+t^2}{1-t^2}$에서

$$\frac{dx}{dt} = \frac{2t(1-t^2) - (1+t^2)\cdot(-2t)}{(1-t^2)^2} = \frac{4t}{(1-t^2)^2}$$

$y = \frac{3t}{1-t^2}$에서

$$\frac{dy}{dt} = \frac{3(1-t^2) - 3t(-2t)}{(1-t^2)^2} = \frac{3+3t^2}{(1-t^2)^2}$$

따라서,

$$\frac{dy}{dx} = \frac{\frac{dy}{dt}}{\frac{dx}{dt}} = \frac{\frac{3+3t^2}{(1-t^2)^2}}{\frac{4t}{(1-t^2)^2}} = \frac{3+3t^2}{4t} \quad (t \neq 0)$$

■

 문제 13

x, y 사이에 다음 관계가 있을 때 $\dfrac{dy}{dx}$을 구하여라.

(1) $x = t - \dfrac{1}{t}$, $y = t^2 - \dfrac{1}{t^2}$ (2) $x = 3\cos\theta$, $y = 2\sin\theta$

§5 로그함수와 지수함수의 도함수

함수 $y = \log_a x$ $(a > 0, a \neq 1)$이 미분가능한 함수라고 하면 이 함수는 연속이 된다. 도함수의 정의에 의하여 이 함수의 도함수를 구하여 보자.

$$\begin{aligned}
\frac{dy}{dx} &= \lim_{\Delta x \to 0} \frac{\log_a(x+\Delta x) - \log_a x}{\Delta x} \\
&= \lim_{\Delta x \to 0} \frac{1}{\Delta x} \log_a\left(\frac{x+\Delta x}{x}\right) \\
&= \lim_{\Delta x \to 0} \frac{1}{\Delta x} \log_a\left(1 + \frac{\Delta x}{x}\right) \\
&= \lim_{t \to 0} \frac{1}{tx} \log_a(1+t) \\
&= \frac{1}{x} \lim_{t \to 0} \frac{1}{t} \log_a(1+t) \\
&= \frac{1}{x} \lim_{t \to 0} \log_a(1+t)^{\frac{1}{t}} \\
&= \frac{1}{x} \log_a\left[\lim_{t \to 0} (1+t)^{\frac{1}{t}}\right] \\
&= \frac{1}{x} \log_a e
\end{aligned}$$

따라서 다음의 정리를 얻을 수 있다.

정리 4. 11

함수 $y = \log_a x$ $(a > 0,\ a \neq 1)$일 때 $x(>0)$에 대한 미분은 다음과 같다.

$$\frac{dy}{dx} = \frac{1}{x} \cdot \log_a e = \frac{1}{x \cdot \ln a}$$

특히, $a = e$이면 $y = \ln x$이고

$$\frac{dy}{dx} = \frac{1}{x}$$

이다.

예제 15

함수 $y = \ln(x^2 + 2)$일 때, $\frac{dy}{dx}$를 구하여라.

풀이 $t = x^2 + 2$라 하면

$y = \ln t$

$$\frac{dy}{dx} = \frac{dy}{dt} \cdot \frac{dt}{dx} = (\ln t)' \cdot (x^2 + 2)'$$

$$= \frac{1}{t} \cdot 2x = \frac{2x}{x^2 + 2}$$

■

문제 14

다음 각 함수에서 $\frac{dy}{dx}$를 구하여라.

(1) $y = \ln(5x + 3)$

(2) $y = \log_5(x + 1)$

예제 16

함수 $y = \ln|x|$일 때, $\dfrac{dy}{dx}$를 구하여라.

풀이 함수 $\ln|x|$는 $x = 0$을 제외한 모든 x에 관하여 정의되므로 $x > 0$인 경우와 $x < 0$인 경우로 나누어서 구하여야 한다.

(i) $x > 0$이라 하면 $|x| = x$이므로

$$\frac{d}{dx}[\ln|x|] = \frac{d}{dx}[\ln x] = \frac{1}{x}$$

(ii) $x < 0$이면 $|x| = -x$이므로

$$\frac{d}{dx}[\ln|x|] = \frac{d}{dx}[\ln(-x)] = \frac{1}{(-x)} \cdot \frac{d}{dx}[-x] = \frac{1}{x}$$

따라서 $\dfrac{d}{dx}[\ln|x|] = \dfrac{1}{x}$, $x \neq 0$ ■

문제 15

함수 $y = \ln|\sin x|$일 때, $\dfrac{dy}{dx}$를 구하여라.

지수함수 $y = a^x$의 도함수를 구하기 위하여 주어진 지수함수의 역함수를 구하면 $x = \log_a y$이다. 이 역함수를 x에 관하여 미분하면

$$1 = \frac{1}{y \cdot \ln a} \cdot \frac{dy}{dx}$$

이므로

$$\frac{dy}{dx} = y \cdot \ln a = a^x \cdot \ln a$$

이 된다. 따라서 지수함수 $y = a^x$가 미분가능한 함수이며, 이 함수의 x에 관한 도함수는 다음 정리와 같다.

정리 4. 12

함수 $y = a^x$ $(a > 0,\ a \neq 1)$일 때 x에 대한 미분은 다음과 같다.

$$\frac{dy}{dx} = a^x \cdot \ln a$$

특히, $a = e$이면 $y = e^x$이고

$$\frac{dy}{dx} = e^x$$

이다.

예제 17

다음 각 함수에서 $\frac{dy}{dx}$를 구하여라.

(1) $y=5^x$ (2) $y = e^{-5x}$

풀이 (1) $\frac{dy}{dx} = 5^x \cdot \ln 5$

(2) $t = -5x$ 라 하면

$y = e^t$

$$\frac{dy}{dx} = \frac{dy}{dt} \cdot \frac{dt}{dx} = (e^t)' \cdot (-5x)'$$

$$= e^t \cdot (-5) = -5e^{-5x}$$

■

문제 16

다음 각 함수에서 $\frac{dy}{dx}$를 구하여라.

(1) $y = 5^{\cos x}$ (2) $y = e^{x^3}$

(3) $y = e^{\sin x}$ (4) $y = e^{\frac{1}{x}}$

§6 역삼각함수의 도함수

임의의 함수 $y=f(x)$가 역함수를 갖기 위해서는 주어진 함수가 완전증가함수이거나 반대로 완전감소함수이어야 한다.

삼각함수 $y=\sin x$의 역함수를 구해보자. $y=f(x)=\sin x$의 그래프는 완전증가와 완전감소가 반복적으로 나타난다. 따라서 sine함수는 역함수를 가질 수 없다. 하지만 sine함수의 정의역을 제한함으로써 sine함수의 역함수를 구할 수 있다.

즉, $y=\sin x$에서 x의 범위를 $-\frac{\pi}{2} \le x \le \frac{\pi}{2}$로 제한하면 sine함수의 그래프는 다음과 같이 완전증가함수가 된다.

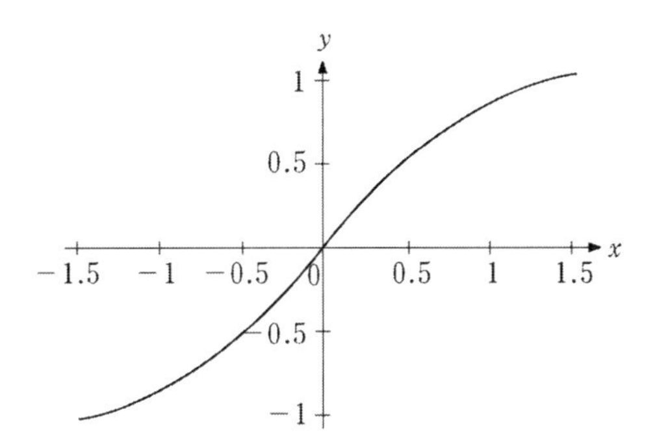

그러므로 $f(x)=\sin x$는 $x \in \left[-\frac{\pi}{2},\ \frac{\pi}{2}\right]$에서 역함수 $f^{-1}(y)$가 존재한다. 이 역함수를 $\arcsin y$ 또는 $\mathrm{Sin}^{-1} y$로 나타낸다.

다른 삼각함수에 대하여도 정의역을 제한함으로써 완전증가 또는 완전감소함수가 되게 할 수 있다. 이들의 역함수를 역삼각함수라고 한다.

다음은 각 삼각함수의 역함수들이다. 여기서 역삼각함수의 치역을 **주치**라고 한다.

$y=\sin x$, $\left(-\frac{\pi}{2} \le x \le \frac{\pi}{2}\right)$의 역함수

$$x=\arcsin y,\ y \in [-1,\ 1]$$

$y = \cos x,\ x \in [0,\ \pi]$의 역함수

$$x = \arccos y,\ y \in [-1,\ 1]$$

$y = \tan x,\ x \in \left(-\frac{\pi}{2},\ \frac{\pi}{2}\right)$의 역함수

$$x = \arctan y,\ y \in [-\infty, \infty]$$

$y = \csc x,\ x \in \left[-\frac{\pi}{2},\ 0\right) \cup \left(0,\ \frac{\pi}{2}\right]$의 역함수

$$x = \operatorname{arc\,csc} y,\ y \in (-\infty,\ -1] \cup [1,\ \infty)$$

$y = \sec x,\ x \in \left[0,\ \frac{\pi}{2}\right) \cup \left(\frac{\pi}{2},\ \pi\right]$의 역함수

$$x = \operatorname{arc\,sec} y,\ y \in (-\infty,\ -1] \cup [1,\ \infty)$$

$y = \cot x,\ x \in (0,\ \pi)$의 역함수

$$x = \operatorname{arc\,cot} y,\ y \in (-\infty,\ \infty)$$

예제 18

다음 함수의 값을 구하여라.

(1) $\arccos\left(-\frac{1}{2}\right)$ (2) $\arctan(-1)$

풀이 (1) $\cos\frac{2}{3}\pi = -\frac{1}{2}$이므로 $\arccos\left(-\frac{1}{2}\right) = \frac{2}{3}\pi$

(2) $\tan\left(-\frac{\pi}{4}\right) = -1$이므로 $\arctan(-1) = -\frac{\pi}{4}$ ■

문제 17

$-1 \le x \le 1$일 때 $\cos(\arcsin x)$를 구하여라.

$x = \arccos y$의 도함수를 구해보자. 이 함수는 $y = \cos x,\ x \in [0,\ \pi]$의 역함수이므로

$$\frac{dx}{dy} = \frac{1}{\frac{dy}{dx}} = -\frac{1}{\sin x}$$

이다. 한편, $\sin x = \pm\sqrt{1-\cos^2 x} = \pm\sqrt{1-y^2}$ 인데 x의 범위가 $[0, \pi]$ 이므로 이 구간에서 $\sin x \geq 0$ 이다. 따라서 $\sin x = \sqrt{1-y^2}$ 이므로

$$\frac{dx}{dy} = -\frac{1}{\sqrt{1-y^2}}$$

이다.

마찬가지 방법으로 역삼각함수들의 도함수를 구할 수 있다.

정리 4. 13 (역삼각함수의 도함수)

① $x = \arcsin y$, $\left(-1 \leq y \leq 1,\ -\frac{\pi}{2} \leq x \leq \frac{\pi}{2}\right)$ 이면

$$\frac{dx}{dy} = \frac{1}{\sqrt{1-y^2}}$$

② $x = \arccos y$, $(-1 \leq y \leq 1,\ 0 \leq x \leq \pi)$ 이면

$$\frac{dx}{dy} = -\frac{1}{\sqrt{1-y^2}}$$

③ $x = \arctan y$, $\left(-\infty < y < \infty,\ -\frac{\pi}{2} < x < \frac{\pi}{2}\right)$ 이면

$$\frac{dx}{dy} = \frac{1}{1+y^2}$$

④ $x = \operatorname{arccsc} y$, $\left(y \leq -1,\ y \geq 1,\ -\frac{\pi}{2} \leq x < 0,\ 0 < x \leq \frac{\pi}{2}\right)$ 이면

$$\frac{dx}{dy} = -\frac{1}{y\sqrt{y^2-1}}$$

⑤ $x = \operatorname{arcsec} y$, $\left(y \leq -1,\ y \geq 1,\ 0 \leq x < \frac{\pi}{2},\ \frac{\pi}{2} < x \leq \pi\right)$ 이면

$$\frac{dx}{dy} = \frac{1}{y\sqrt{y^2-1}}$$

⑥ $x = \text{arc}\cot y$, $(-\infty < y < \infty,\ 0 < x < \pi)$이면

$$\frac{dx}{dy} = -\frac{1}{1+y^2}$$

증명

③ $x = \text{arc}\tan y$이면 $y = \tan x$

$$\frac{dx}{dy} = \frac{1}{\frac{dy}{dx}} = \frac{1}{\sec^2 x} = \frac{1}{1+\tan^2 x} = \frac{1}{1+y^2}$$

④ $x = \text{arc}\csc y$이면 $y = \csc x$

$$\frac{dx}{dy} = -\csc x \cdot \cot x$$

$-\frac{\pi}{2} \le x \le 0,\ 0 < x \le \frac{\pi}{2}$ 이므로

$\csc x \cdot \cot x > 0$, 즉 $\csc x \cdot \cot x = y\sqrt{y^2-1}$

$$\frac{dx}{dy} = \frac{1}{\frac{dy}{dx}} = \frac{1}{-\csc x \cdot \cot x} = -\frac{1}{y\sqrt{y^2-1}}$$

■

예제 19

$x = \text{arc}\sin\frac{y}{5}$ 의 도함수를 구하여라.

풀이 $t = \frac{y}{5}$라 하면 $x = \text{arc}\sin t$

$x = \text{arc}\sin t$, $t = \frac{y}{5}$ 이므로

$$\frac{dx}{dy} = \frac{dx}{dt} \cdot \frac{dt}{dy} = \frac{1}{\sqrt{1-t^2}} \cdot \frac{1}{5} = \frac{1}{\sqrt{1-\left(\frac{y}{5}\right)^2}} \cdot \frac{1}{5}$$

$$= \frac{1}{\sqrt{5^2-y^2}}$$

■

문제 18

다음 함수의 도함수를 구하여라.

(1) $x = \arccos\dfrac{1}{x}$　　　　(2) $x = \arctan(\cot y)$

§7 고계 도함수

임의의 구간에서 함수 $y = f(x)$ 의 도함수가 존재하고, 이 도함수가 다시 주어진 구간에서 미분가능하면, 즉

$$\lim_{\Delta x \to 0} \frac{f'(x+\Delta x) - f'(x)}{\Delta x}$$

가 존재할 때, 함수 $f'(x)$의 도함수를 $f''(x)$라 쓰고 이 함수를 함수 $f(x)$의 **2계 도함수**라 한다. 이것을 계속하면 함수

$$f'''(x),\ f^{(4)}(x),\ \cdots,\ f^{(n)}(x)$$

을 얻는데, $f^{(k)}(x)$는 $f^{(k-1)}(x)$의 도함수이다. $f^{(n)}(x)$를 함수 $f(x)$의 n계 도함수라 하고, 2계 이상의 도함수를 **고계 도함수**라 한다.

$y = f(x)$일 때, $f^{(n)}(x)$를

$$f^{(n)}(x) = \frac{d^n y}{dx^n}$$

로 쓴다.

예제 20

$y = x^m$ (m은 자연수)의 n계 도함수를 구하여라.

풀이 (i) $n < m$일 때

$$y' = mx^{m-1}$$
$$y'' = m(m-1)x^{m-1}$$
$$\vdots$$
$$y^{(n)} = m(m-1)\cdots(m-n+1)x^{m-n}$$

(ii) $n = m$일 때

$$y^{(n)} = m(m-1)\cdots 2 \cdot 1 = m!$$

(iii) $n > m$일 때

$$y^{(n)} = 0$$

■

문제 19

다음 함수의 n계 도함수를 구하여라.

(1) $y = e^x$ (2) $y = \ln x$ (3) $y = \cos x$

정리 4. 14 (Leibniz의 정리)

두 함수 $f(x)$와 $g(x)$의 n계 도함수가 존재할 때 두 함수의 곱 $f(x) \cdot g(x)$의 n계 도함수는

$$\{f(x) \cdot g(x)\}^{(n)} = \sum_{k=0}^{n} \frac{n!}{(n-k)!\,k!} f^{(n-k)}(x) \cdot g^{(k)}(x)$$

단, $f^{(0)}(x) = f(x)$이다.

예제 21

$y = x^2 \cdot e^x$의 n계 도함수를 구하여라.

풀이 $f(x) = e^x$, $g(x) = x^2$이라 하면

$f'(x) = e^x$, $\cdots$, $f^{(n)}(x) = e^x$이고

$g'(x) = 2x,\ g''(x) = 2,\ g^{(3)}(x) = 0$

따라서

$$\begin{aligned} y^{(n)} &= (x^2 \cdot e^x)^{(n)} \\ &= e^x \cdot x^2 \frac{n!}{(n-1)! \cdot 1!} e^x \cdot 2x + \frac{n!}{(n-2)!2!} e^x \cdot 2 \\ &= e^x\{x^2 + 2nx + 2n(n-1)\} \end{aligned}$$

이다. ■

문제 20

$y = e^x \cdot \cos x$의 n계 도함수를 구하여라.

문제 21

Leibniz의 정리를 이용하여 $f(x) = \arcsin x$일 때, $f^{(n)}(0)$을 구하여라.

5 도함수의 응용

§1 곡선의 접선

기울기가 m이고 한 점 (x_1, y_1)을 지나는 직선의 방정식은

$$y - y_1 = m(x - x_1)$$

이다.

그런데 이미 배운 것과 같이 곡선 $y = f(x)$ 위의 점 $(a, f(a))$에서의 접선의 기울기는 $x = a$에서의 미분계수 $f'(a)$와 같으므로 접선의 방정식은

$$y - f(a) = f'(a)(x - a)$$

이다.

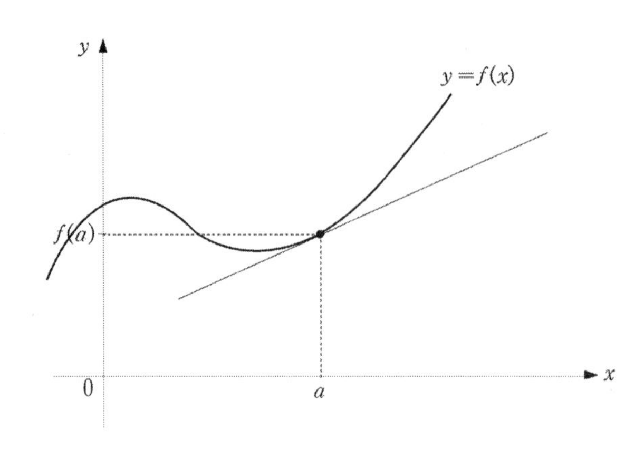

이상을 정리하면 다음과 같은 정리를 얻을 수 있다.

정리 4. 15

곡선 $y=f(x)$ 위의 점 $(a, f(a))$에서의 접선의 방정식은

$$y-f(a)=f'(a)(x-a)$$

예제 22

포물선 $y=x^2+1$ 위의 점 $(1, 2)$에서의 접선의 방정식을 구하여라.

풀이 $f(x)=x^2+1$이라 하면, $f'(x)=2x$이므로

$$f'(1)=2$$

따라서, 구하는 접선의 점 $(1, 2)$를 지나고, 기울기가 2인 직선이므로, 접선의 방정식은

$$y-2=2(x-1)$$

따라서

$$y=2x$$

■

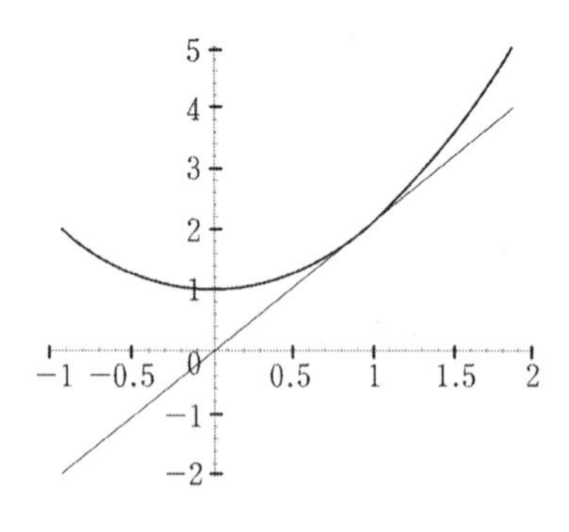

문제 22

다음 각 곡선의 주어진 점에서의 접선의 방정식을 구하여라.

(1) $y = -x^2 + 5x$ (1, 4)　　(2) $y = 2x^3 - x^2$ (−1, −3)

예제 23

점 (0, 1)에서 곡선 $y = x^2 + 5$에 그은 접선의 방정식을 구하여라.

풀이 $f(x) = x^2 + 5$라 하면 $f'(x) = 2x$이다.

접점을 $(a,\ a^2 + 5)$라 하면 접선의 방정식은

$$y - (a^2 + 5) = 2a(x - a)$$

즉, $y = 2ax - a^2 + 5$이다.

한편, 접선이 점 (0, 1)을 지나므로 $1 = 5 - a^2$에서

$$a = \pm 2$$

이다.

따라서, 구하는 접선의 방정식은

$$y = 4x + 1\ ,\quad y = -4x + 1$$

이다. ■

문제 23

원점에서 다음 각 곡선에 그은 접선의 방정식을 구하여라.

(1) $y = x^3 - 3x^2 - 5$　　(2) $y = -x^2 + 3x - 2$

문제 24

다음 각 곡선에서 기울기가 2인 접선의 방정식을 구하여라.

(1) $y = x^2 - 2x + 2$　　(2) $y = x^3 - x + 2$

§2 함수의 증가와 감소

함수 $y = x^2 + 1$의 그래프는 $x > 0$의 범위에서는 x의 값이 증가할 때, y의 값도 증가한다. 따라서,

$$x_1 < x_2 \text{ 이면 } f(x_1) < f(x_2)$$

가 성립한다. 하지만 $x < 0$의 범위에서는 x의 값이 증가할 때, y이 값은 감소한다. 따라서

$$x_1 < x_2 \text{ 이면 } f(x_1) > f(x_2)$$

가 성립한다.

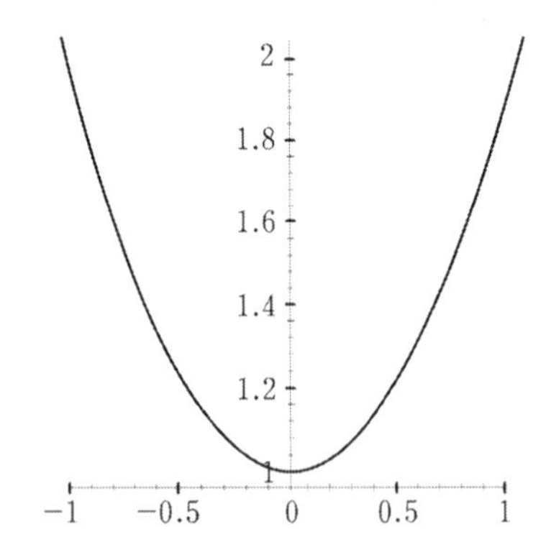

일반적으로, 함수 $y = f(x)$가 어떤 구간에 속하는 임의의 두 수 x_1, x_2에 대하여

$$x_1 < x_2 \text{일 때 } f(x_1) < f(x_2)$$

이면 함수 $f(x)$는 그 구간에서 증가한다고 하고

$$x_1 < x_2 \text{일 때 } f(x_1) > f(x_2)$$

이면 함수 $f(x)$는 그 구간에서 감소한다고 한다.

함수 $y = f(x)$의 $x = a$에서의 미분계수를 정의에 의하여 구하면

$$f'(a) = \lim_{\Delta x \to 0} \frac{f(a + \Delta x) - f(a)}{\Delta x}$$

이다. 이때, Δx가 0에 충분히 가까우면

$$f'(a) \fallingdotseq \frac{f(a+\Delta x)-f(a)}{\Delta x}$$

따라서, Δx가 0에 충분히 가까울 때

$$f'(a) > 0\text{이면 } \frac{f(a+\Delta x)-f(a)}{\Delta x} > 0$$

이므로 $\Delta x > 0$ 일 때, $f(a+\Delta x) > f(a)$

$\Delta x < 0$ 일 때, $f(a+\Delta x) < f(a)$

즉, $f'(a) > 0$이면 $f(x)$는 $x=a$의 근방에서 증가하므로 $f(x)$는 $x=a$에서 증가상태에 있다고 한다.

마찬가지로 $f'(a) < 0$이면 $f(x)$는 $x=a$의 근방에서 감소하므로 $f(x)$는 $x=a$에서 감소상태에 있다고 한다.

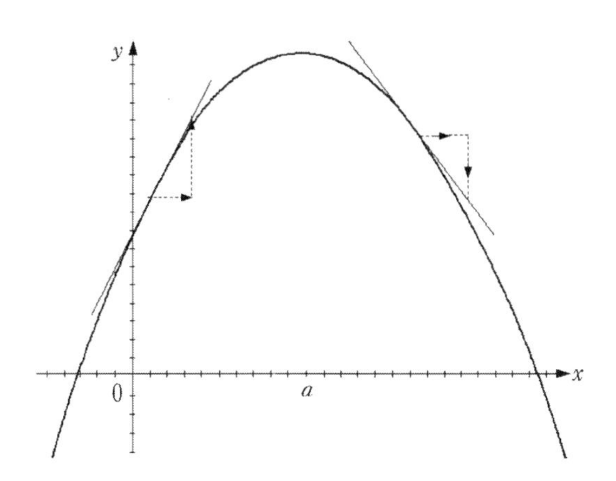

정리 4. 16

함수 $f(x)$가 임의의 구간 I에서 미분가능할 때

① $f'(x) > 0$ $(x \in I)$이면 $f(x)$는 구간 I에서 증가한다.

② $f'(x) < 0$ $(x \in I)$이면 $f(x)$는 구간 I에서 감소한다.

예제 24

함수 $f(x)=x^3-3x^2+4$의 증 · 감을 조사하여라.

풀이 함수 $f(x)$를 미분하면 $f'(x)=3x^2-6x=3x(x-2)$이므로

$x<0$인 범위에서 $f'(x)>0$이므로 $f(x)$는 증가한다.
$0<x<2$인 범위에서 $f'(x)<0$이므로 $f(x)$는 감소한다.
$x>2$인 범위에서 $f'(x)>0$이므로 $f(x)$는 증가한다.

주어진 함수 $f(x)$의 증 · 감을 표로 나타내면 다음과 같다.

x	$\cdots$	0	$\cdots$	2	$\cdots$
$f'(x)$	+	0	−	0	+
$f(x)$	↗	4	↘	0	↗

따라서, 함수 $f(x)$는 구간 $(-\infty,\ 0)$에서 증가, $(0,\ 2)$에서 감소하고 $(2,\ \infty)$에서 증가한다.

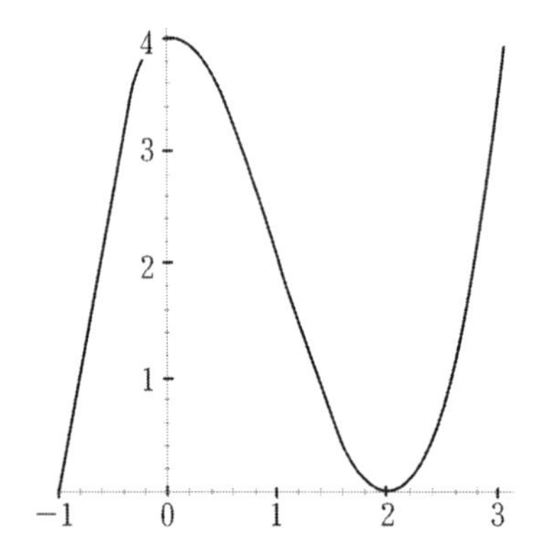

■

예제 25

함수 $f(x)=x^3-3x^2+3x$의 증 · 감을 조사하여라.

풀이 $f'(x)=3x^2-6x+3=3(x-1)^2$이므로 모든 x에 대하여 $f'(x)\geq 0$이다.
함수 $f(x)$의 증 · 감을 표로 나타내면 다음과 같다.

x	$\cdots$	1	$\cdots$
$f'(x)$	$+$	0	$+$
$f(x)$	↗	1	↗

따라서, 함수 $f(x)$는 항상 증가한다.

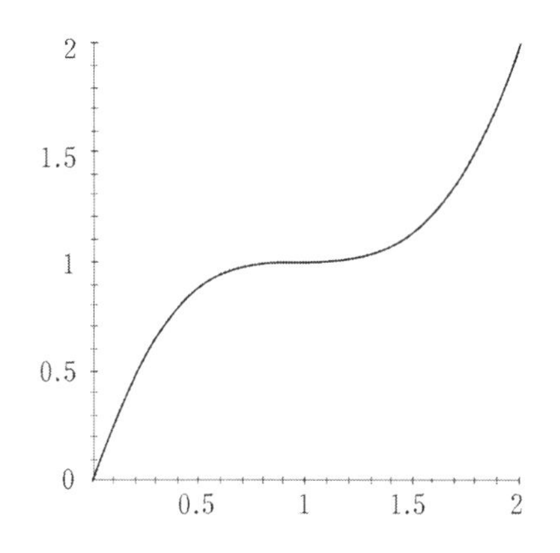

■

문제 25

다음 각 함수의 증·감을 조사하여라.

(1) $y = x^2 - 5x$ (2) $y = x^2 + x$

(3) $y = -x^3 + 5x$ (4) $y = x^3 - 3x^2 + 3x - 1$

§3 함수의 극값과 그래프

앞의 예제 25의 그래프에서 알 수 있듯이 함수 $f(x) = x^3 - 3x^2 + 4$는 x가 증가하면서 $x = 0$을 지날 때, 함수 $f(x)$는 증가상태에서 감소상태로 변하고 계속해서 x가 증가하면 $x = 2$를 지날 때, 함수 $f(x)$는 감소상태에서 증가상태로 변한다.

일반적으로, 함수 $y = f(x)$가 $x = a$에서 연속이고 x가 증가하면서 $x = a$를 지날 때 함수 $f(x)$가 $x = a$ 좌우에서 증가상태에서 감소상태로 바뀌면 함수 $f(x)$는 $x = a$에서 **극대값** $f(a)$를 갖는다고 한다. 마찬가지로 함

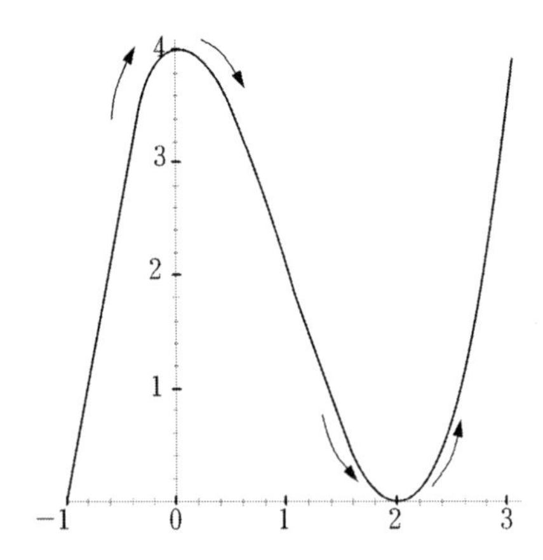

수 $f(x)$가 $x=a$ 좌우에서 감소상태에서 증가상태로 바뀌면 함수 $f(x)$는 $x=a$에서 **극소값** $f(a)$를 갖는다고 하고 극대값과 극소값을 통틀어 극값이라 한다.

다항함수 $f(x)$가 $x=a$에서 극값을 가지려면 이 함수는 점 $x=a$의 좌우에서 함수의 증·감이 바뀌어야 하므로 $f'(a)=0$이 된다. 그러므로, 다항함수 $f(x)$의 극값을 구하려면 $f'(x)=0$을 만족하는 x 값을 구하고 그 값의 좌우에서의 함수값의 부호를 조사하면 된다. 따라서 다음과 같은 극값판정에 관한 정리를 얻을 수 있다.

정리 4. 17

다항함수 $f(x)$에서 $f'(x)=0$이고 $x=a$의 좌우에서 $f'(x)$의 부호가

① 양에서 음으로 변하면, $f(x)$는 $x=a$에서 극대,

② 음에서 양으로 변하면, $f(x)$는 $x=a$에서 극소이다.

예제 26

다음 함수의 극값을 구하여라.

$$f(x) = 2x^3 - 9x^2 + 12x - 1$$

풀이 $f(x) = 2x^3 - 9x^2 + 12x - 1$을 미분하면

$f'(x) = 6x^2 - 18x + 12 = 6(x-1)(x-2)$이고

$f'(x) = 0$에서 $x = 1, 2$이다.

$f'(x)$의 부호를 조사하여 $f(x)$의 증감표를 만들면

x	$\cdots$	1	$\cdots$	2	$\cdots$
$f'(x)$	$+$	0	$-$	0	$+$
$f(x)$	↗	4	↘	3	↗

이다. 따라서,

$x = 1$ 일 때, 극대값 4

$x = 2$ 일 때, 극대값 3 ■

문제 26

다음 각 함수의 극값을 구하여라.

(1) $f(x) = x^2 - 6x + 5$　　(2) $f(x) = -x^3 + 3x + 2$

예제 27

예제 26의 함수 $f(x) = 2x^3 - 9x^2 + 12x - 1$의 그래프의 개형을 그려라.

풀이 예제 26의 풀이에서 증감표와 극대, 극소값 그리고 $f(0) = -1$이므로 이 함수의 그래프는 점 $(0, -1)$을 지난다. 따라서 극대, 극소값 그리고 점 $(0, -1)$을 연결하면 함수 $f(x)$의 그래프를 그릴 수 있다.

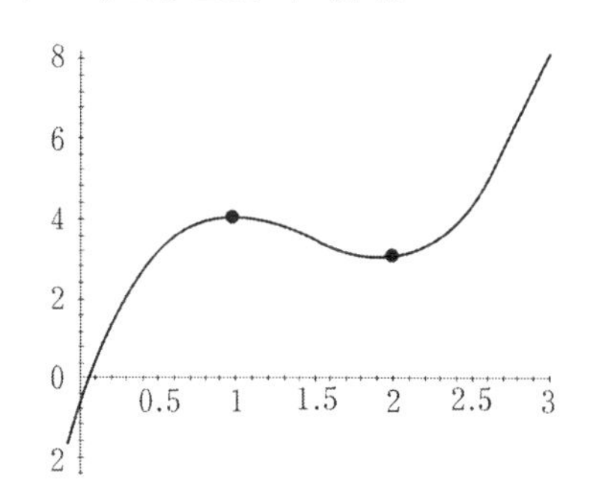

■

문제 27

문제 26의 각 함수의 그래프의 개형을 그려라.

§4 함수의 최대 · 최소값

함수 $f(x) = x^2 + 1$에 대하여 구간 $[-1, 2]$에서 $f(x)$의 증 · 감과 극값을 구해보면, 다음 증감표와 같다.

x	-1	$\cdots$	0	$\cdots$	2
$f'(x)$	$-$	$-$	0	$+$	$+$
$f(x)$	2	↘	1	↗	5

따라서, $x = 0$일 때 주어진 구간에서 최소값 1을 갖고, $x = 2$ 일 때 최대값 5를 갖는다.

일반적으로, 임의의 구간 $[a, b]$에서 다항함수 $f(x)$의 **최대값**은 이 구간에서의 극대값과 $f(a)$, $f(b)$ 중에서 가장 큰 값이고 **최소값**은 극소값과 $f(a)$, $f(b)$ 중에서 가장 작은값이다.

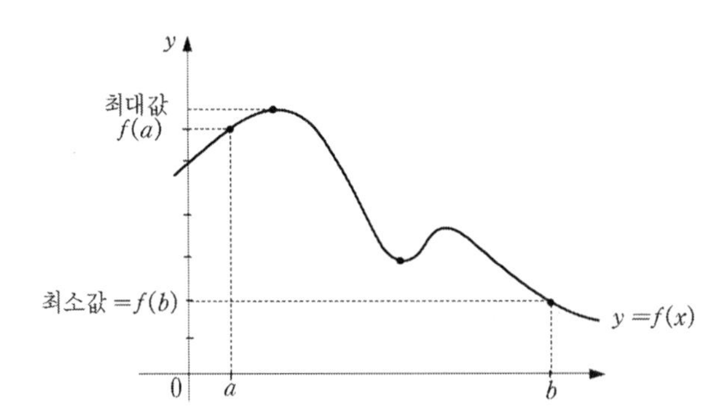

예제 28

함수 $f(x) = x^3 - 6x^2 - 15x + 1$의 구간 $[-2, 1]$에서의 최대값과 최소값을 구하여라.

풀이 $f(x) = x^3 - 6x^2 - 15x + 1$을 미분하면

$f'(x) = 3x^2 - 12 - 15 = 3(x+1)(x-5)$이므로, 주어진 구간에서 $f'(x) = 0$의 해는 $x = -1$이다.

구간 $[-2,\ 1]$에서의 $f(x)$의 증감표를 만들면

x	-2	$\cdots$	-1	$\cdots$	1
$f'(x)$		$+$	0	$-$	
$f(x)$	-1	↗	9	↘	-19

따라서, $x = -1$ 일 때 최대값 9

$x = 1$일 때 최소값 -19

이다.

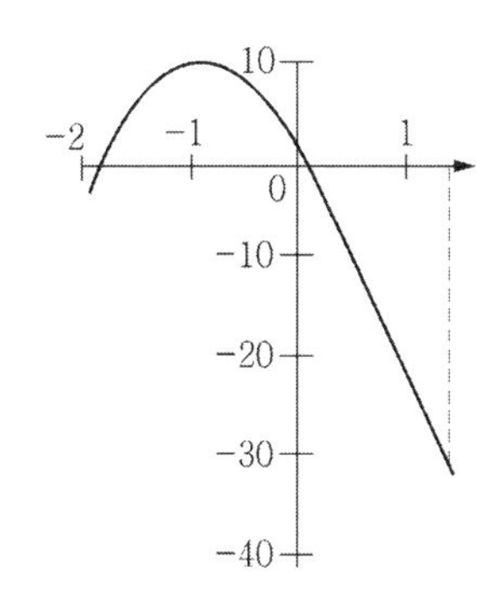

■

문제 28

다음 각 구간에서 함수 $f(x) = x^3 - 3x + 3$의 최대값과 최소값을 구하여라.

(1) $[-2,\ 0]$ (2) $[-1,\ 2]$

문제 29

한 농부가 5마리의 강아지를 위하여 100 m의 울타리 재료를 가지고 사육장을 만들려고 한다. 먼저 사각형으로 울타리를 두른 후 5개의 방으로 나누려 한다. 사육장의 가로와 세로의 길이를 얼마로 했을 때, 사육장 전체의 넓이를 최대로 할 수 있는지를 구하여라.

§5 속도와 가속도

고속도로를 달리는 자동차의 위치는 시간 t에 따라 달라진다. 자동차의 위치를 x라 하면 x는 t에 관한 함수이다.

이 함수를 $x=f(t)$라고 하면 시각 t에서 $t+\Delta t$까지의 자동차의 평균 속도는

$$\frac{f(t+\Delta t)-f(t)}{\Delta t}$$

이다. 이때, 시각 t에서의 x의 순간변화율 v를 시각 t에서의 자동차의 속도라고 하고 속도 v의 크기 $|v|$를 속력이라 한다. 즉,

$$\begin{aligned} v &= \lim_{\Delta t \to 0} \frac{f(t+\Delta t)-f(t)}{\Delta t} \\ &= \frac{dx}{dt} = f'(t) \end{aligned}$$

이다. 또, 자동차의 속도 v 역시 시각 t에 관한 함수이므로, 이 함수의 순간변화율을 생각할 수 있다.

속도 v의 시각 t에서의 순간변화율

$$\begin{aligned} a &= \lim_{\Delta t \to 0} \frac{v(t+\Delta t)-v(t)}{\Delta t} \\ &= \frac{dv}{dt} = v'(t) \end{aligned}$$

를 시각 t에서의 자동차의 가속도라 한다.

예제 29

다이빙 경기중에서 10m 높이의 다이빙대에서 뛰어내린 다이빙 선수의 t초 후의 높이를 xm라고 하면 시각 t와 높이 x와의 사이에는 $x=10+5t-5t^2$라는 관계식이 성립한다. 이때,

(1) 다이빙 선수가 물에 떨어질 때까지 걸린 시간을 구하여라.

(2) 다이빙 선수가 물에 떨어지는 순간의 속도는 얼마인가?

풀이 (1) $x=10+5t-5t^2$이고 다이빙 선수가 물에 떨어지는 순간에는 높이 $x=0$이므로

$$10+5t-5t^2=0$$
$$-5(t-2)(t+1)=0$$

그런데, $t>0$이므로 $t=2$

즉, 다이빙 선수가 물에 떨어질 때까지 걸린 시간은 2초이다.

(2) 속도 $v=\frac{dx}{dt}=5-10t$이고 다이빙 선수가 물에 떨어지는데, 걸리는 시간은 $t=2$이므로

$$v(2)=-5-(10\times2)=-15\ (\mathrm{m/sec})$$

■

예제 30

야구 경기에서 외야로 날아가는 공을 잡기 위하여 다음과 같은 속도와 시간의 관계를 만족하면서 달리고 있다.

$$v=\begin{cases} 2t\ , & 0\le t<3 \\ 6\ , & 3\le t<4 \\ -2t+14, & 4\le t\le 5 \end{cases}$$

이때, 시각 $t=2$인 순간의 가속도와 $t=3.5$인 순간의 가속도를 각각 구하여라.

풀이 모든 시각의 가속도는 속도와 시간의 그래프의 그 순간의 기울기이므로 $t=2$인 점에서의 기울기를 구하기 위하여

$$a=\frac{dv}{dt}=2$$

에서 $2(\mathrm{m/sec}^2)$와 같고 $t=3.5$에서의 기울기는 0이므로 가속도는 $0(\mathrm{m/sec}^2)$이다. 이때 가속도가 0이라는 것은 선수의 속도가 0이 아니라 일정한 속도로 달리고 있음을 의미한다.

■

문제 30

지상에서 20m/sec의 속도로 발사된 물체의 t초 후의 높이를 xm라 하면 높이와 시간 사이의 관계식 $x = 20t - 5t^2$을 만족한다. 이때,

(1) 발사 후 1초일 때의 속도와 가속도를 구하여라.

(2) 물체가 최고 높이에 도달하기까지는 얼마의 시간이 소요되는가?

(3) 물체가 다시 지면에 떨어지는 순간의 속도를 구하여라.

연습문제

1. 함수 $f(x) = 2x^2 - x + 1$에 대하여 다음을 구하여라.

   (1) x가 0에서 1까지 변할 때의 평균변화율

   (2) x가 -1에서 0까지 변할 때의 평균변화율

   (3) $x = 0$에서의 미분계수

2. 다음 각 함수의 도함수를 구하여라.

   (1) $y = 1$ (2) $y = 5x$

   (3) $y = 2x^2 + 5x - 1$ (4) $y = (x-1)(x+1)$

   (5) $y = (x-1)(x-2)(x-3)$ (6) $y = (6x+5)^3$

   (7) $y = \ln x + 5x$ (8) $y = \frac{1}{2}(e^x - e^{-x})$

   (9) $y = \sin 3x$ (10) $y = \tan(x+5)$

3. 다음 각 함수의 $\frac{dy}{dx}$를 구하여라.

   (1) $x = 2y^2 - 3y + 1$ (2) $x = ay^2 + by^3 + c$

   (3) $y^2 + 2xy + 5 = 1$ (4) $x^3 - 3axy + y^3 = 0$

   (5) $y = \arcsin\frac{x}{3}$ (6) $y = \arccos\sqrt{x}$

4. 다음 함수의 n계 도함수를 구하여라.

   (1) $y = \sin x$ (2) $y = \ln x$

5. 곡선 $y = 2x^2 + 1$ 위의 점 $(1, 3)$에서의 접선의 방정식을 구하여라.

6. 점 $(0, 2)$에서 곡선 $y = x^3 - 2x$에 그은 접선의 방정식을 구하여라.

7. 다음 각 함수의 증·감과 극값을 구하고 함수의 그래프의 개형을 그려라.

(1) $y=-x^3-3x^2+4$ (2) $y=x^3-6x^2+9x-12$

8. 함수 $f(x)=x^3-ax^2+ax+1$이 항상 증가하는 함수가 되기 위한 a의 값의 범위를 구하여라.

9. 500 ml의 캔맥주를 만들 때, 캔의 표면적을 최소로 하기 위한 캔의 높이와 반경의 비율을 구하여라.

10. 수직선 위를 움직이는 점 P가 있다. 원점을 출발하여 t초 후의 좌표가 $x=t^3-12t$로 주어질 때

(1) 1초 후의 속도를 구하여라.

(2) 2초 후의 가속도를 구하여라.

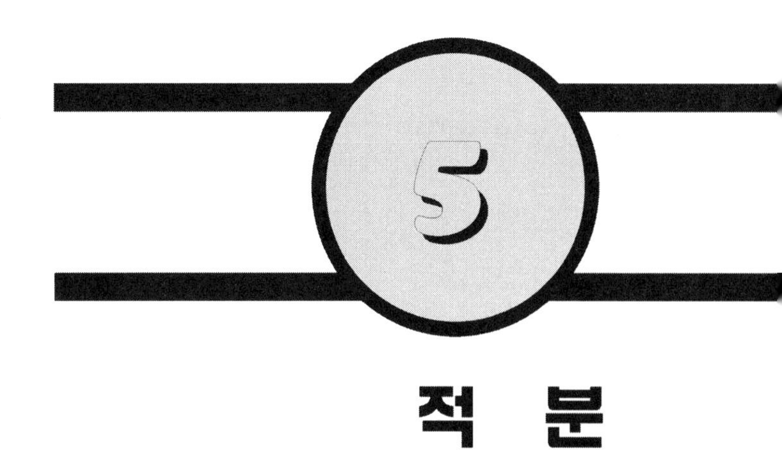

적 분

1 부정적분

§1 부정적분

도함수 $f'(x)$가 주어졌을 때 그 원래의 함수 $f(x)$를 구하는 방법으로, 이때 함수 $f(x)$를 $f'(x)$의 **부정적분** 또는 **원시함수**라고 한다. 함수 $f(x)$의 부정적분의 하나를 $F(x)$라고 할 때, 다음과 같이 나타낼 수 있다.

$$\int f(x)\,dx = F(x) + C$$

여기서 C를 **적분상수**, x를 **적분변수**, 함수 $f(x)$를 **피적분함수**라 한다. 기호 $\int$은 Sum의 글자 S를 변형한 것이며, 인티그럴이라고 읽는다.

어떤 함수의 부정적분은 무수히 많으나 이들은 모두 상수항만 다르다. $f(x)$의 많은 부정적분 중 두 개의 부정적분을 $F(x)$, $G(x)$라 하면, $F'(x) = f(x)$, $G'(x) = f(x)$이므로

$$\{G(x) - F(x)\}' = G'(x) - F'(x) = f(x) - f(x) = 0$$

그런데 도함수가 0인 함수는 상수이므로 이 상수를 C라 하면, $G(x) = F(x) + C$이다. 이것으로 $f(x)$의 하나의 부정적분을 $F(x)$라 하면 임의의 부정적분은 $F(x) + C$의 꼴임을 알 수 있다.

정리 5. 1

① $\frac{d}{dx}\left(\int f(x)dx\right) = f(x)$ ② $\int\left(\frac{d}{dx}f(x)\right)dx = f(x) + C$

증명

① $f(x)$의 부정적분 중 하나를 $F(x)$라 하면, $\int f(x)dx = F(x) + C$

따라서 $\frac{d}{dx}\left(\int f(x)dx\right) = \frac{d}{dx}(F(x) + C) = F'(x) = f(x)$

$$\therefore \frac{d}{dx}\left(\int f(x)dx\right) = f(x)$$

② $\int\left(\frac{d}{dx}f(x)\right)dx = g(x)$로 놓으면, $\frac{d}{dx}g(x) = \frac{d}{dx}f(x)$

따라서 $\frac{d}{dx}\{g(x) - f(x)\} = 0$ $\therefore g(x) - f(x) = C$

$$\therefore \int\left(\frac{d}{dx}f(x)\right)dx = f(x) + C$$

■

예제 1

$F'(x) = f(x)$이고 $F(x) = xf(x) - 2x^3 + x^2$, $f(1) = -1$인 관계가 있을 때, $f(x)$를 구하여라.

풀이 $f(x) = F'(x) = f(x) + xf'(x) - 6x^2 + 2x$, $x(f'(x) - 6x + 2) = 0$에서 $f'(x) - 6x + 2 = 0$, 즉 $f'(x) = 6x - 2$

$$\therefore f(x) = \int f'(x)dx = 3x^2 - 2x + C$$

그런데 $f(1)=-1$ 이므로 $C=-2$ $\therefore f(x)=3x^2-2x-2$ ■

문제 1

x의 구간이 [0, 2]인 함수 y에 대하여 $\int(y+1)dx=\frac{1}{3}x(x^2+6)+C$ 일 때, y의 극대값, 극소값을 구하여라(단, C는 상수).

문제 2

$f(0)=2$ 이고 $\int\{f(x)-x\}dx=xf(x)-2x^3+x^2$ 을 만족하는 함수 $f(x)$를 최소값을 구하여라.

정리 5. 2

① $\int k\,dx=kx+C$ (k는 상수)

② $\int x^n\,dx=\frac{1}{n+1}x^{n+1}+C$ ($n\neq-1$)

③ $\int\frac{1}{x}\,dx=\ln x+c$

④ $\int k\cdot f(x)dx=k\int f(x)dx$ (k는 상수)

⑤ $\int\{f(x)\pm g(x)\}dx=\int f(x)dx\pm\int g(x)dx$ (복호동순)

⑥ $\int(ax+b)^n\,dx=\frac{1}{a(n+1)}(ax+b)^{n+1}+C$

($a\neq0$, n은 0 또는 양의 정수)

증명

① $\frac{d}{dx}(kx+C)=k$ $\therefore \int k\,dx=kx+C$

② $\frac{d}{dx}\left(\frac{1}{n+1}x^{n+1}+C\right)=(n+1)\cdot\frac{1}{n+1}x^n=x^n$

$$\therefore \int x^n = \frac{1}{n+1}x^{n+1} + C$$

③ $\frac{d}{dx}(\ln x + c) = \frac{1}{x}$

$$\therefore \int \frac{1}{x}\,dx = \ln x + C$$

④ $\frac{d}{dx}\left(k\int f(x)\,dx\right) = k \cdot \frac{d}{dx}\left(\int f(x)\,dx\right) = kf(x)$

$$\therefore \int k \cdot f(x)\,dx = k\int f(x)\,dx$$

⑤ $\frac{d}{dx}\left\{\int f(x)\,dx \pm \int g(x)\,dx\right\} = \frac{d}{dx}\left(\int f(x)\,dx\right) \pm \frac{d}{dx}\left(\int g(x)\,dx\right)$

$$= f(x) \pm g(x)$$

$$\therefore \int\{f(x) \pm g(x)\}\,dx = \int f(x)\,dx \pm \int g(x)\,dx \text{ (복호동순)}$$

⑥ $\frac{d}{dx}\left(\frac{1}{a(n+1)}(ax+b)^{n+1} + C\right)$

$$= \frac{1}{a} \cdot \frac{1}{n+1}(n+1)(ax+b)^n(ax+b)' = (ax+b)^n$$

$$\therefore \int(ax+b)^n\,dx = \frac{1}{a(n+1)}(ax+b)^{n+1} + C$$ ■

예제 2

다음 부정적분을 구하여라.

(1) $\int 2x\,dx$ (2) $\int x^3\,dx$ (3) $\int(x^2+2x-1)\,dx$ (4) $\int\sqrt{x}\,dx$

풀이 (1) $\int 2x\,dx = 2 \cdot \frac{1}{1+1}x^2 + C = x^2 + C$

(2) $\int x^3\,dx = \frac{1}{3+1}x^{3+1} + C = \frac{1}{4}x^4 + C$

(3) $\int(x^2+2x-1)\,dx = \frac{1}{2+1}x^3 + 2 \cdot \frac{1}{1+1}x^2 - \frac{1}{0+1}x + C$

$$= \frac{1}{3}x^3 + x^2 - x + C$$

(4) $\int\sqrt{x}\,dx = \int x^{\frac{1}{2}}\,dx = \frac{1}{\frac{1}{2}+1}x^{\frac{1}{2}+1} + C = \frac{2}{3}\sqrt{x^3} + C$ ■

문제 3

다음 부정적분을 구하여라.

(1) $\int 2\,dx$ (2) $\int (x^2+x)\,dx$ (3) $\int x^{-2}\,dx$ (4) $\int \frac{1}{x^3}\,dx$

문제 4

부정적분 $\int (x^2+x+1)(x-1)dx$를 구하여라.

예제 3

$f(0)=1$이고 $f(x)=\int (1+4x+9x^2+\cdots+n^2x^{n-1})\,dx$일 때, $f(1)$의 값은?

풀이 $f(x)=\int (1+4x+9x^2+\cdots+n^2x^{n-1})dx = x+2x^2+3x^3+\cdots+nx^n+C$

$x=0$일 때 $f(0)=C=1$ $\therefore\ C=1$

$$\therefore\ f(1)=1+2+3+\cdots+n+1=\frac{n(n+1)}{2}+1$$ ■

문제 5

$f(0)=0$, $g(0)=1$, $\frac{d}{dx}\{f(x)+g(x)\}=3$, $\frac{d}{dx}\{f(x)\cdot g(x)\}=4x+1$이 성립할 때, $f(2000)-g(2000)$의 값을 구하여라.

예제 4

모든 실수 x에 대하여 $\int (2x+3)dx \ge 0$이 되도록 적분상수 C의 값의 범위를 구하여라.

풀이 $\int (2x+3)\,dx = x^2+3x+C \ge 0$에서 $D=9-4C\le 0$ $\therefore\ C\ge\frac{9}{4}$ ■

예제 5

곡선 $y=f(x)$ 위의 임의의 점 $(x,\ y)$에서의 접선의 기울기가 $k(x^2-x)$이고, $y=f(x)$는 원점과 점 $(2,\ 2)$를 지날 때, $y=f(x)$의 극대값을 구하라(단, k는 상수).

풀이 $f'(x)=k(x^2-x)$이므로 $f(x)=\int k(x^2-x)dx=\frac{1}{3}kx^3-\frac{1}{2}kx^2+C$

$y=f(x)$는 원점과 점 $(2,\ 2)$를 지나므로 $C=0\ \therefore\ k=3$

$$\therefore\ f(x)=x^3-\frac{3}{2}x^2$$

$f'(x)=3x^2-3x=3x(x-1)=0$

$x=0$에서 극대이며, 이때 극대값은 $f(0)=0$ ■

문제 6

곡선 $y=f(x)$위의 임의의 점 $(x,\ y)$에서의 접선의 기울기는 $6x^2-3x+2$이고, 곡선 $y=f(x)$는 점 $(0,-2)$를 지난다. 이때, 방정식 $f(x)=0$의 모든 근의 곱을 구하여라.

§2 치환적분법

앞의 공식만을 이용하여 적분하려면 계산이 매우 복잡한 경우가 있다. 이때, 적분변수를 적당히 바꾸어 주면 부정적분을 쉽게 구할 수 있다. 이에 대하여 알아보자.

함수 $u=g(x)$가 미분가능하고, 함수 $f(u)$의 한 부정적분을 $F(u)$라고 할 때, 합성함수의 미분법에 의하여

$$\begin{aligned}\frac{d}{dx}F(g(x)) &= \frac{d}{du}F(u)\cdot\frac{du}{dx}=f(u)\cdot\frac{du}{dx}\\ &= f(g(x))g'(x)\end{aligned}$$

따라서 양변을 x에 관하여 적분하면

$$F(x) = \int f(g(x))g'(t)\,dt$$

이와 같이, 적분변수를 다른 변수의 함수로 바꾸어 놓고 적분하는 방법을 **치환적분법**이라고 한다.

예제 6

부정적분 $\int (3x-2)^4 dx$를 구하여라.

풀이 $3x-2=t$ 로 놓으면 $x = \dfrac{t+2}{3}$, $\dfrac{dx}{dt} = \dfrac{1}{3}$

$$\therefore \int (3x-2)^4 dx = \int t^4 \frac{1}{3}\,dt = \frac{1}{15}t^5 + C$$
$$= \frac{1}{15}(3x-2)^5 + C$$ ■

문제 7

다음 부정적분을 구하여라.

(1) $\int (2x+1)^4 dx$

(2) $\int (5x-3)^2 dx$

§3 부분적분법

곱의 미분법을 이용하여 적분을 편리하게 할 수 있는 방법을 알아보자.

두 함수의 곱의 미분법의 공식

$$\{f(x)g(x)\}' = f'(x)g(x) + f(x)g'(x)$$

의 양변을 x에 대하여 적분하면

$$f(x)g(x) = \int f'(x)\,g(x)\,dx + \int f(x)g'(x)\,dx$$

$$\therefore \int f(x)\,g'(x)\,dx = f(x)g(x) - \int f'(x)g(x)\,dx$$

이 공식에 의한 적분법을 **부분적분법**이라고 한다.

문제 8

$\int x(1-x)^2\,dx$를 부분적분법에 의하여 적분하여라.

§4 삼각함수의 적분법

먼저 $\sin^n x$와 $\cos^n x$의 적분을 구해보자. 삼각함수의 2배각 공식 $\cos 2x = \cos^2 x - \sin^2 x = 1 - 2\sin^2 x$에 의하여 $\sin^2 x = \dfrac{1-\cos 2x}{2}$이고, $\sin^2 x + \cos^2 x = 1$이므로 $\cos^2 x = 1 - \sin^2 x = \dfrac{1+\cos 2x}{2}$이다.

따라서

$$\int \sin^2 x\,dx = \int \frac{1}{2}\,dx - \frac{1}{2}\int \cos 2x\,dx = \frac{x}{2} - \frac{1}{4}\sin 2x + C$$

이고,

$$\int \cos^2 x\,dx = \int \frac{1}{2}\,dx + \frac{1}{2}\int \cos 2x\,dx = \frac{x}{2} + \frac{1}{4}\sin 2x + C$$

이다.

일반적으로 임의의 양의 정수 n에 대하여 $\sin^n x$와 $\cos^n x$를 부분적분법을 사용하여 유도해보자. 우선 $n=3$인 경우에 대해 알아보면
$\sin^3 x = \sin^2 x \cdot \sin x$이므로

$$\int \sin^3 x dx = \int (\sin^2 x \cdot \sin x) dx$$

$f(x) = \sin^2 x$, $g'(x) = \sin x$이라고 하면 $f'(x) = 2\sin x \cdot \cos x$, $g(x) = -\cos x$이므로

$$\int \{\sin^2 x \cdot \sin x\} dx = -\sin^2 x \cdot \cos x - \int (-\cos x)(2\sin x \cdot \cos x) dx$$
$$= -\sin^2 x \cdot \cos x + 2\int (\cos^2 \cdot \sin x) dx$$

한편, $\int \cos^2 x \cdot \sin x dx$에서 $t = \cos x$이라고 하면 $dt = -\sin x dx$이므로

$$\int \cos^2 x \cdot \sin x dx = -\int t^2 dt = -\frac{t^3}{3} + C = -\frac{\cos^3 x}{3} + C$$

이다. 따라서,

$$\int \sin^3 x dx = -\sin^2 x \cdot \cos x - \frac{2}{3}\cos^3 x + C$$
$$= -\frac{1}{3}\sin^2 x \cdot \cos x - \frac{2}{3}\cos x + C$$

양의 정수 n에 대하여 $\int \sin^n x dx$를 $\int \sin^{n-2} x dx$로 나타내는 점화공식을 구해보자.

정리 5. 3

임의의 양의 정수 $n(\geq 2)$에 대하여

$$\int \sin^n x dx = -\frac{1}{n}\sin^{n-1} x \cdot \cos x + \frac{n-1}{n}\int \sin^{n-2} x dx$$

증명

구하는 적분을 $I_n = \int \sin^n x dx = \int \sin^{n-1} x \cdot \sin x dx$라 하고,

$f(x) = \sin^{n-1}x$, $g'(x) = \sin x$이라고 하면
$f'(x) = (n-1)\sin^{n-2}x \cdot \cos x$, $g(x) = -\cos x$이므로

$$\begin{aligned} I_n &= -\sin^{n-1}x \cdot \cos x - \int\{-(n-1)\cos x \cdot \sin^{n-2}x \cdot \cos x\}dx \\ &= -\sin^{n-1}x \cdot \cos x + (n-1)\int \sin^{n-2}x \cdot \cos^2 x dx \\ &= -\sin^{n-1}x \cdot \cos x + (n-1)\int\{\sin^{n-2}x(1-\sin^2 x)\}dx \\ &= -\sin^{n-1}x \cdot \cos x + (n-1)I_{n-2} - (n-1)I_n \end{aligned}$$

따라서,

$$I_n = -\frac{1}{n}\sin^{n-1}x \cdot \cos x + \frac{n-1}{n}I_{n-2}$$ ■

마찬가지 방법으로 다음 정리를 얻을 수 있다.

정리 5. 4

임의의 양의 정수 $n(\geq 2)$에 대하여

$$\int \cos^n x dx = \frac{1}{n}\cos^{n-1}x \cdot \sin x + \frac{n-1}{n}\int \cos^{n-2}x dx$$

예제 7

$\int \sin^2 x \cdot \cos^2 x dx$를 구하여라.

풀이 $\sin^2 x + \cos^2 x = 1$에서, $\cos^2 x = 1 - \sin^2 x$ 이므로

$$\begin{aligned} \int \sin^2 x \cdot \cos^2 x dx &= \int \sin^2 x(1-\sin^2 x)dx \\ &= \int(\sin^2 x - \sin^4 x)dx \\ &= \int \sin^2 x dx - \int \sin^4 x dx \\ &= \frac{1}{8}x - \frac{1}{32}\sin 4x + C \end{aligned}$$ ■

피적분 함수에 $\sqrt{a^2 \pm x^2}$ 또는 $\sqrt{x^2 - a^2}$의 꼴의 제곱근을 갖고 있을 때 삼각함수에 의한 치환적분을 사용하면 쉽게 제곱근을 없앨 수 있다. 즉,

$$\sqrt{a^2 - x^2} \text{ 에서는 } x = a\sin\theta, \ \left(0 \le \theta \le \frac{\pi}{2}\right),$$

$$\sqrt{a^2 + x^2} \text{ 에서는 } x = a\tan\theta, \ \left(0 \le \theta \le \frac{\pi}{2}\right)$$

$$\sqrt{x^2 - a^2} \text{ 에서는 } x = a\sec\theta, \ \left(0 \le \theta \le \frac{\pi}{2}\right)$$

로 치환하면 쉽게 적분을 구할 수 있다.

예제 8

$\int \sqrt{a^2 - x^2}\,dx$를 구하여라.

풀이 $(0 \le \theta \le \frac{\pi}{2})$라 하고, $x = a\sin\theta$라 하면 $dx = a\cos\theta d\theta$이므로

$$\int \sqrt{a^2 - x^2}\,dx = \int \sqrt{a^2 - a^2\sin^2\theta} \cdot \cos\theta d\theta = \int a^2 \cdot \cos^2\theta d\theta$$

$$= a^2 \int \cos^2\theta d\theta = a^2 \int \frac{1}{2}(1 + \cos 2\theta)\,d\theta$$

$$= \frac{1}{2}a^2\left(\theta + \frac{\sin 2\theta}{2}\right) + C$$

한편, 다음 삼각형에서

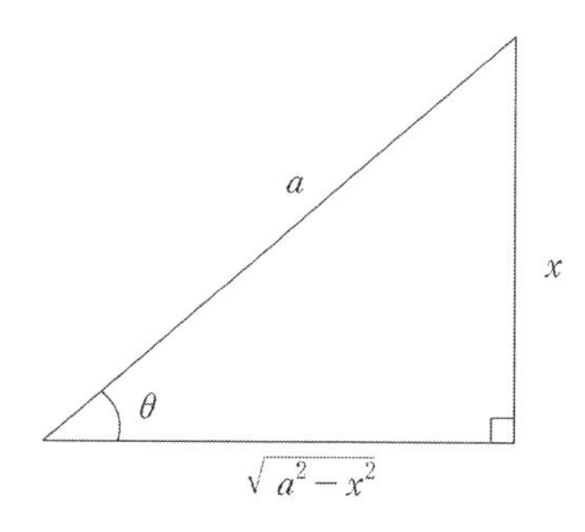

$$\theta = \arcsin\frac{x}{a}, \quad \sin 2\theta = 2\sin\theta \cdot \cos\theta = 2 \cdot \frac{x}{a} \cdot \frac{\sqrt{a^2 - x^2}}{a}$$

이다. 따라서,

$$\int \sqrt{a^2 - x^2}\,dx = \frac{1}{2}a^2 \cdot \arcsin\frac{x}{a} + \frac{1}{2}x\sqrt{a^2 - x^2} + C$$

이다. ■

문제 9

다음 부정적분을 구하여라.

(1) $\int \sin^3 x\,dx$ (2) $\int (\cos x - \sin x)^2 dx$

(3) $\int \frac{1}{a^2 + x^2}\,dx \quad (a > 0)$

§5 유리함수의 적분법

$f(x)$와 $g(x)$를 각각 x에 대한 다항식이라 하면, $\frac{g(x)}{f(x)}$를 x에 대한 **유리함수**라 한다. 여기서 $f(x) \neq 0$이다.

유리함수 $\frac{g(x)}{f(x)}$와 부정적분 $\int \frac{g(x)}{f(x)}\,dx$를 구하는 방법에 대해 알아보자. $g(x)$의 차수가 $f(x)$의 차수보다 클 때는 $g(x)$를 $f(x)$로 나누어 나머지에 대한 분자의 차수가 분모의 차수보다 낮게 고칠 수 있다. 즉,

$$\frac{g(x)}{f(x)} = h(x) + \frac{g_1(x)}{f(x)}$$

이다. 여기서 $h(x)$는 정함수이고, $g_1(x)$의 차수는 $f(x)$의 차수보다 낮다. 따라서 유리함수의 적분은 $g(x)$의 차수가 $f(x)$의 차수보다 낮은 경우에만 생각하면 된다.

예제 9

$g(x)=x^4+x^3+x+5$, $f(x)=x^2+x$라고 할 때, $\dfrac{g(x)}{f(x)}$를 구하여라.

풀이 $\dfrac{g(x)}{f(x)} = \dfrac{x^4+x^3+x+5}{x^2+x} = x^2+\dfrac{x+4}{x^2+x}$ ■

유리함수의 적분은 분모의 형태에 따라 다음 몇 가지의 기본적인 경우로 나누어진다.

정리 5.5

a를 실수, n을 양의 정수라 하면

① $$\int \frac{1}{(x-a)^n}dx = \begin{cases} \ln(x-a)+C & , n=1 \\ \dfrac{1}{-n+1}\cdot\dfrac{1}{(x-a)^{n-1}}+C, & n\neq 1 \end{cases}$$

② $$\int \frac{1}{(x^2+1)^n}dx = \begin{cases} \arctan x + C & , n=1 \\ \dfrac{1}{2(n-1)}\cdot\dfrac{x}{(x^2+1)^{n-1}} \\ +\dfrac{2n-3}{2(n-1)}\cdot\displaystyle\int\dfrac{1}{(x^2+1)^{n-1}}dx, & n\neq 1 \end{cases}$$

③ $$\int \frac{x}{(x^2+a^2)^n}dx = \begin{cases} \dfrac{1}{2}\ln(x^2+b^2)+C & , n=1 \\ \dfrac{1}{2(-n+1)}\cdot\dfrac{1}{(x^2+a^2)^{n-1}}+C, & n\neq 1 \end{cases}$$

증명

① $t=x-a$라 하면 $dt=dx$이므로

$n=1$이면

$$\int\frac{1}{x-a}dx=\int\frac{1}{t}dt=\ln t+C=\ln(x-a)+C$$

$n \neq 1$이면

$$\int \frac{1}{(x-a)^n} dx = \int t^{-n} dt = \frac{1}{-n+1} \cdot t^{-n+1}$$

② $n = 1$이면,

준식 $= \int \frac{1}{x^2+1} dx$이다.

$\frac{d(\arctan x)}{dx} = \frac{1}{1+x^2}$이므로, $\int \frac{1}{x^2+1} dx = \arctan x + C$이다.

$n \neq 1$일 때,

$$I_n = \int \frac{1}{(x^2+1)^n} dx$$

이라 하면

$$I_{n-1} = \int \frac{1}{(x^2+1)^{n-1}} dx$$

이다.

$$f(x) = \frac{1}{(x^2+1)^{n-1}}, \quad g'(x) = 1$$

이라 하면,

$$f'(x) = -(n-1)\frac{2x}{(x^2+1)^n}, \quad g(x) = x$$

이므로

$$I_{n-1} = \frac{x}{(x^2+1)^{n-1}} + 2(n-1)\int \frac{x^2}{(x^2+1)^n} dx$$

$x^2 = (x^2+1) - 1$로 생각하면

$$\begin{aligned} I_{n-1} &= \frac{x}{(x^2+1)^{n-1}} + 2(n-1)\int \frac{(x^2+1)-1}{(x^2+1)^n} dx \\ &= \frac{x}{(x^2+1)^{n-1}} + 2(n-1)\int \frac{x}{(x^2+1)^{n-1}} dx \\ &\quad - 2(n-1)\int \frac{1}{(x^2+1)^n} dx \\ &= \frac{x}{(x^2+1)^{n-1}} + 2(n-1) \cdot I_{n-1} - 2(n-1) \cdot I_n \end{aligned}$$

따라서,

$$I_n = \frac{1}{2n-2} \cdot \frac{x}{(x^2+1)^{n-1}} + \frac{2n-3}{2n-2} \cdot I_{n-1}$$

이다. ■

예제 10

$\int \frac{1}{x^2-1}\,dx$를 구하여라.

풀이 피적분함수를 다음과 같이 변경시킬 수 있다.

$$\frac{1}{x^2-1} = \frac{1}{(x-1)(x+1)} = \frac{\alpha}{x-1} + \frac{\beta}{x+1}$$

이와 같이 분수식을 변형하는 것을 **부분분수**로 분해한다고 한다.
위의 식의 우변을 통분하면

$$\frac{\alpha(x+1)+\beta(x-1)}{(x-1)(x+1)} = \frac{(\alpha+\beta)x+(\alpha-\beta)}{(x-1)(x+1)}$$

이다.

$$\frac{1}{(x-1)(x+1)} = \frac{(\alpha+\beta)x+(\alpha-\beta)}{(x-1)(x+1)}$$

이므로 $(\alpha+\beta)x+(\alpha-\beta)=1$, $\alpha+\beta=0$, $\alpha-\beta=1$이다.
따라서,

$$\alpha = \frac{1}{2},\ \beta = -\frac{1}{2}$$

그러므로, 피적분함수는

$$\frac{1}{x^2-1} = \frac{1}{2} \cdot \frac{1}{x-1} - \frac{1}{2} \cdot \frac{1}{x+1}$$

이다. 따라서, 구하는 부정적분은

$$\int \frac{1}{x^2-1}\,dx = \frac{1}{2}\int \frac{1}{x-1}\,dx - \frac{1}{2}\int \frac{1}{x+1}\,dx$$

$$= \frac{1}{2}\ln(x-1) - \frac{1}{2}\ln(x+1) + C$$

$$= \frac{1}{2}\ln\frac{x-1}{x+1} + C$$

■

예제 11

다음 식을 만족하는 α, β, γ를 구하고, 이 분수함수의 부정적분을 구하여라.

$$\frac{2x+5}{(x^2+1)^2(x-3)} = \frac{\alpha}{x-3} + \frac{\beta}{x^2+1} + \frac{\gamma}{(x^2+1)^2}$$

풀이 $\dfrac{2x+5}{(x^2+1)^2(x-3)} = \dfrac{\alpha}{x-3} + \dfrac{\beta}{x^2+1} + \dfrac{\gamma}{(x^2+1)^2}$, $\beta = a + bx$, $\gamma = d + ex$라 하면

$$\frac{2x+5}{(x^2+1)^2(x-3)} = \frac{\alpha}{x-3} + \frac{a+bx}{x^2+1} + \frac{c+dx}{(x^2+1)^2}$$

이다. 윗식의 우변을 통분하면

$$\frac{\alpha(x^2+1)^2 + (a+bx)(x-3)(x^2+1) + (c+dx)(x-3)}{(x^2+1)^2(x-3)} = \frac{2x+5}{(x^2+1)^2(x-3)}$$

가 된다. 여기서

$$\alpha = -\frac{11}{10},\ a = -\frac{33}{100},\ b = -\frac{11}{100},\ c = -\frac{13}{10},\ d = -\frac{11}{10}$$

이다. 따라서 구하는 부정적분은

$$\int \frac{2x+5}{(x^2+1)^2(x+3)}dx = \frac{11}{100}\ln(x-3) - \frac{33}{100}\cdot\tan^{-1}x - \frac{11}{200}\ln(x^2+1)$$
$$-\frac{13}{10}\int\frac{1}{(x^2+1)^2}dx + \frac{11}{20(x^2+1)}$$

이다. ■

문제 10

다음 부정적분을 구하여라.

(1) $\int \frac{x^3+2}{x-1}\,dx$　　(2) $\int \frac{x-7}{(x+3)(x-2)}\,dx$

(3) $\int \frac{4}{x(x+2)^2}\,dx$

§6 구분구적법

도형의 넓이나 부피를 구할 때, 주어진 도형을 작은 n 개의 기본도형(직사각형, 원기둥 등)으로 세분된 기본도형의 넓이나 부피의 합으로 근사값을 구하고 그 근사값의 극한값을 계산하여 도형의 부피를 구하는 방법을 **구분구적법**이라 한다.

$$\Delta x = \frac{b-a}{n}$$

$$S = \lim_{n\to\infty} \sum_{k=1}^{n} f(x_k)\,\Delta x$$

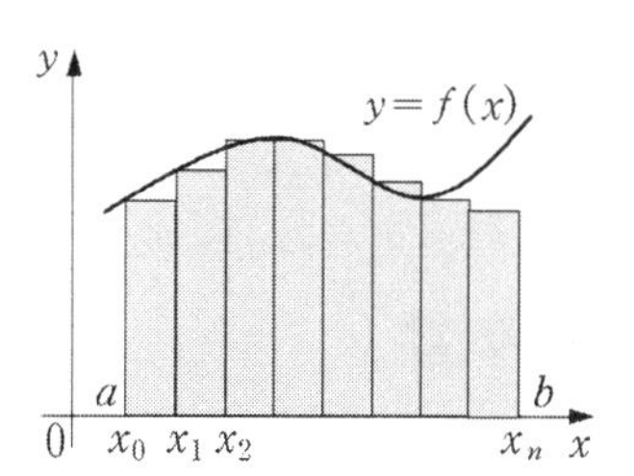

예제 12

곡선 $y=x^2$과 x축, 그리고 직선 $x=1$로 둘러싸인 도형의 넓이를 구분적법에 의해서 구하여라.

풀이 구간 [0, 1]을 n등분하면 각 분점의 x좌표는 왼쪽으로부터

$$\frac{1}{n},\ \frac{2}{n},\ \cdots,\ \frac{n-1}{n}$$

이다. n 등분한 각 구간의 왼쪽 끝점의 함수값을 높이로 하는 직사각형을 만들면, 분점 사이의 거리는 $\frac{1}{n}$ 이므로 이들의 넓이는 각각

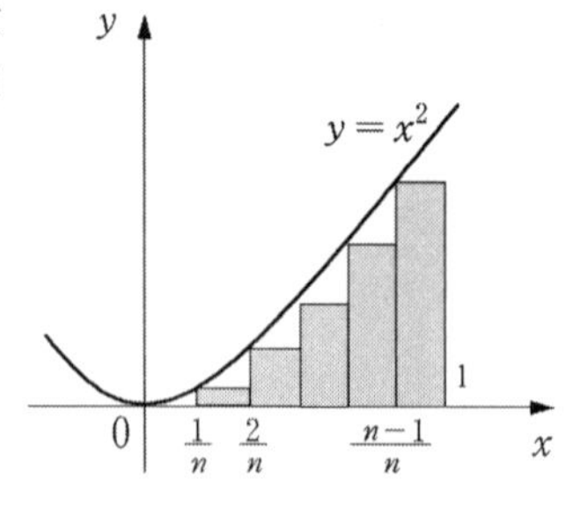

$$\left(\frac{1}{n}\right)^2\cdot\frac{1}{n},\ \left(\frac{2}{n}\right)^2\cdot\frac{1}{n},\ \cdots,\ \left(\frac{n-1}{n}\right)^2\cdot\frac{1}{n}$$

이다.
이들의 넓이의 합을 S_n이라 하면

$$S_n=\frac{1}{n^3}\{1^2+2^2+3^2+\cdots+(n-1)^2\}=\frac{1}{n^3}\times\frac{1}{6}n(n-1)(2n-1)$$

$$\therefore\ S=\lim_{n\to\infty}S_n=\lim_{n\to\infty}\frac{n(n-1)(2n-1)}{6n^3}=\frac{1}{3}$$ ■

문제 11

구분구적법을 이용하여 밑면의 반지름의 길이가 r이고 높이가 h인 원뿔의 부피를 구하여라.

2 정적분

§1 정적분의 정의

구분구적법의 뜻을 일반화하기 위해, 폐구간 $[a, b]$에서 연속인 함수 $y=f(x)$에 대하여 $f(x)\geq 0$이라 할 때, $y=f(x)$ 와 x축, 그리고 두 직선 $x=a$, $x=b$로 둘러싸인 도형의 넓이를 구하여 보자.

지금, 폐구간 $[a, b]$를 n등분하여 구간의 분점을 차례로

$$x_0(=a),\ x_1,\ x_2,\ \cdots,\ x_{n-1},\ x_n(=b)$$

라 하고, 아래 그림과 같이 직사각형의 넓이의 합을 S_n, $\frac{b-a}{n}=\Delta x$라 하면 S_n은 다음과 같다.

$$S_n = f(x_1)\triangle x + f(x_2)\triangle x + \cdots + f(x_n)\triangle x$$
$$= \sum_{k=1}^{n} f(x_k)\triangle x$$

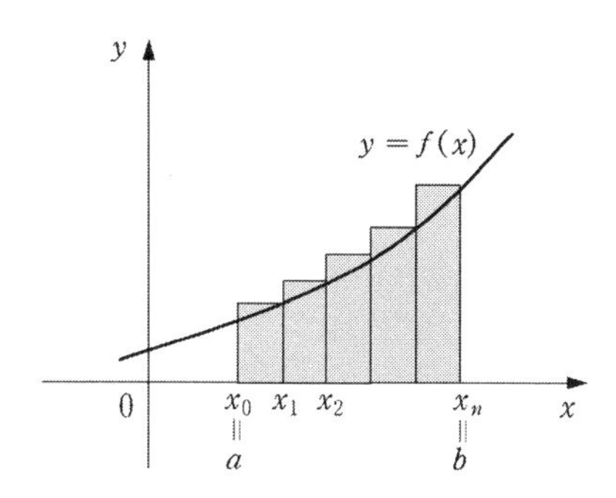

여기서 $n \to \infty$일 때, S_n은 곡선 $y=f(x)$ 와 직선 $x=a$, $x=b$ 및 x축으로 둘러싸인 도형의 넓이 S에 한없이 가까워진다. 그러므로 $\lim_{n \to \infty} S_n = \lim_{n \to \infty} \sum_{k=1}^{n} f(x_k)\triangle x = S$이 극한값을 $f(x)$의 a에서 b까지의 **정적분**이라 하고 a를 정적분의 아래끝, b를 정적분의 위 끝이라고 하며, $\int_a^b f(x)\,dx$로 나타낸다.

구간 $[a,\ b]$에서 연속인 곡선 $y=f(x)$ $(f(x) \geq 0)$와 x축 사이에 끼인 부분의 넓이 S 는 $S = \int_a^b f(x)\,dx$이다.

여기에서 만약 아래 그림과 같은 경우라면,

$$\begin{cases} f(x) \geq 0 \text{ 이면 } f(x_k) \geq 0 \\ f(x) < 0 \text{ 이면 } f(x_k) < 0 \end{cases}$$

이므로 $\int_a^b f(x)\,dx$는 x축 위쪽에 있는 직사각형의 넓이의 합에서 x축 아래쪽에 있는 직사각형의 넓이의 합을 뺀 것과 같다. 그런데 이 값의 극한인 정적분도 같은 뜻을 가지므로 x축과 둘러싸인 도형의 넓이를 각각 S_1, S_2라 하면,

$$S_1 = -\int_a^c f(x)\,dx \qquad S_2 = \int_c^b f(x)\,dx$$

가 된다.

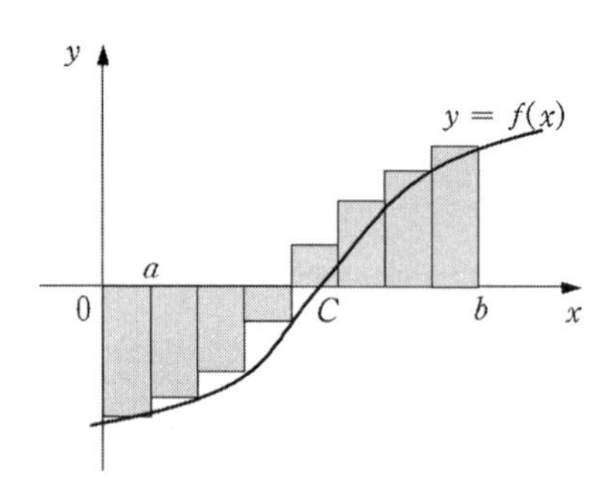

$S(x)=\int_a^x f(t)dt$를 미분하면 $S'(x)=f(x)$이므로, $S(x)$는 $f(x)$의 부정적분 중의 하나이다. 따라서, $f(x)$의 부정적분 중의 하나를 $F(x)$라 하면,

$$S(x)=\int_a^x f(t)dt=F(x)+C \quad (C\text{는 상수})$$

이 된다. 여기에서 $x=a$ 이면 $S(a)=0$이므로, $S(a)=F(a)+C=0$이고 $C=-F(a)$이다. 따라서, $\int_a^x f(t)dt=F(x)-F(a)$에서 $x=b$ 이면

$$\int_a^b f(t)dt=F(b)-F(a)=[F(x)]_a^b$$

로 나타낸다.

이상을 정리하면 다음과 같은 정리를 얻을 수 있다.

정리 5. 6

구간 $[a, b]$에서 연속인 곡선 $y=f(x)$와 x축 사이에 끼인 부분의 넓이는

$$\int_a^b f(x)\,dx=[F(x)]_a^b=F(a)-F(b)$$

예제 13

다음 정적분의 값을 구하여라.

(1) $\int_0^1 (x^3+1)dx$

(2) $\int_{-1}^2 (x-1)(x+2)dx$

풀이 (1) $\int_0^1 (x^3+1)dx = \left[\frac{1}{4x^4}+x\right]_0^1 = \frac{1}{4}+1 = \frac{5}{4}$

(2) $\int_{-1}^2 (x^2+x-1)dx = \left[\frac{1}{3}x^3+2x-x\right]_{-1}^2 = 3+3 = 6$ ■

문제 12

다음 정적분의 값을 구하여라.

(1) $\int_0^2 (1-x)^4\,dx$

(2) $\int_1^2 (x+1)(x^3-x+1)dx$

정리 5. 7

① $\frac{d}{dx}\int_a^x f(t)dt = f(x)$

② $\frac{d}{dx}\int_x^{x+a} f(t)dt = f(x+a)-f(x)$

③ $\frac{d}{dx}\int_a^x (x-t)f(t)dt = \int_a^x f(t)dt$

④ $\frac{d}{dx}\int_{h(x)}^{g(x)} f(t)dt = f\{g(x)\}g'(x) - f\{h(x)\}h'(x)$

증명

$\int f(t) = F(t)+C$ 로 놓고 증명하여 보자.

① $\frac{d}{dx}\int_a^x f(t)dt = \frac{d}{dx}[F(x)]_a^x = \frac{d}{dx}(F(x)-F(a))$

$= \frac{d}{dx}F(x) - \frac{d}{dx}F(a) = F'(x)-0 = f(x)$

② $\frac{d}{dx}\int_x^{x+a} f(t)dt = \frac{d}{dx}[F(t)]_x^{x+a} = \frac{d}{dx}F(x+a) - \frac{d}{dx}F(x)$

$= F'(x+a) - F'(x) = f(x+a)-f(x)$

③ $\frac{d}{dx}\int_a^x (x-t)f(t)dt = \frac{d}{dx}\int_a^x \{(xf(t)-tf(t)\}dt$

$= \frac{d}{dx}\int_a^x xf(t)dt - \int_a^x tf(t)dt$

$$= \frac{d}{dx} x \int_a^x f(t)\,dt - xf(x)$$

$$= 1 \cdot \int_a^x f(t)\,dt + xf(x) - xf(x)$$

$$= \int_a^x f(t)\,dt$$

④ $$\frac{d}{dx}\int_{h(x)}^{g(x)} f(t)dt = \frac{d}{dx}\left[F\{g(x)\} - F\{h(x)\}\right]$$

$$= F'\{g(x)\} \cdot g'(x) - F'\{h(x)\} \cdot h'(x)$$

$$= f\{g(x)\} \cdot g'(x) - f\{h(x)\} \cdot h'(x)$$ ■

예제 14

$\frac{d}{dx}\int_3^x (a^2 - a + 2)\,da$를 계산하여라.

풀이 $\frac{d}{dx}\int_3^x (a^2 - a + 2)\,da = x^2 - x + 2$ ■

예제 15

함수 f에 대하여 $\int_{-1}^x f(t)dt = x^4 + x^3 - 2ax + 2$가 모든 실수 x에 대하여 성립할 때, $f(-1)$의 값을 구하여라.

풀이 $\frac{d}{dt}F(t) = f(t)$라 하면, $\int_{-1}^x f(t)dt = F(x) - F(-1) = x^4 + x^3 - 2ax + 2$이다. 이 식의 양변에 $x = -1$을 대입하면, $F(-1) - F(-1) = 0 = 2a + 2$이므로 $a = -1$이다. 또, 준 식의 양변을 x에 대하여 미분하면

$$f(x) = 4x^3 + 3x^2 - 2a$$

$$= 4x^3 + 3x^2 + 2$$

$$\therefore f(-1) = 1$$ ■

Q 문제 13

$\frac{d}{dx}\int_x^{x^2-1} (-a + 2)\,da$를 계산하여라.

문제 14

다항함수 $f(x)$에 대하여 $\int_0^x (t-1)f(t)dt = \frac{1}{4}x^4 - x$가 모든 실수 x에 대하여 성립할 때, $f(2)$의 값을 구하여라.

정리 5. 8

① $\int_a^a f(x)\,dx = 0$

② $\int_a^b f(x)\,dx = -\int_b^a f(x)\,dx$

③ $\int_a^b kf(x)\,dx = k\int_a^b f(x)\,dx$ (k는 상수)

④ $\int_a^b \{f(x) \pm g(x)\}dx = \int_a^b f(x)\,dx \pm \int_a^b g(x)\,dx$ (복호동순)

⑤ $\int_a^b f(x)dx = \int_a^c f(x)\,dx + \int_c^b f(x)\,dx$

⑥ $f(x)$가 기함수이면 $\int_{-a}^a f(x)\,dx = 0$

⑦ $f(x)$가 짝함수이면 $\int_{-a}^a f(x)\,dx = 2\int_0^a f(x)\,dx$

증명

$\int f(x)\,dx = F(x) + C_1$, $\int g(x)\,dx = G(x) + C_2$라 하면,

① $\int_a^a f(x)\,dx = \Big[\, F(x) \,\Big]_a^a = F(a) - F(a) = 0$

② $\int_a^b f(x)\,dx = \Big[\, F(x) \,\Big]_a^b = -(F(a) - F(b)) = -\Big[\, F(x) \,\Big]_b^a = -\int_b^a f(x)\,dx$

③ $\int_a^b kf(x)\,dx = \Big[\, kF(x) \,\Big]_a^b = k\Big[\, F(x) \,\Big]_a^b = k\int_a^b f(x)\,dx$

④ $\int_a^b \{f(x) \pm g(x)\}dx = \Big[\, F(x) \pm F(x) \,\Big]_a^b$

$= (F(b) \pm G(b)) - (F(a) \pm G(a))$

$= (F(b) - F(a)) \pm (G(b) - G(a))$

$$= \int_a^b f(x)\,dx \pm \int_a^b g(x)\,dx \text{ (복호동순)}$$

⑤ $\int_a^b f(x)\,dx = \Big[\, F(x) \Big]_a^b = F(b) - F(a)$

$$= F(b) - F(c) + F(c) + F(a)$$

$$= (F(c) - F(a) + (F(b) - F(c))$$

$$= \int_a^c f(x)\,dx + \int_c^b f(x)\,dx$$

⑥ $f(-x) = -f(x)$ 즉, $f(x)$가 기함수이면 그래프는 원점에 관하여 대칭이므로, 아래 그림에서 $\int_{-a}^{a} f(x)\,dx = -S + S = 0$이다. 즉,

$$\int_{-a}^{a} f(x)\,dx = 0$$

이다.

⑦ $f(-x) = f(x)$ 즉, $f(x)$가 짝함수이면 그래프는 y축에 관하여 대칭이므로, 아래 그림에서 $\int_{-a}^{a} f(x)\,dx = S + S = 2S = 2\int_0^a f(x)\,dx$이다. 즉,

$$\int_{-a}^{a} f(x)\,dx = 2\int_0^a f(x)\,dx$$

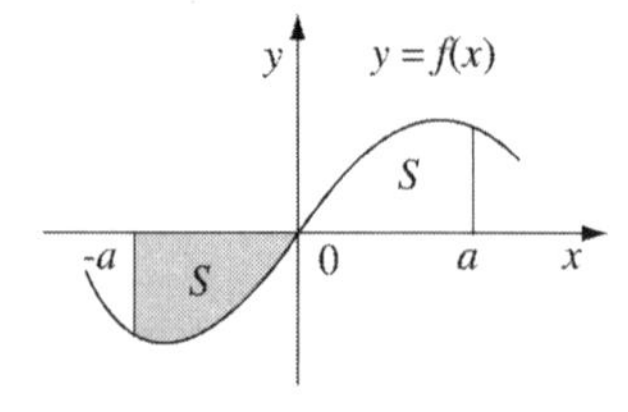

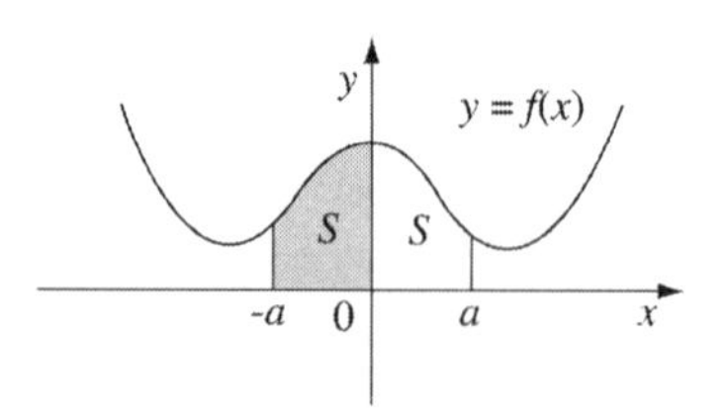

■

예제 16

다음 정적분을 계산하여라.

(1) $\int_0^1 2000x^{1999}\,dx$ (2) $\int_0^1 (x-1)^2\,dx - \int_0^1 (x+1)^2\,dx$

(3) $\int_{-1}^{0} (x^2 - 2x - 1)dx + \int_0^1 (x^2 - 2x - 1)dx$

풀이 (1) $\int_0^1 2000x^{1999}\,dx = 2000 \cdot \int_0^1 x^{1999}\,dx = 2000\,[\,x^{2000}\,]_0^1 = 1$

(2) $\int_0^1 (x-1)^2 dx - \int_0^1 (x+1)^2 dx = \int_0^1 -4x\,dx = \left[-2x^2\right]_0^1 = -2$

(3) $\int_{-1}^0 (x^2-2x-1)dx + \int_0^1 (x^2-2x-1)dx = \int_{-1}^1 (x^2-2x-1)dx$

$$= \left[\frac{1}{3}x^3 - x^2 - x\right]_{-1}^1 = -\frac{4}{3}$$

■

문제 15

$\int_{-1}^0 (x^2-1)dx + \int_0^{-1} (y^2-2y+1)dy$의 값을 구하여라.

문제 16

함수 $f(x) = 3x^2 + 2x + 1$에 대하여

$$\int_0^2 f(x)dx - \int_1^2 f(x)dx - \int_0^{-1} f(x)dx$$

의 값을 구하여라.

예제 17

$\int_{-1}^1 (12x^3 + 6x^2 + 2x + 1)\,dx$의 값을 구하여라.

풀이 $\int_{-1}^1 (12x^3 + 6x^2 + 2x + 1)dx = \int_{-1}^1 (12x^3 + 2x)dx + \int_{-1}^1 (6x^2+1)dx$

$$= 0 + 2\int_0^1 (6x^2+1)dx = 2\left[2x^3 + x\right]_0^1 = 6$$

■

문제 17

함수 $f(x)$가 $f(3x) + f(-3x) = 3x^2 + 5$을 만족시킬 때, $\int_{-2}^2 f(x)\,dx$의 값을 구하여라.

정리 5.9

(1) $\lim_{x \to 0} \frac{1}{x} \int_a^{x+a} f(t)dt = f(a)$ (2) $\lim_{x \to a} \frac{1}{x-a} \int_a^x f(t)dt = f(a)$

증명

(1) $\int f(x)\,dx = F(x)$라 하면 $\int_a^{x+a} f(t)\,dt = F(x+a) - F(a)$이다.

따라서 $\lim_{x \to 0} \frac{1}{x} \int_a^{x+a} f(t)dt = \lim_{x \to 0} \frac{F(x+a) - F(a)}{x} = F'(a) = f(a)$

$$\therefore \lim_{x \to 0} \frac{1}{x} \int_a^{x+a} f(t)dt = f(a)$$

(2) $\int f(x)\,dx = F(x)$ 라 하면 $\int_a^x f(t)dt = F(x) - F(a)$이다.

따라서 $\lim_{x \to a} \frac{1}{x-a} \int_a^x f(t)dt = \lim_{x \to a} \frac{F(x) - F(a)}{x-a} = F'(a) = f(a)$

$$\therefore \lim_{x \to a} \frac{1}{x-a} \int_a^x f(t)dt = f(a)$$ ■

아래 그림에서 폐구간 $[a,\ b]$를 n등분할 때, 정적분의 정의에서

$$\lim_{n \to \infty} \sum_{k=1}^{n} f(x_k) \frac{b-a}{n} = \int_a^b f(x)\,dx$$

라 했고, 그림에서

$$x_1 = a + \frac{b-a}{n},\ x_2 = a + \frac{b-a}{n} \cdot 2,\ \cdots,\ x_n = a + \frac{b-a}{n} n$$

이므로 $\lim_{n \to \infty} \sum_{k=1}^{n} f\left(a + \frac{b-a}{n} k\right) \cdot \frac{b-a}{n} = \int_a^b f(x)\,dx$이며, 이것을 x축 방향으로 $-a$만큼 평행이동하면 $\int_0^{b-a} f(a+x)\,dx$가 된다. $b-a=c$라 하면 $b=a+c$이므로

$$\lim_{n \to \infty} \sum_{k=1}^{n} f\left(a + \frac{c}{n} k\right) \cdot \frac{c}{n} = \int_a^{a+c} f(x)\,dx$$

로 된다.

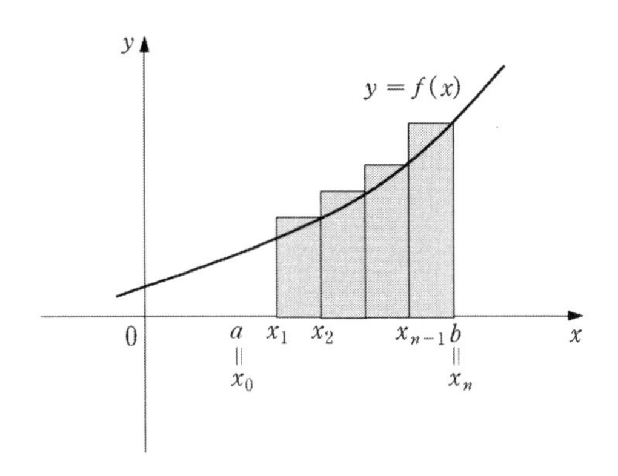

예제 18

다음 무한급수의 합을 정적분을 이용하여 구하여라.

(1) $\lim_{n\to\infty}\sum_{k=1}^{n}\left(1+\frac{c-1}{n}k\right)^3\frac{c-1}{n}$ (2) $\lim_{n\to\infty}\sum_{k=1}^{n}\left(\frac{1}{n}k\right)^2\frac{1}{n}$

풀이 (1) $\lim_{n\to\infty}\sum_{k=1}^{n}\left(1+\frac{c-1}{n}k\right)^3\frac{c-1}{n}=\int_1^c x^3dx=\left[\frac{x^4}{4}\right]_1^c=\frac{1}{4}(c^4-1)$

(2) $\lim_{n\to\infty}\sum_{k=1}^{n}\left(\frac{1}{n}k\right)^2\frac{1}{n}=\int_0^1 x^2dx=\left[\frac{x^3}{3}\right]_0^1=\frac{1}{3}$ ■

문제 18

무한급수의 합 $\lim_{n\to\infty}\sum_{k=1}^{n}\left(2+\frac{1}{n}k\right)^3\frac{1}{n}$ 을 정적분을 이용하여 구하여라.

§2 정적분의 활용

1. 넓 이

1) 곡선과 x축 사이의 넓이

함수 $y=f(x)$ 가 폐구간 $[a,\ b]$에서 연속일 때, 곡선 $y=f(x)$ 와 직선 $x=a$, $x=b$, x축으로 둘러싸인 도형의 넓이 S는 $f(x)\ge 0$ 일 때 $y=f(x)$, x 축, $x=a$, $x=b$ 로 둘러싸인 도형의 넓이 S는

$$S = \lim_{n \to \infty} \sum_{k=1}^{n} f(x_k) \Delta x = \int_a^b f(x)\,dx$$

이다.

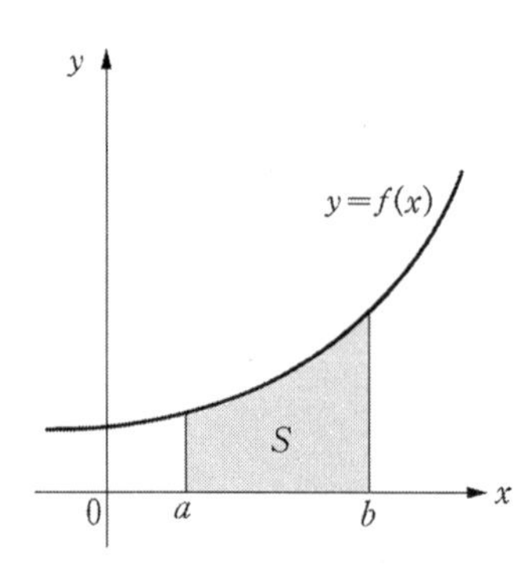

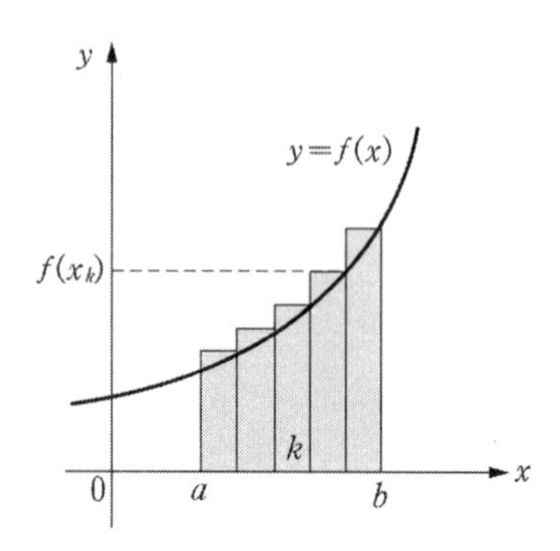

그러나 곡선 $y = f(x)$의 그래프가 x축의 아래에 존재하는 경우는 $f(x_k)\Delta x < 0$ 이므로,

$$\lim_{n \to \infty} \sum_{k=1}^{n} f(x_k) \Delta x < 0 \qquad \therefore \int_a^b f(x)\,dx < 0$$

따라서, 넓이는 $-$ 를 붙여서 $S = -\int_a^b f(x)\,dx$ 이다.

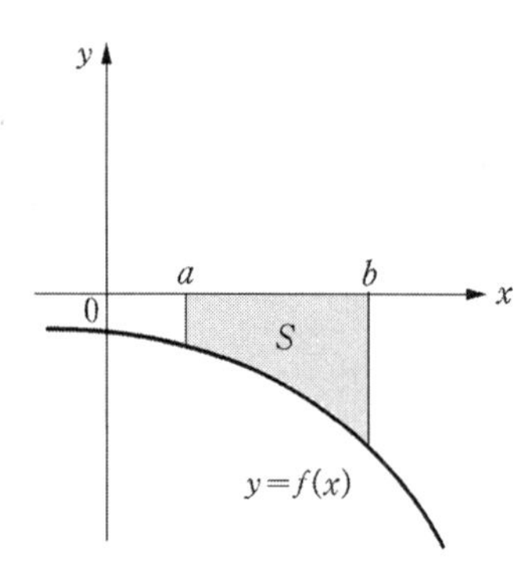

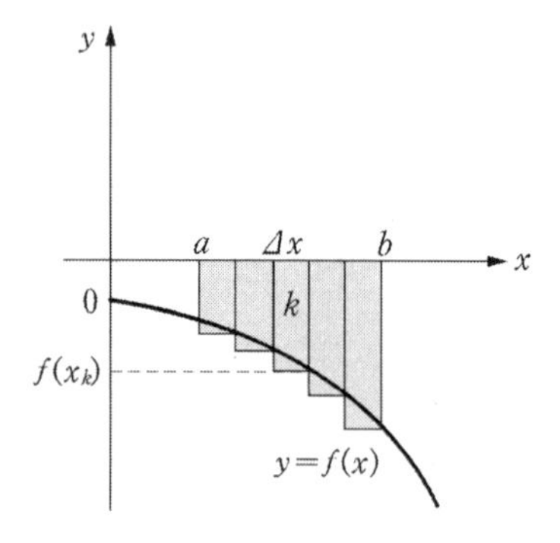

이상에서 아래 그림의 넓이 S_1, S_2의 합 S를 구하는 경우 $S = \int_a^b f(x)\,dx$ 로 하면 안 된다는 것을 알 수 있다. 즉,

$$\begin{aligned} S = S_1 + S_2 &= \int_a^c f(x)\,dx + \left(-\int_c^b f(x)\,dx\right) \\ &= \int_a^c f(x)\,dx - \int_c^b f(x)\,dx \end{aligned}$$

이다. 이것을 절대값 기호를 써서 하나의 식으로 나타내면,

$$\begin{aligned} S &= S_1 + S_2 = \int_a^c f(x)\,dx + \int_c^b \{-f(x)\}\,dx \\ &= \int_a^c |f(x)|\,dx + \int_c^b |f(x)|\,dx = \int_a^b |f(x)|\,dx \end{aligned}$$

가 된다.

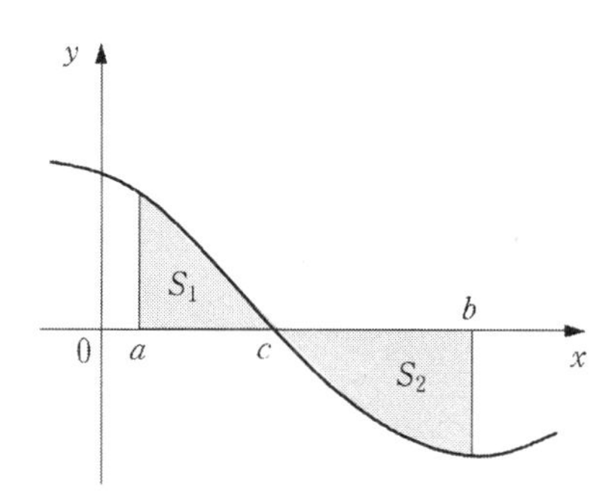

예제 19

포물선 $y=-x^2+x+6$과 x축으로 둘러싸인 부분의 넓이를 구하여라.

풀이 $-x^2+x+6 = -(x^2-x-6) = -(x+2)(x-3) = 0$

$$\therefore\ x = -2\ ,\ 3$$

따라서 구하는 넓이를 구하면

$$\begin{aligned} S &= \int_{-2}^{3} (-x^2+x+6)dx = \left[-\frac{1}{3}x^3+\frac{1}{2}x^2+6x\right]_{-2}^{3} \\ &= \frac{125}{6} \end{aligned}$$

■

문제 19

곡선 $y=x^3+x^2-2x$와 x축으로 둘러싸인 부분의 넓이를 구하여라. (단, $-1 \le x \le 1$)

2) 곡선과 y축 사이의 넓이

함수 $x=f(y)$가 폐구간 $[a,\ b]$에서 연속일 때, 곡선 $x=f(y)$와 직선 $y=a$, $y=b$, y축으로 둘러싸인 도형의 넓이 S는

(1) $f(y)\geq 0$ 의 경우 (2) $f(y)\leq 0$ 의 경우 (3) 일반의 경우

$$S=\int_a^b f(y)\,dy \qquad S=-\int_a^b f(y)\,dy \qquad S=\int_a^b |f(y)|\,dy$$

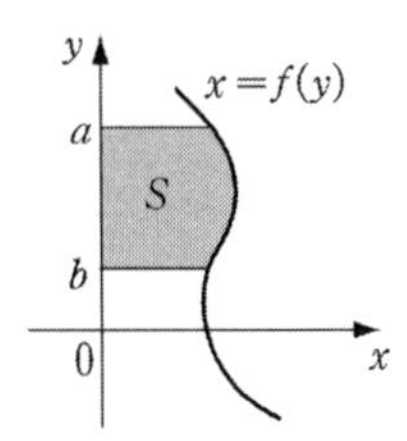

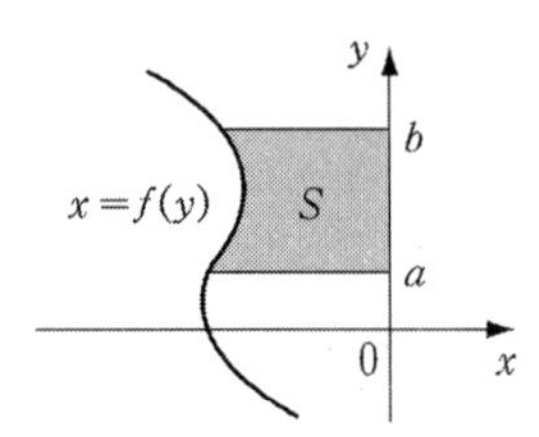

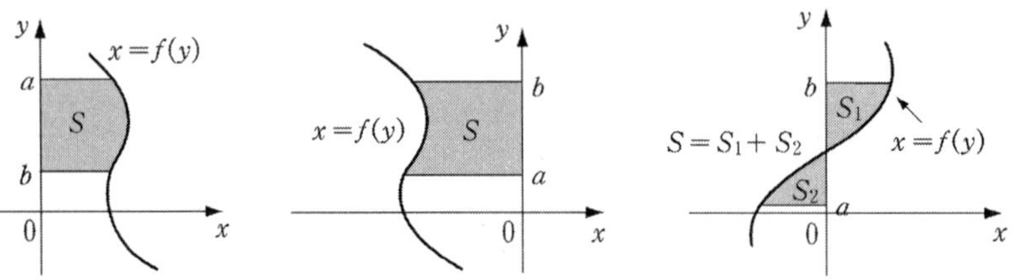

예제 20

구간 $[-1,\ 2]$에서 곡선 $x=y^3-3y^2-y+3$과 y축으로 둘러싸인 부분의 넓이를 구하여라.

풀이 $y^3-3y^2-y+3=(y\pm 1)(y-3)=0$에서 $y=\pm 1,\ 3$

따라서 구하는 넓이는

$$\begin{aligned}S&=\int_{-1}^{2}|y^3-3y^2-y+3|\,dy\\&=\int_{-1}^{1}(y^3-3y^2-y+3)\,dy-\int_{1}^{2}(y^3-3y^2-y+3)\,dy\\&=2\Big[-y^3+3y\Big]_{-1}^{1}-\Big[\frac{1}{4}y^3-y^3-\frac{1}{2}y^2+3y\Big]_{1}^{2}\\&=\frac{23}{4}\end{aligned}$$

■

문제 20

두 직선 $y=-2$, $y=3$ 과 y축 및 곡선 $x=y^2+2$ 로 둘러싸인 부분의 넓이를 구하여라.

3) 두 곡선 사이의 넓이

두 연속함수 $y=f(x)$, $y=g(x)$와 두 직선 $x=a$, $x=b$로 둘러싸인 도형의 넓이를 구하여 보자.

폐구간 $[a,\ b]$에서 $f(x) \ge g(x) \ge 0$인 경우, 아래 그림에서 넓이 S는

$$S = (\text{도형 } PABQ\text{의 넓이}) - (\text{도형 } P'ABQ'\text{의 넓이})$$
$$= \int_a^b f(x)\,dx - \int_a^b g(x)\,dx$$
$$= \int_a^b \{f(x) - g(x)\}\,dx \quad \cdots\cdots ①$$

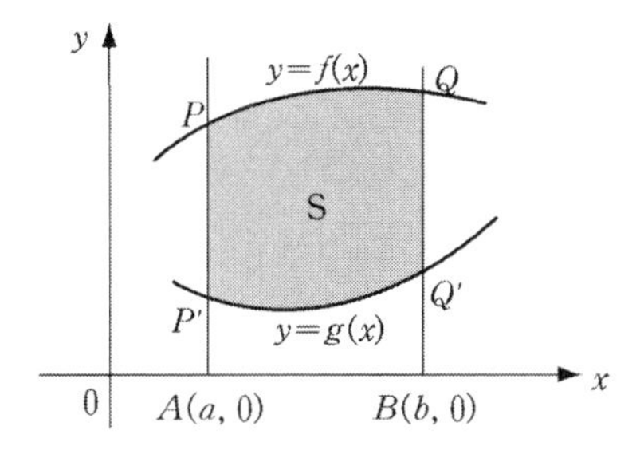

폐구간 $[a,\ b]$에서 $g(x) \le f(x) \le 0$인 경우, $y=f(x)$, $y=g(x)$의 그래프를 위로 c만큼 평행이동해서

$$0 \le g(x) + c < f(x) + c$$

되게 할 수 있다. 그러면 구하는 넓이 S는

$$S = \int_a^b [\{f(x) + c\} - \{g(x) + c\}]\,dx$$
$$= \int_a^b \{f(x) - g(x)\}\,dx \quad \cdots\cdots ②$$

폐구간 $[a,\ b]$에서 $g(x) \le f(x)$일 때, 두 곡선 $y=f(x)$, $y=g(x)$와 두 직선 $x=a$, $x=b(a<b)$로 둘러싸인 도형의 넓이 S는

$$S_1 = \int_a^b \{f(x) - g(x)\}\,dx$$

이다.

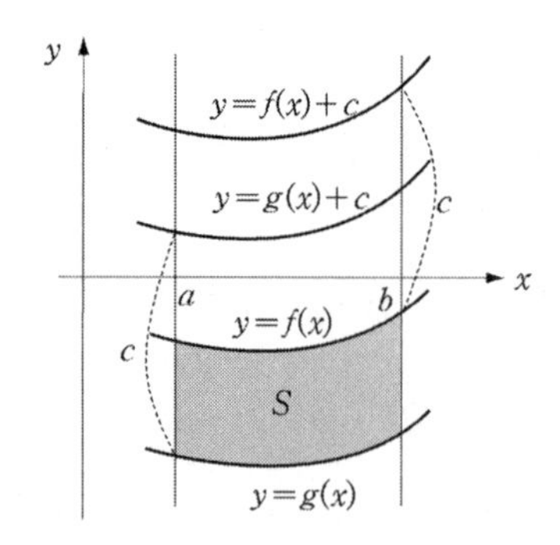

마찬가지 방법으로 생각하면 폐구간 $[a,\ b]$에서 $g(y) \le f(y)$일 때, $x = f(y)$와 $x = g(y)$ 및 $y = a,\ y = b\ (a < b)$로 둘러싸인 도형의 넓이 S는

$$S = \int_a^b \{f(y) - g(y)\}\,dy$$

이다.

예제 21

직선 $y = -2x + 2$와 포물선 $y = x^2 - 1$로 둘러싸인 부분의 넓이를 구하여라.

풀이 직선과 포물선의 교점을 구하면

$x^2 - 1 = -2x + 2$에서 $x = -3\ ,\ 1$이므로

$$S = \int_{-3}^{1} \{(-2x + 2) - (x^2 - 1)\}dx$$

$$= \int_{-3}^{1} (-x^2 - 2x + 3)dx = \left[-\frac{1}{3}x^3 - x^2 + 3x \right]_{-3}^{1}$$

$$= \frac{32}{3}$$

■

문제 21

두 곡선 $y = x^2 - x + 1$과 $y = -x^2 + x + 5$으로 둘러싸인 부분의 넓이를 구하여라.

두 곡선 $y = x^2 - x$, $x = y^2 - y$로 둘러싸인 부분의 넓이를 구하여라.

2. 부 피

1) 입체의 부피

아래 그림과 같이 공간에 입체가 주어질 때 x축을 정하고 x좌표가 a, b인 두 점을 지나 x축에 수직인 두 평면 사이에 있는 부분의 부피를 구하여 보자.

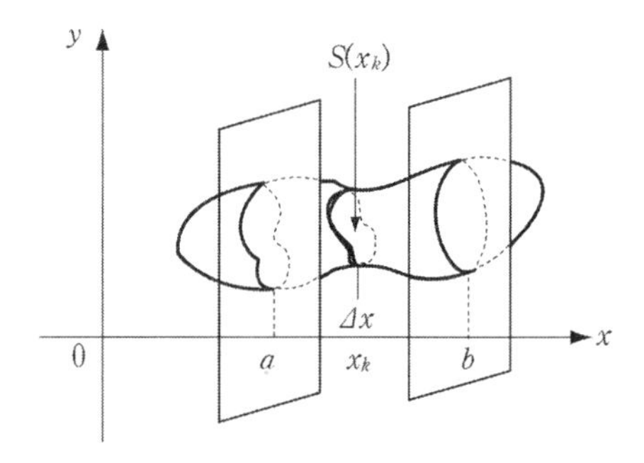

좌표가 x인 점을 지나 x축에 수직인 평면으로 자른 입체의 단면의 넓이 $S(x)$는 x의 함수이다.

구간 $[a, b]$를 n등분하고 n개의 기둥을 만들 때 k번째의 기둥의 부피는 $S(x_k)\Delta x$이므로 n개의 기둥의 부피의 합 V_n은

$$V_n = \sum_{k=1}^{n} S(x_k)\Delta x$$

따라서 구하는 입체의 부피 V는

$$V = \lim_{n \to \infty} V_n = \lim_{n \to \infty} \sum_{k=1}^{n} S(x_k)\Delta x = \int_a^b S(x)\,dx$$

이다.

예제 22

어떤 그릇에 깊이 $x$cm 만큼 물을 넣었을 때 수면은 한 변의 길이가 $x+1$인 정사각형이라고 한다. 깊이가 3cm일 때의 물의 부피를 구하여라.

풀이 물의 깊이가 $x$cm일 때 빗금 친 수면의 넓이 $S(x)$는

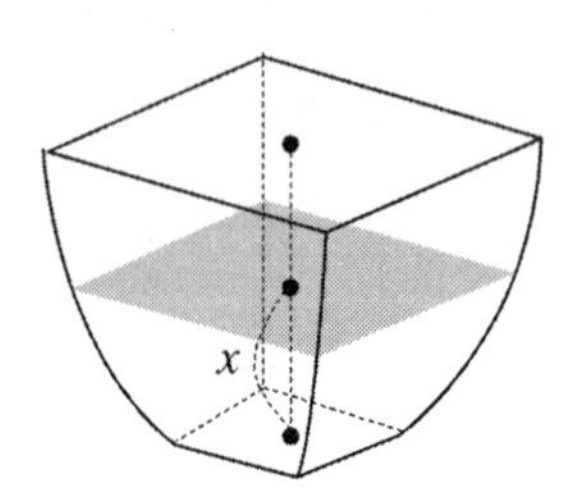

$$S(x) = (x+1)^2 = x^2 + 2x + 1$$

따라서 깊이가 3cm일 때 물의 부피 V는

$$V = \int_0^3 S(x)\,dx$$
$$= \int_0^3 (x^2 + 2x + 1)\,dx = 21(\text{cm}^3)$$

■

문제 23

어떤 그릇에 깊이 $x$cm 만큼 물을 넣었을 때의 부피가 $V = x^3 - 3x^2 + 14x$라 한다. 물의 깊이가 5cm일 때, 수면의 넓이를 구하여라.

문제 24

밑면의 반지름의 길이가 a인 원을 밑면으로 하는 원기둥이 있다. 이 원기둥의 밑면의 중심 0를 지나고, 밑면과 45°의 각을 이루는 평면으로 이 원기둥을 자를 때 생기는 두 입체 중에서 작은 것의 부피를 구하여라.

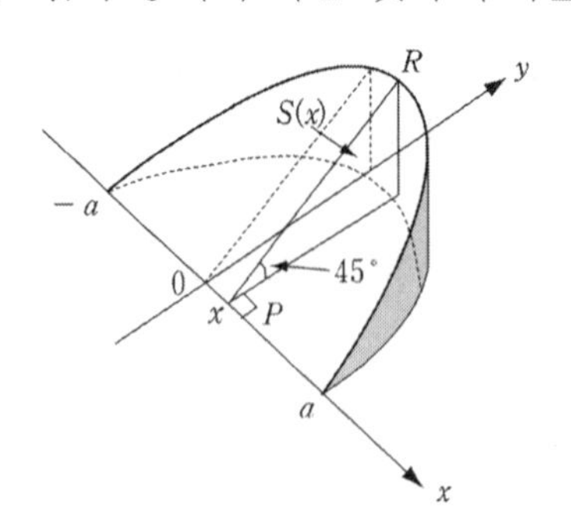

2) 회전체의 부피

① x축을 회전축으로 하는 회전체의 부피

구간 $[a,\ b]$에서 연속인 곡선 $y=f(x)$를 x축 둘레로 회전시킬 때 생기는 회전체의 부피를 구하여 보자

구간 $[a,\ b]$의 임의의 점 x에서의 회전체의 단면의 넓이 $S(x)$는 반지름의 길이가 $|f(x)|$인 원의 넓이가 되므로

$$S(x)=\pi y^2=\pi\{f(x)\}^2$$

이다.

따라서 구하는 회전체의 부피 V_x 는

$$V_x=\int_a^b S(x)\,dx=\pi\int_a^b \{f(x)\}^2\,dx$$

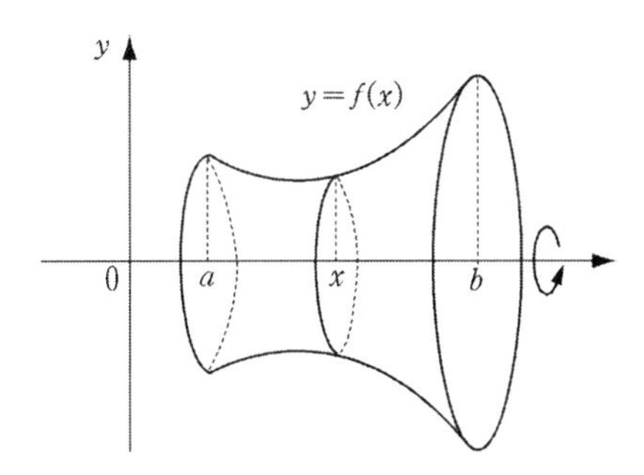

예제 23

곡선 $y^2=x-1$과 직선 $x=1$, $x=2$ 및 x축으로 둘러싸인 부분을 x축의 둘레로 회전하여 생기는 회전체의 부피를 구하여라.

풀이 구하는 부피 V_x는

$$V_x=\pi\int_1^2 y^2\,dx=\pi\int_1^2 (x-1)\,dx=\pi\Big[\frac{1}{2}x^2-x\Big]_1^2$$
$$=\frac{1}{2}\pi$$

■

문제 25

곡선 $y=-x^2+2x-1$과 x축으로 둘러싸인 부분을 x축의 둘레로 회전하여 생기는 회전체의 부피를 구하여라.

문제 26

곡선 $y^2=x+3$, x축, y축과 $x=a\ (a>0)$로 둘러싸인 부분을 x축 둘레로 회전시킬 때 생기는 입체의 부피가 20π이다. a의 값을 구하여라.

② y축을 회전축으로 하는 회전체의 부피

구간 $[a,\ b]$에서 연속인 곡선 $x=f(y)$를 y축 둘레로 회전시킬 때 생기는 회전체의 부피 V_y는 단면의 넓이 $S(y)$가

$$S(y)=\pi x^2=\pi\{f(y)\}^2$$

이므로 $V_y=\int_a^b S(y)\,dy=\pi\int_a^b\{f(y)\}^2dy$

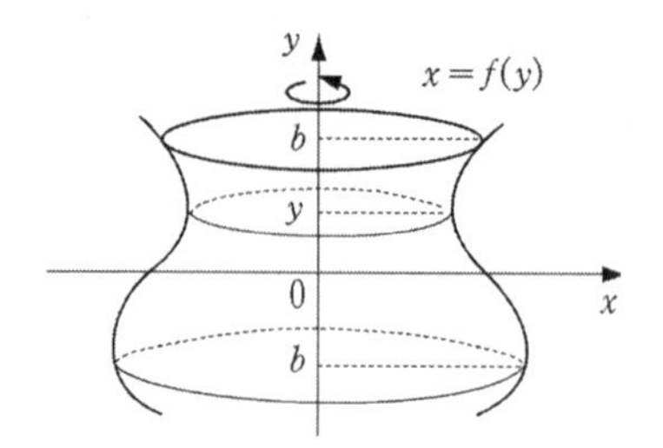

예제 24

곡선 $y=2x^2\ (0\le y\le 4)$을 y축의 둘레로 회전하여 생기는 회전체의 부피를 구하여라.

풀이

$$V=\pi\int_0^4 x^2dy=\pi\int_0^4\frac{1}{2}y\,dy=\frac{1}{2}\pi\left[\frac{1}{2}y^2\right]_0^4=4\pi$$ ■

문제 27

곡선 $y^2 = x\ (1 \le y \le 4)$ y축의 둘레로 회전하여 생기는 회전체의 부피를 구하여라.

문제 28

포물선 $y = 2 - x^2$과 x축으로 둘러싸인 도형을 y축의 둘레로 회전하여 생기는 회전체의 부피를 구하여라.

3) 두 곡선으로 둘러싸인 부분의 회전체의 부피

① x축을 회전축으로 하는 회전체의 부피

함수 $f(x)$, $g(x)$ 가 구간 $[a,\ b]$에서 연속이고 $f(x) \ge g(x) \ge 0$이라 할 때, 두 곡선 $y = f(x)$, $y = g(x)$와 두 직선 $x = a$, $x = b$로 둘러싸인 부분을 x축 둘레로 회전하여 얻은 회전체의 부피 V_x는, 곡선 $y = f(x)$를 회전하여 얻은 회전체의 부피에서 곡선 $y = g(x)$를 회전하여 얻은 회전체의 부피를 뺀 것과 같다.

$$\Rightarrow V_x = \pi \int_a^b \left[\{f(x)\}^2 - \{g(x)\}^2 \right] dx$$

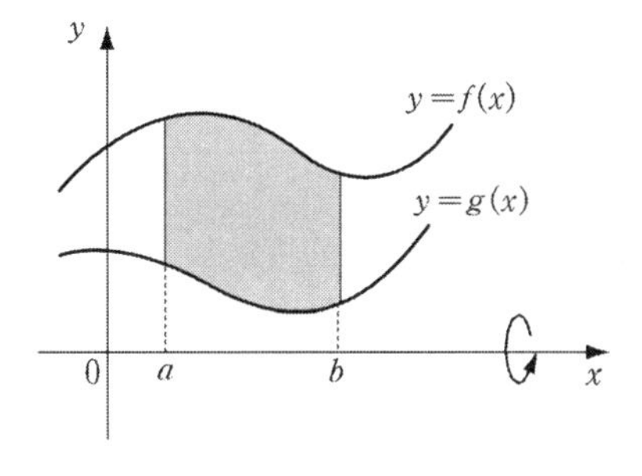

구간 $[a,\ b]$에서 연속이고 $f(y) \ge g(y) \ge 0$이라 할 때, 두 곡선 $x = f(y)$, $x = g(y)$로 둘러싸인 부분을 y축 둘레로 회전하여 얻은 회전체의 부피 V_y는

$$\Rightarrow V_y = \pi\int_a^b \left[\{f(y)\}^2 - \{g(y)\}^2 \right] dy$$

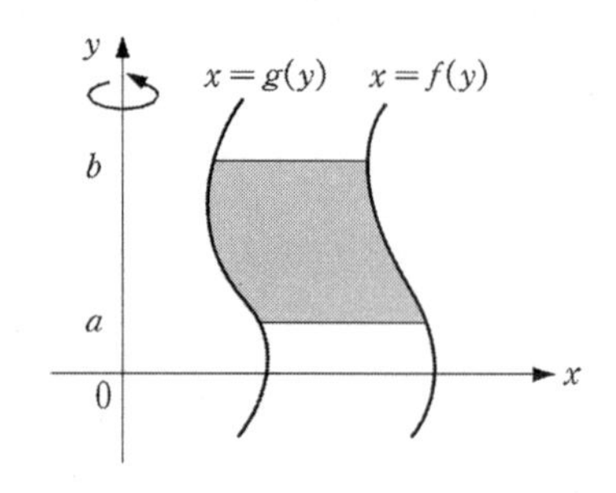

예제 25

포물선 $y = x^2 - 2x$와 $y = x$로 둘러싸인 부분을 x축의 둘레로 회전하여 생기는 입체의 부피를 구하여라.

풀이 구간 $[0, 1]$에서는 $y = x^2 - 2x$를 회전한 것에 $y = x$를 회전한 것이 포함된다.

$$\therefore V = \pi\int_0^1 (x^2 - 2x)^2 dx + \pi\int_1^3 x^2 dx - \pi\int_2^3 (x^2 - 2x)^2 dx$$

$$= \pi\left[\frac{1}{5}x^5 - x^4 + \frac{4}{3}x^3\right]_0^1 + \pi\left[\frac{1}{3}x^3\right]_1^3 - \pi\left[\frac{1}{5}x^5 - x^4 + \frac{4}{3}x^3\right]_2^3$$ ■

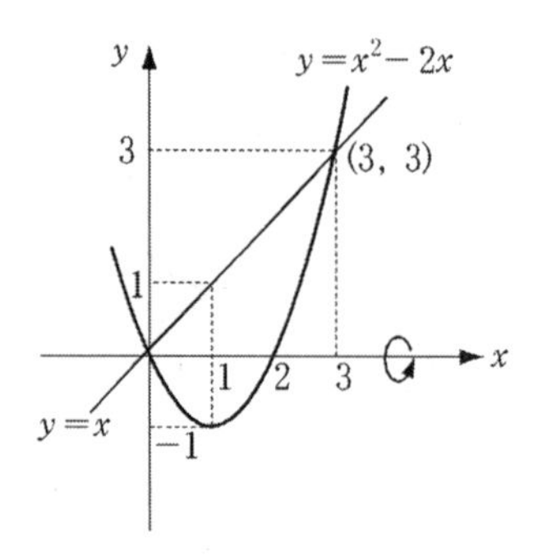

문제 29

위 문제에서 y축의 둘레로 회전하여 생기는 입체의 부피를 구하여라.

3. 속도와 거리

수직선 위를 움직이는 점 P에 대하여 시각 t에서의 좌표를 x, 속도를 v라 하면, 이들은 모두 t의 함수이고

$$x = f(t),\quad v = \frac{dx}{dt} = f'(t)$$

임을 배웠다. 즉, 위치 x는 속도 v의 부정적분이다.

따라서

$$x = f(t) = \int v\,dt + C$$

이를 이용하여 시각 t에서의 점 P의 위치를 구하여 보자.

시각 $t = t_0$에서 점 P의 위치를 $x_0 = f(t_0)$이라고 하면

$$\int_{t_0}^{t} v\,dt = \Big[\, f(t) \,\Big]_{t_0}^{t} = x - x_0$$

$$\therefore\ x = x_0 + \int_{t_0}^{t} v\,dt$$

앞에서 배운 공식 $x = x_0 + \int_{t_0}^{t} v(t)\,dt$ 에서 $x = S(t)$라 놓으면

$t = b$일 때, 점 P의 위치는

$$S(b) = x_0 + \int_{t_0}^{b} v(t)\,dt$$

$t = a$일 때, 점 P의 위치는

$$S(a) = x_0 + \int_{t_0}^{a} v(t)\,dt.$$

따라서

$$\begin{aligned} S(b) - S(a) &= \int_{t_0}^{b} v(t)\,dt - \int_{t_0}^{a} v(t)\,dt \\ &= \int_{a}^{t_0} v(t)\,dt + \int_{t_0}^{b} v(t)\,dt = \int_{a}^{b} v(t)\,dt \end{aligned}$$

속도가 $v(t)$로 주어진 물체가 시각 $t = a$에서 $t = b$까지 움직인 위치의

변화량은

$$\int_a^b v(t)\,dt$$

로 나타내어진다.

시각 t에서 점 P의 속도가 $v(t)$일 때, $|v(t)|$는 속력을 나타낸다. 이 때, 점 P의 경과 거리는 운동의 방향에 관계없이 일정한 시간동안 경과한 거리이다.

따라서, $t=a$ 에서 $t=b$까지의 경과 거리 S는

$$S=\int_a^b |v(t)|\,dt$$

로 주어진다.

예제 26

원점을 출발하여 수직선 위를 운동하는 점 P의 t초 후의 속도가 $v=-t^2+2t+3$일 때, 다음을 구하여라.

(1) 3초 후의 점 P의 위치

(2) 움직이기 시작하여 3초 동안의 점 P의 경과거리

풀이 1) $t=3$일 때

$$x=\int_0^3(-t^2+2t+3)\,dt=-\frac{3^3}{3}+3^2+3\times3=9$$

2) $v=-t^2+2t+3$이므로 구간 $[0,3]$에서 $v\geq0$이다. 따라서, 구하는 경과 거리 s는

$$s=\int_0^3(-t^2+2t+3)\,dt=-\frac{3^3}{3}+3^2+3\times3=9$$ ■

문제 30

x축 위를 움직이는 물체 P가 있다. 원점을 출발한 순간부터 t초 후의 속도가 $v(t)=t-t^2$ (m/초)이라 한다.

(1) t초 후의 P의 위치 x를 구하여라.

(2) 3초 후의 P의 위치 및 3초 동안 실제로 움직인 거리를 각각 구하여라.

4. 적분의 응용

어떤 양의 작은 구간 $[x,\ x+\Delta x]$에 근사적으로 대응하는 양을 $f(x)\Delta x$라 하면, 구간 $[a,\ b]$에서의 전체 양은

$$\lim_{\Delta x \to 0} \sum_{x=a}^{b} f(x)\Delta x = \int_a^b f(x)\,dx$$

① 유수량 : 단면적 A, 물의 흐르는 속도가 $f(t)$일 때, 시각 t_1에서 t_2까지의 유수량

$$V = A\int_{t_1}^{t_2} f(t)\,dt \ (t_1 < t_2)$$

예제 27

반지름 2cm인 파이프로 기름이 흐르고 있다. t초 후의 기름의 속도가 $(t+2)$cm/초일 때, 10초 동안 흘러나온 기름의 양을 구하여라.

풀이 기름이 흐른 거리는 $\int_0^{10}(t+2)\,dt = 70$ 이고, 파이프의 단면의 넓이는 4π 이므로 유출된 기름의 양 V는 $V = 4\pi \times 70 = 280\pi$ ■

② 수압 : 깊이가 x와 $x+\Delta x$ 사이의 단면적을 $f(x)\Delta x$라 할 때, 깊이 h인 용기에 물이 가득 찼을 때의 물의 전체 압력

$$P = \int_0^h xf(x)\,dx$$

③ 전기량 : 시각 t에서 전류의 세기가 $f(t)$일 때, 시각 t_1에서 t_2까지 흐른 전기량

$$Q = \int_{t_1}^{t_2} f(x)\,dx \ (t_1 < t_2)$$

④ 일의 양 : 힘 F가 물체의 위치 x의 함수이므로 $F = f(x)$로 놓을 때, 물체를 $x = a$부터 $x = b$까지 움직인 일의 양

$$W = \int_{a}^{b} f(x)\,dx \ (a < b)$$

⑤ 길이의 변화율 : t초일 때의 길이가 l인 물체가 Δt시간 경과 후의 길이가 Δl만큼 변화되었다면 길이의 평균화율은 $\dfrac{\Delta l}{\Delta t}$이고 시각 t에서의 길이의 변화율은

$$\lim_{\Delta t \to 0} \frac{\Delta l}{\Delta t} = \frac{dl}{dt}$$

⑥ 넓이의 변화율 : t초일 때의 넓이가 S인 도형이 Δt 시간 경과 후의 넓이가 ΔS 만큼 변화되었다면 넓이의 평균변화율은 $\dfrac{\Delta S}{\Delta t}$이고 시각 t에서의 넓이의 변화율은

$$\lim_{\Delta t \to 0} \frac{\Delta S}{\Delta t} = \frac{ds}{dt}$$

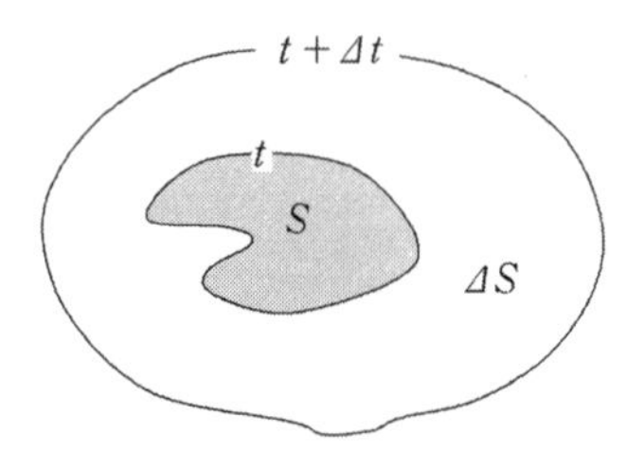

⑦ 부피의 변화율 : t초일 때의 부피가 V인 도형이 Δt 시간 경과 후 부피가 ΔV 만큼 변화되었다면 부피의 평균변화율은 $\dfrac{\Delta V}{\Delta t}$이고 시각 t에서의 부피의 변화율은

$$\lim_{\Delta t \to 0} \frac{\Delta V}{\Delta t} = \frac{dv}{dt}$$

3 이상적분

정적분 $\int_a^b f(x)\,dx$의 정의에서 정적분은 적분구간이 유계이고 피적분함수 $f(x)$는 폐구간 $[a, b]$에서 연속임을 가정하였다. 이 절에 적분구간이 유계가 아니거나 폐구간 $[a, b]$에서 연속이 아닌 함수의 정적분을 구하는 방법을 알아보자. 이러한 정적분을 **이상적분**이라고 한다.

다음은 적분구간이 유한이 아닌 경우의 이상적분의 정의이다.

정의 5. 10

함수 $f(x)$가 주어진 정의역에서 연속일 때,

① $\int_a^{\infty} f(x)\,dx = \lim_{c\to\infty}\int_a^c f(x)\,dx$

② $\int_{-\infty}^b f(x)\,dx = \lim_{c\to-\infty}\int_c^b f(x)\,dx$

③ $\int_{-\infty}^{\infty} f(x)\,dx = \int_{-\infty}^0 f(x)\,dx + \int_0^{\infty} f(x)\,dx$

$$= \lim_{c_1\to-\infty}\int_{c_1}^0 f(x)\,dx + \lim_{c_2\to0}\int_0^{c_2} f(x)\,dx$$

위 정의에서 각각의 극한값이 존재하면 이상적분은 수렴한다고 하며, 그렇지 않을 때 발산한다고 한다.

예제 28

$\int_1^{\infty} e^{-x}$의 수렴성을 조사하여라.

풀이 정의 5.10의 ①에 의하여,

$$\lim_{c\to\infty}\int_1^c e^{-x}dx$$

를 구하면 된다. $c\geq 1$에 대하여

$$\int_1^c e^{-x}dx = \left[-e^{-x}\right]_1^c = -e^{-c}+\frac{1}{e}$$

이고

$$\lim_{c\to\infty}\int_1^c e^{-x}dx = \lim_{c\to\infty}\left(-e^{-c}+\frac{1}{e}\right) = 0+\frac{1}{e} = \frac{1}{e}$$

이다. 따라서 $\int_1^\infty e^{-x}dx$는 수렴한다. ■

예제 29

$\int_{-\infty}^{\infty}\frac{1}{x^2+1}dx$의 수렴성을 조사하여라.

풀이 피적분함수 $\frac{1}{x^2+1}$은 개구간 $(-\infty,\ \infty)$에서 연속이다.
정의 5.10의 ③에 의하여,

$$\int_{-\infty}^{\infty}\frac{1}{x^2+1}dx = \int_{-\infty}^{0}\frac{1}{x^2+1}dx + \int_0^\infty\frac{1}{x^2+1}dx$$

한편,

$$\int_{-\infty}^{0}\frac{1}{x^2+1}dx = \lim_{c_1\to-\infty}\int_{c_1}^0\frac{1}{x^2+1}dx = \lim_{c_1\to-\infty}\left[\arctan x\right]_{c_1}^0$$
$$= \lim_{c_1\to-\infty}(\arctan 0-\arctan c_1) = \frac{\pi}{2}$$

마찬가지로,

$$\int_0^\infty\frac{1}{x^2+1}dx = \frac{\pi}{2}$$

이다. 따라서

$$\int_{-\infty}^{\infty} \frac{1}{x^2+1}\, dx = \frac{\pi}{2} + \frac{\pi}{2} = \pi$$

이므로 수렴한다.

이번에는 주어진 구간에 연속이 아닌 함수의 이상적분에 대하여 알아보자.

정의 5. 11

함수 $f(x)$가 폐구간 $[a,\ b]$의 유한개의 점에서 연속이 아닐 때,

① $f(x)$가 $(a,\ b]$에서 연속일 경우,

$$\int_a^b f(x)\, dx = \lim_{c \to a} \int_c^b f(x)\, dx, \quad c \in (a,\ b)$$

② $f(x)$가 $[a,\ b)$에서 연속일 경우,

$$\int_a^b f(x)\, dx = \lim_{c \to b} \int_a^c f(x)\, dx, \quad c \in (a,\ b)$$

③ $f(x)$가 $(a,\ b)$에서 연속일 경우,

$$\begin{aligned} \int_a^b f(x)\, dx &= \int_a^d f(x)\, dx + \int_d^b f(x)\, dx, \quad d \in (a,\ b) \\ &= \lim_{c_1 \to a} \int_{c_1}^d f(x)\, dx + \lim_{c_2 \to b} \int_d^{c_2} f(x)\, dx, \\ &\quad c_1 \in (a,\ b),\ c_2 \in (d,\ b) \end{aligned}$$

예제 30

$\int_0^{\frac{\pi}{2}} \tan x\, dx$의 수렴성을 조사하여라.

풀이 피적분함수 $\tan x$는 구간 $\left[0, \frac{\pi}{2}\right)$에서 연속이고, $\frac{\pi}{2}$ 근처에서 유계가 아니므로 $0 < c < \frac{\pi}{2}$에 대하여

$$\int_0^c \tan x dx = \Big[-\ln(\cos x)\Big]_0^c = -\ln(\cos c) + \ln(\cos 0) = -\ln(\cos c)$$

$\lim_{c \to \frac{\pi}{2}} \cos c = 0$이므로,

$$\lim_{c \to \frac{\pi}{2}} \{-\ln(\cos c)\} = \infty$$

이다. 따라서 $\int_0^{\frac{\pi}{2}} \tan x dx$는 발산한다. ■

예제 31

$\int_0^1 \frac{1-2x}{\sqrt{x-x^2}} dx$의 수렴성을 조사하여라.

풀이 피적분함수 $\frac{1-2x}{\sqrt{x-x^2}}$는 0과 1의 근처에서 유계가 아니므로 정의 5.11의 ③에 의하여,

$$\int_0^1 \frac{1-2x}{\sqrt{x-x^2}} dx = \int_0^{\frac{1}{2}} \frac{1-2x}{\sqrt{x-x^2}} dx + \int_{\frac{1}{2}}^1 \frac{1-2x}{\sqrt{x-x^2}} dx$$

한편, $0 < c_1 < \frac{1}{2}$에 대하여,

$$\int_{c_1}^{\frac{1}{2}} \frac{1-2x}{\sqrt{x-x^2}} dx = \Big[2\sqrt{x-x^2}\Big]_{c_1}^{\frac{1}{2}} = 1 - 2\sqrt{c_1 - c_1^2}$$

이다. 그러므로

$$\lim_{c_1 \to 0} \int_{c_1}^{\frac{1}{2}} \frac{1-2x}{\sqrt{x-x^2}} dx = \lim_{c_1 \to 0}(1 - 2\sqrt{c_1 - c_1^2}) = 1$$

마찬가지로, $\frac{1}{2} < c_2 < 1$에 대하여,

$$\int_{\frac{1}{2}}^{1} \frac{1-2x}{\sqrt{x-x^2}}\, dx = \lim_{c_2 \to 0} \int_{\frac{1}{2}}^{c_2} \frac{1-2x}{\sqrt{x-x^2}}\, dx = -1$$

이다. 따라서,

$$\int_{0}^{1} \frac{1-2x}{\sqrt{x-x^2}}\, dx = 1-1=0$$

이므로 수렴한다. ■

연습문제

1. 다음 부정적분을 구하여라.

(1) $\int (2x^3 - xt + 1)\,dx$

(2) $\int (x-1)^3\,dx$

(3) $\int \frac{x^3-1}{x-1}\,dx$

(4) $\int \sin x \cdot e^{\cos x}\,dx$

(5) $\int \sin^3 x\,dx$

(6) $\int \arctan x\,dx$

(7) $\int e^x \cdot \cos x\,dx$

(8) $\int \frac{\sin x}{1+\sin x}\,dx$

(9) $\int \frac{dx}{x^2(x-1)}$

2. $\int_1^4 (\frac{1}{4}x^3 - ax^2 - bx + 5)\,dx = 0$일 때, $\int_1^4 (ax^2 + bx - 1)\,dx = 0$의 값을 구하여라.

3. $f(x) - \int_0^1 (t+1)f(t)\,dt = x^2$일 때, 함수 $f(x)$를 구하여라.

4. 두 곡선 $y = 2x^2 - 10x + 8$, $y = -x^2$으로 둘러싸인 도형의 넓이를 구하여라.

5. 좌표평면상에서 곡선 $y = x^3 - 2x$ 위의 점 $(2, 4)$에서 이 곡선에 접선을 그었을 때, 이 접선과 곡선으로 둘러싸인 도형의 넓이를 구하여라.

6. 반지름의 길이가 r인 구의 부피를 구하여라.

7. 반지름의 길이가 5 cm인 반구 모양의 용기에 깊이 1 cm 만큼 물이 들어있다. 여기에 얼마만큼의 물을 넣어면 3 cm의 깊이가 되겠는가?

8. 직선 궤도를 매초 30 m/초의 속도로 달리고 있는 열차에 브레이크를 건 뒤 t초 후의 속도 v(m/초)가 $v(t) = 30 - 2t$로 주어질 때, 브레이크를 걸고 몇 초 후에 몇 m가서 정차하겠는가?

9. 다음 적분을 구하여라.

(1) $\int_1^\infty \frac{1}{x^3}\,dx$　　　　(2) $\int_0^\infty \frac{1}{x^2+1}\,dx$

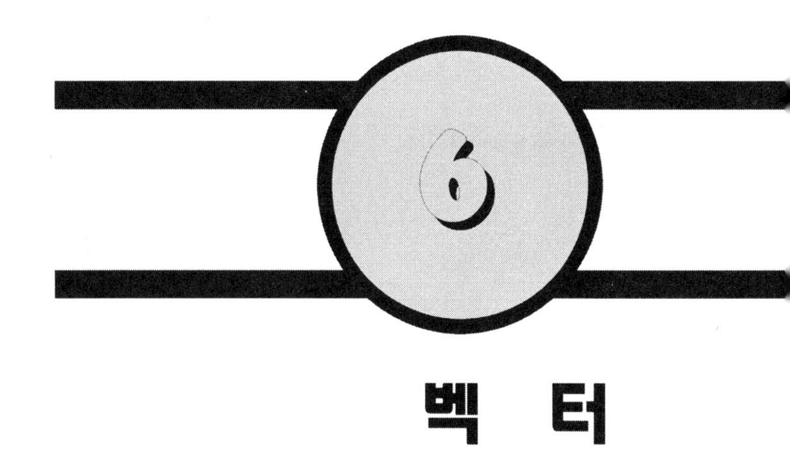

벡 터

1 3차원 좌표 공간과 벡터

직선 위에 단위 길이가 정해지면 직선상의 모든 점은 하나의 수로 표시된다. 즉, 임의의 직선은 실수 전체의 집합과 일대일 대응 관계가 있다. 또, 평면상의 임의의 한 점의 위치를 나타낼 때는 두 수가 필요하다. 평면에서의 한 점은 $P(a,\ b)$로 나타내는데 a를 x좌표, b를 y좌표라 한다. 마찬가지로 3차원 공간 내의 한 점을 직교좌표계로 나타내면 3개의 순서적으로 배열된 실수 $(a,\ b,\ c)$로 표시된다.

임의의 3차원 공간 벡터도 마찬가지로 $(a,\ b,\ c)$로 정의된다.

실제로 **벡터**란 길이와 방향을 갖는 수학적인 양이다. 두 점 A와 B를 잇는 유향성분을 $\overrightarrow{AB}$로 나타낸다. 여기서 점 A를 벡터 $\overrightarrow{AB}$의 **시작점**이라 하고 점 B를 **종점**이라 한다.

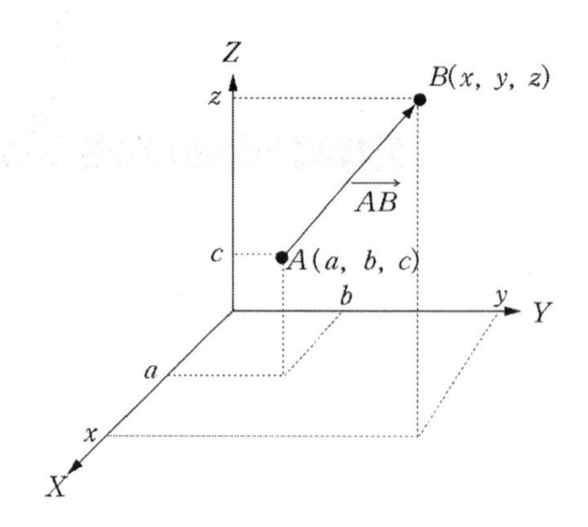

벡터 $\overrightarrow{AB}$ 에서 시작점 A와 종점 B의 좌표들 사이의 관계를 알아보면

$$x = a + (x - a),$$
$$y = b + (y - b)$$
$$z = c + (z - c)$$

이므로,

$$B = A + (B - A)$$

이다.

임의의 두 벡터를 $\overrightarrow{AB}$와 $\overrightarrow{CD}$라 하자. 만일 $B - A = D - C$이면 이 두 벡터는 **동등**하다고 한다.

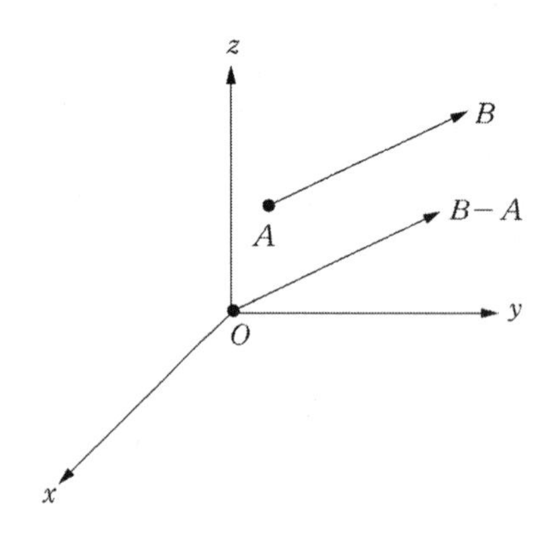

모든 벡터 $\overrightarrow{AB}$는 시작점이 원점 O 벡터, 즉 $\overrightarrow{O(B-A)}$와 동등하다. 시작점이 원점이고 벡터 $\overrightarrow{AB}$와 동등한 벡터는 오직 하나뿐이다. 두 개의 벡터가 동등한 것은 기하학적으로 두 벡터의 시작점과 종점에 의해서 결정되는 선분의 길이가 같고 선분의 방향이 같다는 것을 의미한다. 참고로 3차원 공간의 원점 $O = (0, 0, 0)$을 **영벡터**라고 한다.

벡터에 스칼라 값을 곱하기도 하는데 $\frac{1}{5}\overrightarrow{AB}$는 벡터 $\overrightarrow{AB}$에 평행하며 길이가 $\frac{1}{5}$인 벡터이다. 그러므로 임의의 벡터 $\overrightarrow{AB}$와 $\overrightarrow{PQ}$에 대하여 0이 아닌 실수 k가 다음의 조건을 만족하면 두 벡터는 평행하다고 한다.

$$B - A = k(Q - P)$$

이때 $k < 0$이면 두 벡터 $\overrightarrow{AB}$와 $\overrightarrow{PQ}$는 방향이 서로 반대인 벡터이고 $k > 0$이면 같은 방향의 벡터이다.

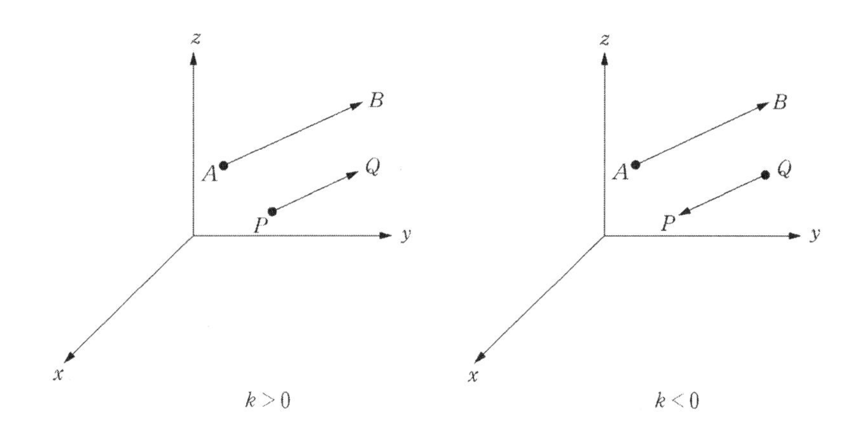

예제 1

3차원 공간 내의 네 점 $P = (1, 2, 5)$, $Q = (-2, 2, 4)$, $A = (1, 3, 4)$, $B = (-2, 3, 3)$에 대하여 $\overrightarrow{AB} = \overrightarrow{PQ}$임을 보여라.

풀이 $Q - P = (-2, 2, 4) - (1, 2, 5) = (-3, 0, -1)$

$= (-2,\ 3,\ 3) - (1,\ 3,\ 4) = (-3,\ 0,\ -1) = B - A$

따라서, $\overrightarrow{AB} = \overrightarrow{PQ}$ 이다. ■

한편 원점을 시작점으로 하는 벡터 $\overrightarrow{OP}$ 를 택하여 이것과 동등한 벡터를 공간상에서 취하면 무수히 많다. 서로 다른 두 벡터에 대해서 평행, 수직 등에 관한 관계는 이것들과 동등하면서 원점을 시작점으로 하는 두 벡터 사이의 관계와 같다. 따라서 공간상의 모든 벡터에 대하여 고려하는 대신에 원점을 시작점으로 하는 벡터들만을 생각하기로 하고 이러한 벡터를 **위치벡터**라고 한다. 위치벡터는 원점이 시작점이므로 공간상에서 한 점이 정해지면 하나의 벡터가 정해진다. 이런 이유로 공간상의 한 점 그 자체를 하나의 벡터로 볼 수 있다.

두 점 $O = (0,\ 0,\ 0)$과 $P = (x,\ y,\ z)$에 대한 위치벡터 $(x,\ y,\ z)$는 벡터 $\overrightarrow{OP}$ 이다. 따라서 점 $P = (x_0,\ y_0,\ z_0)$와 점 $Q = (x_1,\ y_1,\ z_1)$에 대해 $\overrightarrow{PQ} = Q - P$이므로 벡터 $\overrightarrow{PQ} = Q - P = (x_1,\ y_1,\ z_1) - (x_0,\ y_0,\ z_0)$ $= (x_1 - x_0,\ y_1 - y_0,\ z_1 - z_0)$로 나타낼 수 있다.

공간상의 두 점 P와 Q 사이의 거리는

$$|PQ| = \sqrt{(x_1 - x_0)^2 + (y_1 - y_0)^2 + (z_1 - z_0)^2}$$

이다.

벡터 $\overrightarrow{PQ}$ 의 길이는 $\|\overrightarrow{PQ}\|$로 표시하며 $\|\overrightarrow{PQ}\| = \|PQ\|$이다.

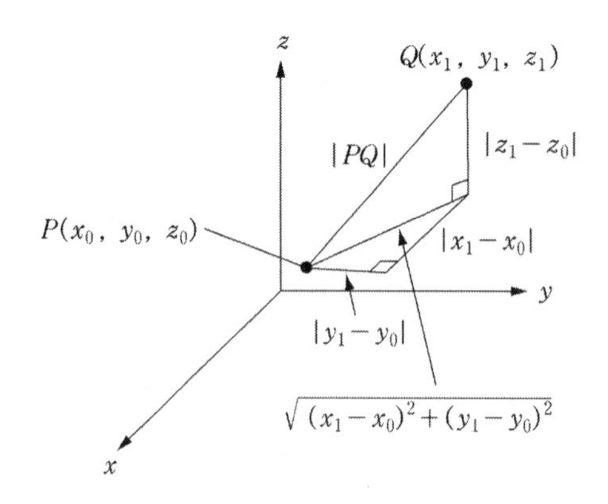

예제 2

3차원 공간상의 두 점 $P=(3,\ -1,\ 1)$과 $Q=(2,\ 3,\ -1)$에 대하여 벡터 $\overrightarrow{PQ}$의 길이를 구하여라.

풀이

$$\begin{aligned}\|\overrightarrow{PQ}\| &= \sqrt{(2-3)^2+(3-(-1))^2+((-1)-1)^2} \\ &= \sqrt{1^2+4^2+(-2)^2} \\ &= \sqrt{21}\end{aligned}$$

■

문제 1

3차원 공간상의 두 점 $P=(1,\ 1,\ -1)$과 $Q=(-2,\ 3,\ -5)$에 대하여 벡터 $\overrightarrow{PQ}$의 길이를 구하여라.

벡터를 표시할 때는 $\mathbf{a},\ \mathbf{b},\ \mathbf{c},\ \cdots$ 등의 문자를 사용하고 스칼라는 $a,\ b,\ c,\ \cdots$ 등의 문자를 사용한다.

주어진 두 벡터 $\mathbf{a}$와 $\mathbf{b}$에 대하여 $\mathbf{a}+\mathbf{b}$와 $\mathbf{a}-\mathbf{b}$는 다음 평행사변형의 두 대각선 벡터이다.

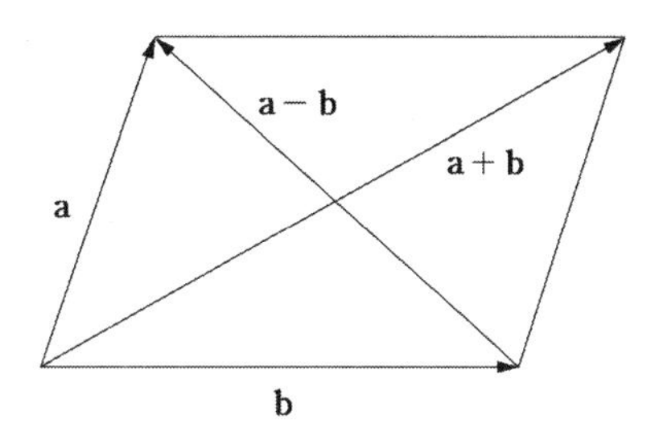

정의 6. 1

3차원 공간상의 두 벡터 $\mathbf{a} = (a_1, a_2, a_3)$와 $\mathbf{b} = (b_1, b_2, b_3)$와 실수 k에 대해서 두 벡터의 합 $\mathbf{a} + \mathbf{b}$, 차 $\mathbf{a} - \mathbf{b}$ 그리고 스칼라 배 $k\mathbf{a}$는 다음과 같이 정의된다.

① $\mathbf{a} + \mathbf{b} = (a_1 + b_1, a_2 + b_2, a_3 + b_3)$

② $\mathbf{a} - \mathbf{b} = (a_1 - b_1, a_2 - b_2, a_3 - b_3)$

③ $k\mathbf{a} = (ka_1, ka_2, ka_3)$

벡터의 합과 스칼라 배에 대하여 다음의 정리가 성립한다.

정리 6. 2

$\mathbf{a}$, $\mathbf{b}$, $\mathbf{c}$를 3차원 공간상의 세 벡터라 하고 k_1, k_2, k_3를 임의의 실수라 하면

① $(\mathbf{a} + \mathbf{b}) + \mathbf{c} = \mathbf{a} + (\mathbf{b} + \mathbf{c})$

② $\mathbf{a} + \mathbf{b} = \mathbf{b} + \mathbf{a}$

③ $k_1(\mathbf{a} + \mathbf{b}) = k_1\mathbf{a} + k_1\mathbf{b}$

④ $(k_1 + k_2)\mathbf{a} = k_1\mathbf{a} + k_2\mathbf{a}$

⑤ $(k_2, k_3)\mathbf{a} = k_2(k_3\mathbf{a})$

⑥ $\mathbf{0} = (0, 0, 0)$일 때, $\mathbf{a} + \mathbf{0} = \mathbf{a} = \mathbf{0} + \mathbf{a}$

⑦ $1 \cdot \mathbf{a} = \mathbf{a}$이고 $(-1)\mathbf{a} = -\mathbf{a}$로 표시하면 $\mathbf{a} + (-\mathbf{a}) = \mathbf{0}$

예제 3

3차원 공간상의 두 점 $\mathbf{a} = (1, 3, -1)$, $\mathbf{b} = (a, b, c)$일 때,
$\mathbf{a} + \mathbf{b}$, $5\mathbf{b}$, $\mathbf{a} - \mathbf{b}$를 구하여라.

풀이 $\mathbf{a}+\mathbf{b} = (1,\ 3,\ -1)+(a,\ b,\ c) = (1+a,\ 3+b,\ -1+c)$

$5\mathbf{b} = 5(a,\ b,\ c) = (5a,\ 5b,\ 5c)$

$\mathbf{a}-\mathbf{b} = (1,\ 3,\ -1)-(a,\ b,\ c) = (1-a,\ 3-b,\ -1-c)$ ■

문제 2

3차원 공간상의 두 점 $\mathbf{a} = (1,\ 3,\ -1)$, $\mathbf{b} = (2,\ 1,\ 3)$일 때, $\mathbf{a}+\mathbf{b}$, $2\mathbf{a}-\mathbf{b}$를 구하여라.

단위벡터란 벡터의 길이가 1인 벡터를 말한다. 주어진 벡터 $\mathbf{a} = (a_1,\ a_2,\ a_3)$에 대해 $\mathbf{a}$에 평행한 단위벡터는 $\mathbf{a}/(\|\mathbf{a}\|)$이다.

예제 4

3차원 공간상의 벡터 $\mathbf{a} = (1,\ -2,\ 3)$이면 $\mathbf{a}$와 평행한 단위벡터를 구하여라.

풀이 $\mathbf{a}$에 평행한 단위벡터는

$$\frac{\mathbf{a}}{\|\mathbf{a}\|} = \frac{(1,\ -2,\ 3)}{\sqrt{1^2+(-2)^2+3^2}}$$

$$= \frac{(1,\ -2,\ 3)}{\sqrt{14}} = \left(\frac{1}{\sqrt{14}},\ \frac{-2}{\sqrt{14}},\ \frac{3}{\sqrt{14}}\right)$$ ■

문제 3

3차원 공간상의 벡터 $\mathbf{a} = (2,\ 3,\ -1)$이면 $\mathbf{a}$와 평행한 단위벡터를 구하여라.

3차원 공간상의 직교좌표축에 원점을 O, 좌표측의 점 $P(1, 0, 0)$, $Q(0, 1, 0)$, $R(0, 0, 1)$을 잡아 $i = \overrightarrow{OP}$, $j = \overrightarrow{OQ}$, $k = \overrightarrow{OR}$이라 한다. 즉, i, j, k는 x축, y축, z축상의 단위벡터이다. 이러한 i, j, k를 **기본 단위벡터**라고도 한다.

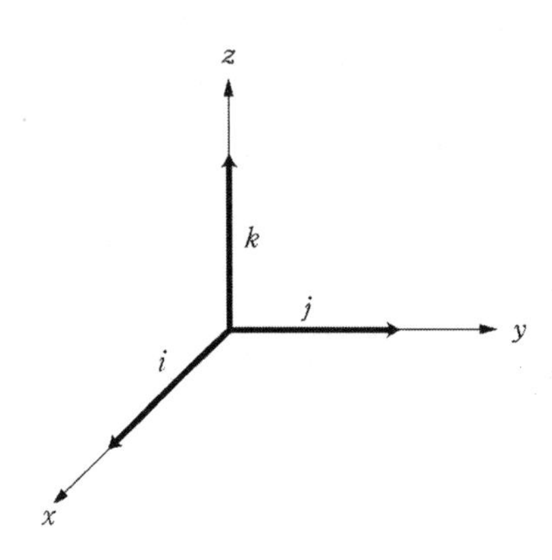

임의의 벡터 $\mathbf{a} = (a_1, a_2, a_3)$를 단위벡터 i, j, k로 나타내면

$$\begin{aligned}\mathbf{a} &= (a_1, a_2, a_3) = (a_1, 0, 0) + (0, a_2, 0) + (0, 0, a_3)\\ &= a_1(1, 0, 0) + a_2(0, 1, 0) + a_3(0, 0, 1)\\ &= a_1 i + a_2 j + a_3 k\end{aligned}$$

이다. 따라서 임의의 벡터 $\mathbf{a} = a_1 j + a_2 j + a_3 k$로 나타낼 수 있고 a_1, a_2, a_3를 각각 x성분, y성분, z성분이라 한다.

벡터 $\mathbf{a} = a_1 i + a_2 j + a_3 k$에 대해서 $a_3 = 0$이면 벡터 $\mathbf{a} = a_1 j + a_2 j$로 나타낼 수 있고 이 벡터는 xy평면에 평행하다. 만약 θ가 양의 x축과 벡터 $\mathbf{a}$가 이루는 사이각이라고 하면 벡터 $\mathbf{a}$는

$$\mathbf{a} = \|\mathbf{a}\| (\cos\theta i + \sin\theta j)$$

이다.

예제 5

평행사변형의 두 대각선이 서로를 이등분함을 보여라.

풀이

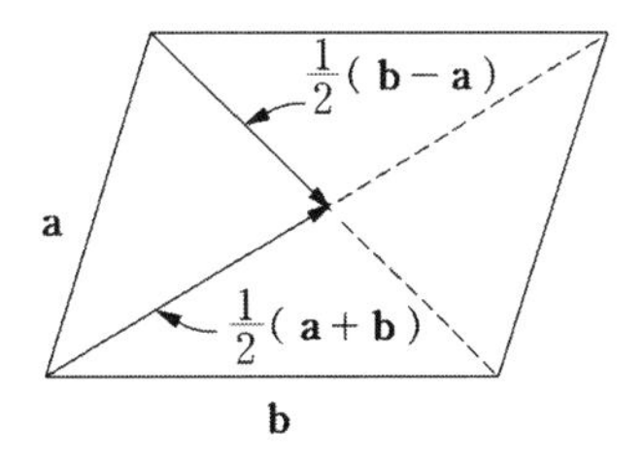

$\frac{1}{2}(\mathbf{a}+\mathbf{b})$와 $\frac{1}{2}(\mathbf{b}-\mathbf{a})$는 두 대각선 벡터 $\mathbf{a}+\mathbf{b}$와 $\mathbf{b}-\mathbf{a}$는 평행하며, 길이가 $\frac{1}{2}$인 벡터이다. ■

다음 등식은 두 대각선이 서로 이등분함을 의미한다.

$$\mathbf{a}+\frac{1}{2}(\mathbf{b}-\mathbf{a})=\frac{1}{2}(\mathbf{a}+\mathbf{b})$$

2 벡터의 내적

정의 6.3

3차원 공간상의 두 벡터 $\mathbf{a} = (a_1, a_2, a_3)$, $\mathbf{b} = (b_1, b_2, b_3)$에 대하여

$$\mathbf{a} \cdot \mathbf{b} = a_1 b_1 + a_2 b_2 + a_3 b_3$$

를 두 벡터 $\mathbf{a}$와 $\mathbf{b}$의 **내적**이라고 한다.

예제 6

3차원 공간상의 두 벡터 $\mathbf{a} = (-1, 7, 4)$와 $\mathbf{b} = (6, 2, -\frac{1}{2})$에 대하여 $\mathbf{a} \cdot \mathbf{b}$를 구하여라.

풀이 $\mathbf{a} \cdot \mathbf{b} = (-1) \times 6 + 7 \times 2 + 4 \times \left(-\frac{1}{2}\right) = 6$ ■

예제 6의 풀이에서 알 수 있듯이 두 벡터의 내적은 실수값으로 나타난다.

문제 4

3차원 공간상의 두 벡터 $\mathbf{a} = (2, -1, 3)$, $\mathbf{b} = (-3, 1, 4)$에 대하여 $\mathbf{a} \cdot \mathbf{b}$를 구하여라.

정의 6.3으로부터 다음과 같은 성질을 유도할 수 있다.
3차원 공간상의 벡터 $\mathbf{a} = (a_1, a_2, a_3)$에 대하여,

$$\mathbf{a} \cdot i = a_1, \quad \mathbf{a} \cdot j = a_2, \quad \mathbf{a} \cdot k = a_3$$

$$i \cdot j = j \cdot i = k \cdot i = 0, \; i \cdot i = j \cdot j = k \cdot k = 1$$

벡터의 내적은 다음과 같은 연산의 성질을 갖는다.

정리 6. 4

$\mathbf{a}$, $\mathbf{b}$, $\mathbf{c}$를 3차원 공간상의 세 벡터라 하고 k를 임의의 실수라 하면

① $\mathbf{a} \cdot \mathbf{b} = \mathbf{b} \cdot \mathbf{a}$

② $\mathbf{a} \cdot (\mathbf{b} + \mathbf{c}) = \mathbf{a} \cdot \mathbf{b} + \mathbf{a} \cdot \mathbf{c} = (\mathbf{b} + \mathbf{c}) \cdot \mathbf{a}$

③ $(k \cdot \mathbf{a}) \cdot \mathbf{b} = k(\mathbf{a} \cdot \mathbf{b})$

$\mathbf{a} \cdot (k\mathbf{b}) = k(\mathbf{a} \cdot \mathbf{b})$

④ $\mathbf{a} = \mathbf{0}$이면 $\mathbf{a} \cdot \mathbf{a} = 0$

$\mathbf{a} \neq \mathbf{0}$이면 $\mathbf{a} \cdot \mathbf{a} > 0$

이다.

3차원 공간상의 두 벡터 $\mathbf{a} = (1, 2, 3)$, $\mathbf{b} = (2, 1, -2)$에 대하여 $\mathbf{a} \cdot \mathbf{b} = 0$이다. 정리 6.4의 ④와는 다르게 $\mathbf{a}$, $\mathbf{b}$가 모두 영벡터가 아니더라도 그 내적 $\mathbf{a} \cdot \mathbf{b}$가 0이 될 수 있다. 이 성질을 일반화하며 다음의 정의를 만들 수 있다.

정의 6. 5

임의의 두 벡터 $\mathbf{a}$, $\mathbf{b}$에 대하여, $\mathbf{a} \cdot \mathbf{b} = 0$일 때, 두 벡터 $\mathbf{a}$와 $\mathbf{b}$는 **수직**한다 라고 하고 $\mathbf{a} \perp \mathbf{b}$로 표시한다.

정의 6.5에 의하면 영벡터는 모든 벡터와의 내적이 0이므로 영벡터는 모든 벡터와 수직이다. 다음과 같이 주어진 벡터 $\mathbf{a} = (a_1, a_2, a_3)$, $\mathbf{b} = (b_1, b_2, b_3)$와 $\mathbf{a} - \mathbf{b}$로 이루어진 삼각형에 대하여

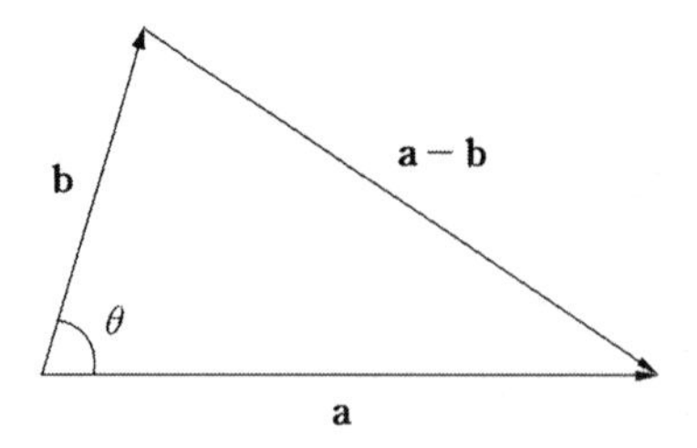

코사인 법칙을 적용하면

$$\|\mathbf{a}-\mathbf{b}\| = \|\mathbf{a}\|^2 + \|\mathbf{b}\|^2 - 2\|\mathbf{a}\|\|\mathbf{b}\|\cos\theta$$

이다. 또, $\mathbf{a}-\mathbf{b} = (a_1-b_1,\ a_2-b_2,\ a_3-b_3)$이므로

$$\begin{aligned}&(a_1-b_1)^2+(a_2-b_2)^2+(a_3-b_3)^2\\ &\quad= ({a_1}^2+{a_2}^2+{a_3}^2)+({b_1}^2+{b_2}^2+{b_3}^2)-2\|\mathbf{a}\|\|\mathbf{b}\|\cos\theta\end{aligned}$$

제곱항을 전개하고, 좌우변의 같은 항을 소거하면

$$-2a_1b_1 - 2a_2b_2 - 2a_3b_3 = -2\|\mathbf{a}\|\|\mathbf{b}\|\cos\theta$$

이다. 따라서

$$\begin{aligned}\mathbf{a}\cdot\mathbf{b} &= a_1b_1 + a_2b_2 + a_3b_3\\ &= \|\mathbf{a}\|\|\mathbf{b}\|\cos\theta\end{aligned}$$

이다.

예제 7

두 벡터 $\mathbf{a} = (2,\ 3,\ 2)$와 $\mathbf{b} = (1,\ 2,\ -1)$의 사이각을 구하여라.

풀이 θ를 두 벡터 $\mathbf{a}$와 $\mathbf{b}$의 사이각이라고 하자. 앞에서 알아보았던 공식

$$\mathbf{a}\cdot\mathbf{b} = \|\mathbf{a}\|\|\mathbf{b}\|\cos\theta$$

에서

$$\cos\theta = \frac{\mathbf{a}\cdot\mathbf{b}}{\|\mathbf{a}\|\|\mathbf{b}\|}$$

를 유도할 수 있다.

$$\mathbf{a}\cdot\mathbf{b} = 2\cdot1 + 3\cdot2 + 2\cdot(-1) = 6$$
$$\|\mathbf{a}\| = \sqrt{2^2+3^2+2^2} = \sqrt{17}$$
$$\|\mathbf{b}\| = \sqrt{1^2+2^2+(-1)^2} = \sqrt{6}$$

이다. 그러므로

$$\cos\theta = \frac{6}{\sqrt{17}\sqrt{16}} = \sqrt{\frac{6}{17}} \cong \sqrt{0.353} \cong 0.594$$

따라서 $\theta = \arccos(0.594) = 0.93\pi$ 이다. ■

문제 5

두 벡터 $\mathbf{a} = i + j - k$와 $\mathbf{b} = 2i - 3j + 4k$ 사이의 사이각을 구하여라.

정의 6.6

임의의 두 벡터 $\mathbf{a}(\neq \mathbf{0})$와 $\mathbf{b}$에 대하여 벡터 $\mathbf{a}$와 나란한 벡터 중에서 벡터 $\mathbf{b}$와 가장 가까운 거리에 있는 벡터를 $P_{\mathbf{a}}(\mathbf{b})$로 나타내고, 이 벡터를 $\mathbf{b}$의 $\mathbf{a}$에 대한 **정사영**이라 한다.

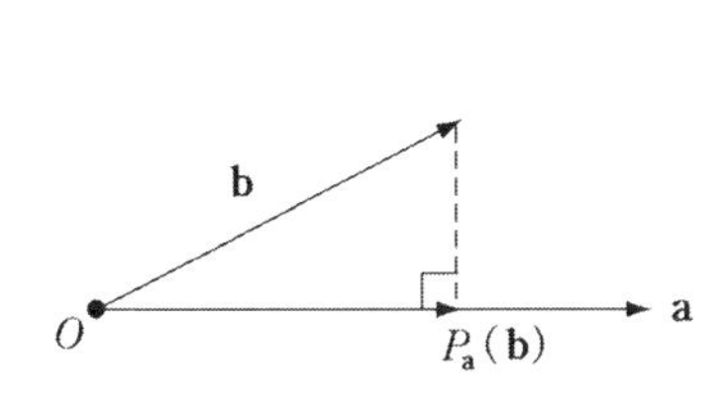

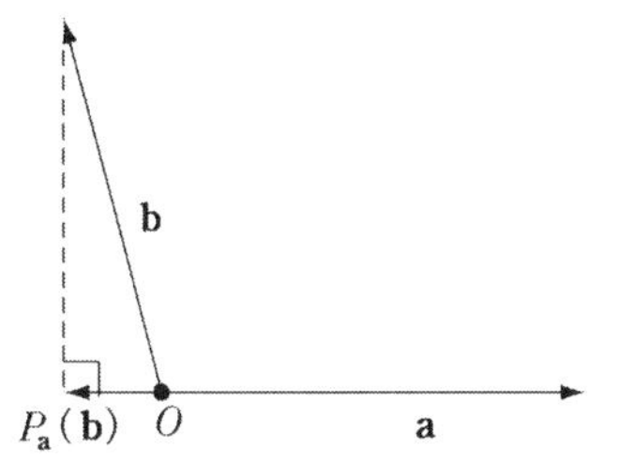

정리 6.7

임의의 세 벡터 $\mathbf{a}(\neq 0)$, $\mathbf{b}$, $\mathbf{c}$에 대하여 다음이 성립한다.

① $P_{\mathbf{a}}(\mathbf{b}) = \dfrac{\mathbf{a}\cdot\mathbf{b}}{\mathbf{a}\cdot\mathbf{a}}\mathbf{a}$

② $P_{\mathbf{a}}(\mathbf{b}) \perp \boldsymbol{b} - P_{\mathbf{a}}(\mathbf{b})$

③ $P_{\mathbf{a}}(\mathbf{b}+\mathbf{c}) = P_{\mathbf{a}}(\mathbf{b}) + P_{\mathbf{a}}(\mathbf{c})$

$P_{\mathbf{a}}(k\mathbf{b}) = kP_{\mathbf{a}}(\mathbf{b}) \quad (k \in R)$

④ $k \neq 0$이면 $P_{ka}(\mathbf{b}) = P_{\mathbf{a}}(\mathbf{b})$

정리 6.7의 ①에 나오는 $\dfrac{\mathbf{a}\cdot\mathbf{b}}{\mathbf{a}\cdot\mathbf{a}}$를 벡터 $\mathbf{b}$의 $\mathbf{a}$의 성분이라 한다.

예제 8

두 벡터 $\mathbf{a} = (1, 1, 1)$과 $\mathbf{b} = (1, 2, 4)$에 대하여 $\mathbf{b}$의 $\mathbf{a}$의 성분을 구하고, $\mathbf{b}$의 $\mathbf{a}$에 대한 정사영을 구하여라.

풀이 $\mathbf{a}\cdot\mathbf{b} = 1+2+4 = 7$, $\mathbf{a}\cdot\mathbf{a} = 3$이므로
$\mathbf{b}$의 $\mathbf{a}$ 성분

$$\frac{\mathbf{a}\cdot\mathbf{b}}{\mathbf{a}\cdot\mathbf{a}} = \frac{7}{3}$$

이고, $\mathbf{b}$의 $\mathbf{a}$에 대한 정사영

$$\begin{aligned} P_{\mathbf{a}}(\mathbf{b}) &= \frac{\mathbf{a}\cdot\mathbf{b}}{\mathbf{a}\cdot\mathbf{a}}\mathbf{a} \\ &= \frac{7}{3}(1, 1, 1) \\ &= \left(\frac{7}{3}, \frac{7}{3}, \frac{7}{3}\right) \end{aligned}$$

이다. ■

 문제 6

다음 벡터에 대하여 $\mathbf{b}$의 $\mathbf{a}$에 대한 정사영을 구하여라.

(1) $\mathbf{a} = (1, -1, 1)$, $\mathbf{b} = (2, 1, 5)$

(2) $\mathbf{a} = (1, -1, 1)$, $\mathbf{b} = (2, 3, 1)$

3 벡터의 외적

정의 6. 8

3차원 공간상의 두 벡터 $\mathbf{a} = a_1 i + a_2 j + a_3 k$와 $\mathbf{b} = b_1 i + b_2 j + b_3 k$에 대하여 두 벡터의 **외적** $\mathbf{a} \times \mathbf{b}$는 다음과 같이 정의된다.

$$\mathbf{a} \times \mathbf{b} = \begin{vmatrix} i & j & k \\ a_1 & a_2 & a_3 \\ b_1 & b_2 & b_3 \end{vmatrix} = (a_2 b_3 - a_3 b_2) i + (a_3 b_1 - a_1 b_3) j + (a_1 b_2 - a_2 b_1) k$$

정의 6.4에서 정의하였던 벡터의 내적은 하나의 스칼라가 되는데, 두 벡터의 외적은 정의 6.8에서 보듯이 하나의 벡터이다. 이러한 의미에서 벡터의 외적이라는 대신 **벡터적**이라고도 한다.

외적의 정의에 의하여 다음과 같은 결과를 얻을 수 있다.

$$i \times j = k, \ j \times k = i, \ k \times i = j$$

예제 9

3차원 공간상의 임의의 벡터 $\mathbf{a} = a_1 i + a_2 j + a_3 k$ 에 대하여 $\mathbf{a} \times \mathbf{a}$를 구하여라.

풀이 $\mathbf{a}\times\mathbf{a} = \begin{vmatrix} i & j & k \\ a_1 & a_2 & a_3 \\ a_1 & a_2 & a_3 \end{vmatrix} = (a_2a_3 - a_3a_2)i + (a_3a_1 - a_1a_3)j + (a_1a_2 - a_2a_1)k$

$= 0i + 0j + 0k$

$= 0$ ■

문제 7

$\mathbf{a} = i - 2j + 3k$, $\mathbf{b} = 2i + j - k$라 할 때 $\mathbf{a}\times\mathbf{b}$와 $\mathbf{b}\times\mathbf{a}$를 구하여라.

외적의 정의에 의하여 다음과 같은 성질을 구할 수 있다.

정리 6.9

3차원 공간상의 세 벡터 $\mathbf{a}$, $\mathbf{b}$, $\mathbf{c}$에 대하여 다음이 성립한다.

① $\mathbf{a}\times\mathbf{b} = -(\mathbf{b}\times\mathbf{a})$

② $\mathbf{a}\times(\mathbf{b}+\mathbf{c}) = \mathbf{a}\times\mathbf{b} + \mathbf{a}\times\mathbf{c}$

$(\mathbf{b}+\mathbf{c})\times\mathbf{a} = \mathbf{b}\times\mathbf{a} + \mathbf{c}\times\mathbf{a}$

③ 임의의 실수 k에 대하여,

$(k\mathbf{a})\times\mathbf{b} = k(\mathbf{a}\times\mathbf{b}) = \mathbf{a}\times(\mathrm{k}\mathbf{b})$

④ $\mathbf{a}\times\mathbf{0} = \mathbf{0} = \mathbf{0}\times\mathbf{a}$

또한 다음과 같은 계산을 구할 수 있다.

$$i\times(i\times k) = i\times(-j) = -k$$

$$(i\times i)\times k = 0\times k = \mathbf{0}$$

그러므로 $i\times(i\times k) \neq (i\times i)\times k$이다. 따라서, 일반적으로

$$\mathbf{a}\times(\mathbf{b}\times\mathbf{c}) \neq (\mathbf{a}\times\mathbf{b})\times\mathbf{c} \text{ 이다.}$$

$\mathbf{a}$와 $\mathbf{b}$를 영이 아닌 벡터라 하자.

$$\begin{aligned}\mathbf{a}\cdot(\mathbf{a}\times\mathbf{b}) &= a_1(a_2b_3-a_3b_2)+a_2(a_3b_1-a_1b_3)+a_3(a_1b_2-a_2b_1)\\ &= a_1a_2b_3-a_1a_3b_2+a_2a_3b_1-a_2a_1b_3+a_3a_1b_2-a_3a_2b_1\\ &= 0\end{aligned}$$

마찬가지 방법으로, $\mathbf{b}\cdot(\mathbf{a}\times\mathbf{b})=0$임을 알 수 있다. 따라서 다음의 공식을 유도할 수 있다.

정리 6. 10

$\mathbf{a}$와 $\mathbf{b}$가 영이 아닌 벡터라 하자.
$\mathbf{a}\times\mathbf{b}\neq 0$이면 $\mathbf{a}\times\mathbf{b}$는 $\mathbf{a}$와 $\mathbf{b}$에 각각 수직이다.

$\mathbf{a}$와 $\mathbf{b}$를 영이 아닌 벡터라 하고 $\theta\ (0\le\theta\le\pi)$를 두 벡터 $\mathbf{a}$와 $\mathbf{b}$의 사이각이라 한다.

$$\begin{aligned}\|\mathbf{a}\times\mathbf{b}\|^2 &= (a_2b_3-a_3b_2)^2+(a_3b_1-a_1b_3)^2+(a_1b_2-a_2b_1)^2\\ &= (a_1^2+a_2^2+a_3^2)\cdot(b_1^2+b_2^2+b_3^2)-(a_1b_1+a_2b_2+a_3b_3)^2\\ &= \|\mathbf{a}\|^2\|\mathbf{b}\|^2-(\mathbf{a}\cdot\mathbf{b})^2=\|\mathbf{a}\|^2\|\mathbf{b}\|^2-(\|\mathbf{a}\|\|\mathbf{b}\|\cos\theta)^2\\ &= \|\mathbf{a}\|^2\|\mathbf{b}\|^2(1-\cos^2\theta)\\ &= \|\mathbf{a}\|^2\|\mathbf{b}\|^2\sin^2\theta\end{aligned}$$

이다. 그러므로

$$\|\mathbf{a}\times\mathbf{b}\|=\|\mathbf{a}\|\|\mathbf{b}\|\sin\theta$$

이다. 따라서 $\mathbf{a}\times\mathbf{b}$의 길이는 $\mathbf{a}$와 $\mathbf{b}$가 이루는 평행사변형의 넓이와 같고 두 벡터 $\mathbf{a}$와 $\mathbf{b}$를 두 변으로 하는 삼각형의 넓이는 $\dfrac{\|\mathbf{a}\cdot\mathbf{b}\|}{2}$이다.

예제 10

$\mathbf{a} = 2i - k$, $\mathbf{b} = i - 3j + 2k$라 할 때, 벡터 $\mathbf{a}$와 $\mathbf{b}$ 모두에 수직인 벡터를 구하여라.

풀이 정리 6.10에 의하여 $\mathbf{a} \times \mathbf{b}$가 구하고자 하는 벡터이다.

$$\mathbf{a} \times \mathbf{b} = \begin{vmatrix} i & j & k \\ 2 & 0 & -1 \\ 1 & -3 & 2 \end{vmatrix} = -3i - 5j - 6k$$

■

문제 8

$\mathbf{a} = 2j + k$, $\mathbf{b} = 2i + 3j - 5k$라 할 때, 벡터 $\mathbf{a}$와 $\mathbf{b}$ 모두에 수직인 벡터를 구하여라.

예제 11

세 점 $P = (3,\ -2,\ 1)$, $Q = (4,\ -4,\ 2)$, $R = (6,\ -1,\ 0)$에 대해서 삼각형 PQR의 넓이를 구하여라.

풀이 $\mathbf{a} = \overrightarrow{PQ} = (1,\ -2,\ 1)$, $\mathbf{b} = \overrightarrow{PR} = (3,\ 1,\ -1)$이라 하자. 벡터의 외적 정의에 의하여 $\mathbf{a} \times \mathbf{b} = (1,\ 4,\ 7)$이다. 그러므로 삼각형의 넓이 S는

$$S = \frac{1}{2}\|\mathbf{a} \times \mathbf{b}\| = \frac{1}{2}(\sqrt{1^2 + 4^2 + 7^2}) = \frac{\sqrt{66}}{2}$$

이다.

■

문제 9

두 벡터 $\mathbf{a} = -2i + j - 3k$와 $\mathbf{b} = 2i - 2j + k$가 이루는 평행사변형의 넓이 S를 구하여라.

연습문제

1. 다음 주어진 벡터 $\mathbf{a}$와 $\mathbf{b}$에 대하여

   $\mathbf{a}+\mathbf{b}$, $\mathbf{a}-\mathbf{b}$, $2\mathbf{a}$, $-3\mathbf{b}$를 구하여라.

   (1) $\mathbf{a} = (2,\ -1,\ 5)$, $\mathbf{b} = (-1,\ 1,\ 1)$

   (2) $\mathbf{a} = (-1,\ -2,\ -3)$, $\mathbf{b} = (3,\ 2,\ 1)$

2. 다음에서 벡터 $\overrightarrow{PQ}$와 $\overrightarrow{AB}$가 동등한가를 살펴 보아라.

   (1) $P = (1,\ -1)$, $Q = (4,\ 3)$, $A = (-1,\ 5)$, $B = (5,\ 2)$

   (2) $P = (2,\ 3,\ -4)$, $Q = (-1,\ 3,\ 5)$, $A = (-2,\ 3,\ -1)$,

   $B = (-5,\ 3,\ 8)$

3. 다음 두 벡터들의 내적을 구하여라.

   (1) $\mathbf{a} = (2,\ -1)$, $\mathbf{b} = (-1,\ 1)$

   (2) $\mathbf{a} = (\pi,\ 3,\ -1)$, $\mathbf{b} = (2\pi,\ -3,\ 7)$

4. 다음 주어진 쌍에서 서로 수직인 벡터를 고르시오.

   (1) $(1,\ -1,\ 1)$, $(2,\ 1,\ 5)$

   (2) $(1,\ -1,\ 1)$, $(2,\ 3,\ 1)$

   (3) $(-5,\ 2,\ 7)$, $(3,\ -1,\ 2)$

   (4) $(\pi,\ 2,\ 1)$, $(2,\ -\pi,\ 0)$

5. 두 벡터 사이의 거리를 구하여라.

   (1) $\mathbf{a} = (1,\ 7)$, $\mathbf{b} = (6,\ -5)$

   (2) $\mathbf{a} = (3,\ -5,\ 4)$, $\mathbf{b} = (6,\ 2,\ -1)$

6. 다음 벡터의 길이를 구하여라.

   (1) $\mathbf{a} = (2,\ -7)$

(2) $\mathbf{b} = (3,\ -12,\ -4)$

7. 다음 주어진 벡터에서 $P_{\mathbf{a}}(\boldsymbol{b})$를 구하여라.

(1) $\mathbf{a} = (1,\ -1,\ 1)$, $\mathbf{b} = (2,\ 1,\ 5)$

(2) $\mathbf{a} = (-5,\ 2,\ 7)$, $\mathbf{b} = (3,\ -1,\ 2)$

8. 다음 주어진 두 벡터의 외적을 구하여라.

(1) $\mathbf{a} = (1,\ -1,\ 1)$, $\mathbf{b} = (-2,\ 3,\ 1)$

(2) $\mathbf{a} = (-1,\ 1,\ 2)$, $\mathbf{b} = (1,\ 0,\ -1)$

(3) $\mathbf{a} = (1,\ 1,\ -3)$, $\mathbf{b} = (-1,\ -2,\ -3)$

9. 다음 주어진 두 벡터 $\mathbf{a}$, $\mathbf{b}$의 사이의 각 θ를 구하여라.

(1) $\mathbf{a} = \frac{1}{2}i + \frac{1}{3}j - 2k$, $\mathbf{b} = 2i - 2j + k$

(2) $\mathbf{a} = 4i - 2j$, $\mathbf{b} = \frac{1}{2}i - j + \sqrt{3}k$

10. 두 벡터 $(-2,\ 1,\ -3)$, $(2,\ -2,\ 1)$이 이루는 평행사변형의 넓이 S를 구하여라.

11. 꼭지점 $P(-1,\ 0,\ 2)$, $Q(2,\ 1,\ -1)$, $R(1,\ -2,\ 2)$를 갖는 삼각형 PQR의 내각을 구하여라.

7

극좌표

1 극좌표

좌표계는 좌표라 부르는 수들의 순서쌍에 의하여 평면상의 한 점을 나타낸다. 지금까지 우리는 평면상의 한 점을 직교좌표계를 사용하여 나타냈었는데, 다른 형태의 좌표계를 사용하면 평면상의 점과 곡선에 대한 해석이 직교좌표계보다 편리할 때가 많다. 여기서는 뉴턴이 소개한 새로운 형태의 좌표계인 극좌표계에 대하여 알아보자.

정의 7.1 (극좌표)

직교좌표의 원점 O으로부터 또 다른 점 P까지의 거리를 r, 원점 0와 점 P를 잇는 선분이 x축의 양의 방향과 이루는 사이각을 θ라 하면, 점 P의 좌표를 (r, θ)로 나타낼 수 있다. 이때 (r, θ)를 점 P의 **극좌표**라 한다.

극좌표 $(r,\ \theta)$에서 r을 **동경좌표**, θ를 **각좌표**라 한다. 각좌표 θ는 x축으로부터 시계 반대 방향으로 선분 OP까지의 사이각을 의미한다. 또 직교좌표에서의 원점을 극좌표에서는 **극**이라 하고 양의 x축을 **극축**이라 한다.

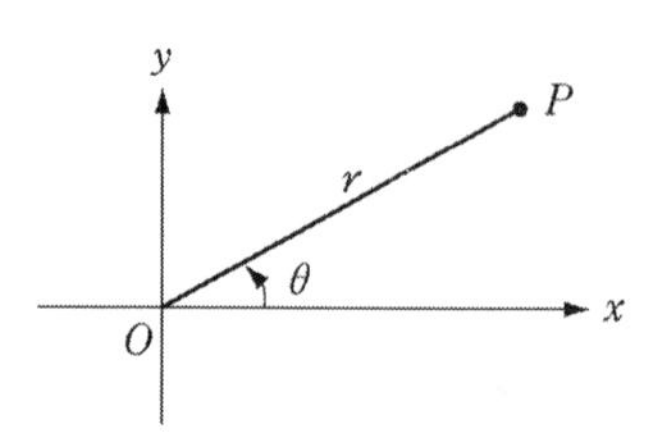

$r > 0$일 때 극좌표 $(-r,\ \theta)$는 극좌표 $(r,\ \theta)$의 극 0에 대칭인 점으로 사용하면 편리하다.

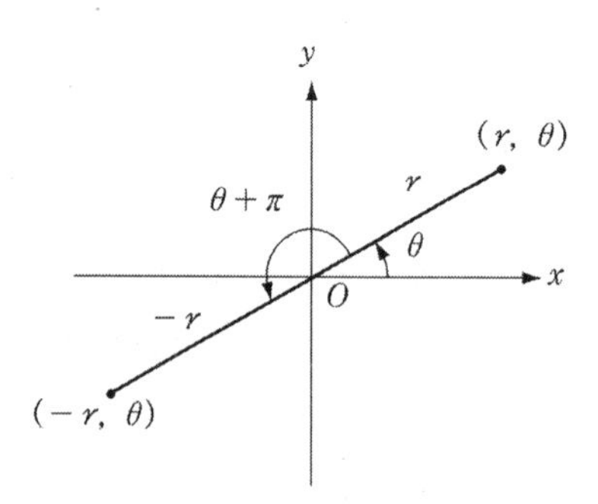

따라서 $r > 0$이면 극좌표 $(r,\ \theta)$는 θ와 같은 상한에 놓여 있고 $r < 0$이면 극 O에 대칭인 위치에 놓여 있다. 그러므로 극좌표 $(-r,\ \theta)$와 $(r,\ \theta+\pi)$는 같은 점의 극좌표이다.

예제 1

다음 극좌표를 나타내어라.

(1) $\left(1,\ \frac{5}{4}\pi\right)$　　　(2) $\left(-1,\ \frac{\pi}{4}\right)$

풀이 (1) 극에서 주어진 점까지의 거리 $r=1$이고 사이각은 $\frac{5}{4}\pi$이므로

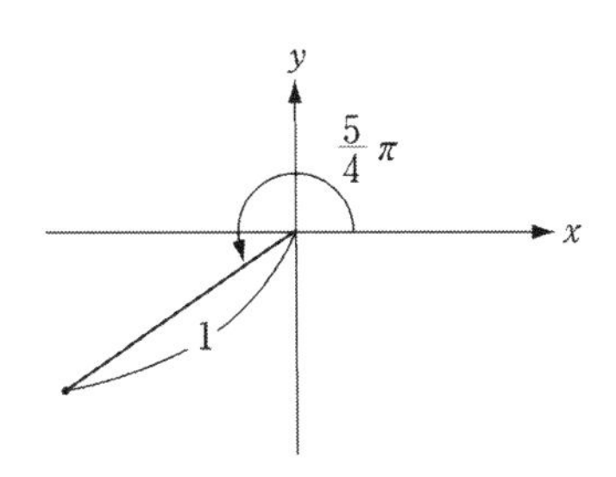

(2) 극좌표 $\left(-1,\ \frac{\pi}{4}\right)$는 극좌표 $\left(1,\ \frac{\pi}{4}\right)$의 극점에 대하여 대칭이 되는 점이므로

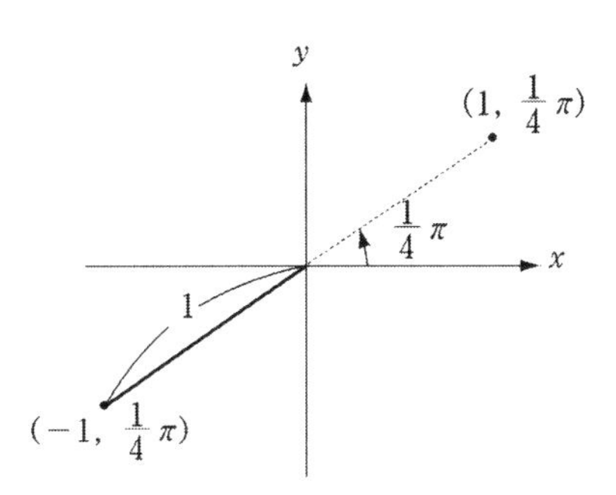

■

직교좌표계에서는 한 점 P를 나타내는 방법은 오직 한 가지이지만 극좌표계에서는 여러 가지의 표현방법이 있다. 예를 들어 앞의 예제 1에서의 극좌표 $\left(1,\ \frac{5}{4}\pi\right)$는 $\left(-1,\ \frac{\pi}{4}\right)$와 같은 점이고 $\left(1,\ -\frac{3}{4}\pi\right)$, $\left(1,\ -\frac{11}{4}\pi\right)$ 등도 같은 점이다.

문제 1

다음 극좌표를 나타내어라.

(1) $(2,\ 3\pi)$　　　(2) $\left(2,\ -\frac{2}{3}\pi\right)$

평면상의 모든 점은 직교좌표와 극좌표를 모두 가지고 있다. 예를 들어, 직교좌표가 $(1,\ \sqrt{3})$인 점의 극좌표는 $\left(2,\ \frac{1}{3}\pi\right)$이다. 따라서 직교좌표가 주어지면 극좌표로, 극좌표가 주어지면 직교좌표로 변환하는 방법에 대한 연구가 필요하다. 지금부터는 이 방법에 대하여 알아보자.

평면상의 한 점 P가 극좌표로 (r, θ)와 직교좌표로 (x, y)를 갖는다고 하면, 아래의 그래프에 의하여

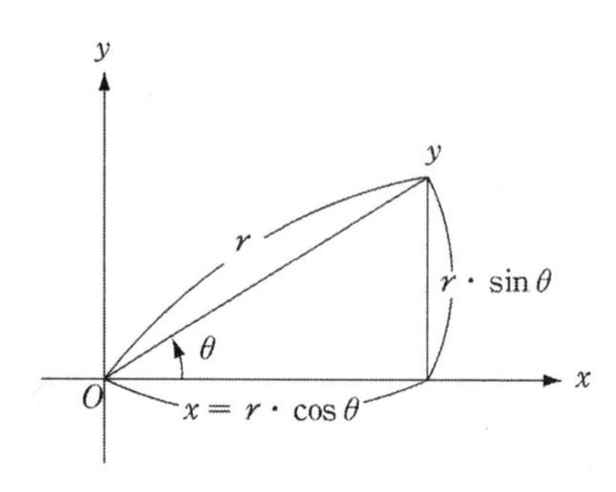

$$x = r \cdot \cos\theta$$
$$y = r \cdot \sin\theta$$

임을 알 수 있다.

마찬가지로,

$$r = \sqrt{x^2 + y^2}$$
$$\tan\theta = \frac{y}{x}$$

인 관계가 성립한다.

예제 2

직교좌표가 $(2 + \sqrt{3},\ 1)$인 점의 극좌표를 구하여라.

풀이 극좌표 (r, θ)를 구하기 위하여

$$r = \sqrt{x^2 + y^2},\ \ \theta = \arctan\frac{y}{x}$$

이므로, 직교좌표에서 $x = 2+\sqrt{3}$, $y = 1$에서

$$r = \sqrt{(2+\sqrt{3})^2 + 1^2} = \sqrt{8+2\sqrt{12}} = \sqrt{6}+\sqrt{2}$$

$$\theta = \arctan\left(\frac{1}{2+\sqrt{3}}\right) = \frac{\pi}{12}$$

따라서, 극좌표 $(r,\ \theta) = \left(\sqrt{6}+\sqrt{2},\ \frac{\pi}{12}\right)$이다. ■

예제 2에서 각좌표 θ를 구하기 위하여 또 다른 방법으로,

$\cos\theta = \frac{x}{r} = \frac{2+\sqrt{3}}{\sqrt{6}+\sqrt{2}}$, $\sin\theta = \frac{y}{r} = \frac{1}{\sqrt{6}+\sqrt{2}}$ 이므로 두 방정식을 만족하는 θ는

$$\theta = \frac{\pi}{12} + 2n\pi \quad (n = 0,\ \pm1,\ \pm2,\ \cdots)$$

이 된다.

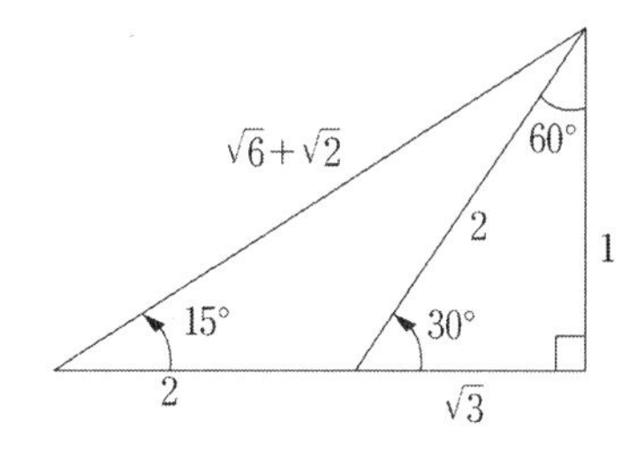

예제 3

극좌표가 $\left(2,\ \frac{\pi}{3}\right)$인 점의 직교좌표를 구하여라.

풀이 극좌표 $\left(2,\ \frac{\pi}{3}\right)$에서 동경좌표 $r = 2$이고 각좌표 $\theta = \frac{\pi}{3}$이므로 직교좌표의 좌표 x와 y는

$$x = r\cos\theta = 2\cdot\cos\frac{\pi}{3} = 2\cdot\frac{1}{2} = 1$$

$$y = r\sin\theta = 2\cdot\sin\frac{\pi}{3} = 2\cdot\frac{\sqrt{3}}{2} = \sqrt{3}$$

이다.

따라서, 극좌표 $\left(2,\ \frac{\pi}{3}\right)$의 직교좌표로의 표현은 $(1,\ \sqrt{3})$이다. ■

문제 2

극좌표가 $\left(3,\ \frac{23}{6}\right)$인 점의 직교좌표를 구하여라.

예제 4

극좌표 $r = 5\cos\theta$로 주어진 방정식을 직교좌표로 나타내어라.

풀이 $x = r \cdot \cos\theta,\ y = r \cdot \sin\theta$에서 $x^2 + y^2 = r^2$이므로 $x^2 + y^2 = r^2 = r = r \cdot 5 \cdot \cos\theta = 5 \cdot r \cdot \cos\theta = 5 \cdot x$이다. ■

문제 3

극좌표 $r = 5\sin\theta$로 주어진 방정식을 직교좌표로 나타내어라.

2 극좌표 방정식의 그래프

일반적으로 극좌표 방정식

$$f(r,\ \theta) = 0$$

의 그래프를 그리려면, 이 방정식을 만족시키는 두 실수 r과 θ의 값이 순서쌍 $(r,\ \theta)$를 극좌표로 하는 점들을 표시하고, 그 점들을 연결하면서 $\sin\alpha\theta$, $\cos\beta\theta$의 그래프가 나타내는 대칭 및 주기성을 고려하면서 연결하면 된다.

예제 5

극좌표 $r = 5 \cdot \cos\theta$의 그래프를 그려라.

풀이 다음과 같이 일정한 간격으로 θ의 값이 변할 때, θ에 대응하는 r의 근사값의 표를 얻은 후 $\cos\theta = \cos(-\theta)$의 대칭성을 생각하면

θ	0	30°	60°	90°	120°	150°	180°
r	5	$\frac{5\sqrt{3}}{2}$	$\frac{5}{2}$	0	$-\frac{5}{2}$	$-\frac{5\sqrt{3}}{2}$	-5

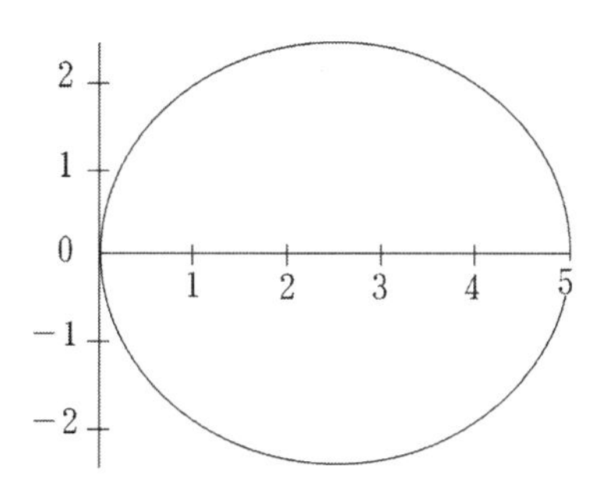

■

문제 4

극좌표 $r = 5 \cdot \sin\theta$의 그래프를 그려라.

예제 6

방정식 $r = \cos 2\theta$의 그래프를 그려라.

풀이 주어진 방정식에서 θ를 $-\theta$로 바꾸거나, θ를 $\pi - \theta$로 바꾸어도 방정식은 변함이 없다. 또 θ가 $\frac{\pi}{4}$의 홀수배이면 $r = 0$이고, $\frac{\pi}{4}$의 짝수배이면 $|r| = 1$이 됨을 알 수 있다. 만약 θ가 $\frac{\pi}{4}$에서 $\frac{3}{4}\pi$까지 변하면 2θ는 $\frac{\pi}{2}$에서 $\frac{3}{2}\pi$까지 증가하게 된다. 즉, 주어진 방정식 $r = \cos 2\theta$는 0에서 -1에서 감소한 다음, 다

시 0으로 되돌아 온다. 따라서 방정식 $r = \cos 2\theta$의 그래프는 극에서 시작하여 반직선 $\theta = \frac{5}{4}\pi$와 $\frac{7}{4}\pi$ 사이에 놓이는 하나의 루프를 만든다. 즉,

θ	0	15°	30°	45°	60°	75°	90°
r	1	$\frac{\sqrt{3}}{2}$	$\frac{1}{2}$	0	$-\frac{1}{2}$	$-\frac{\sqrt{3}}{2}$	-1

따라서 전체적인 그래프는 4개의 루프들로 이루어진다.

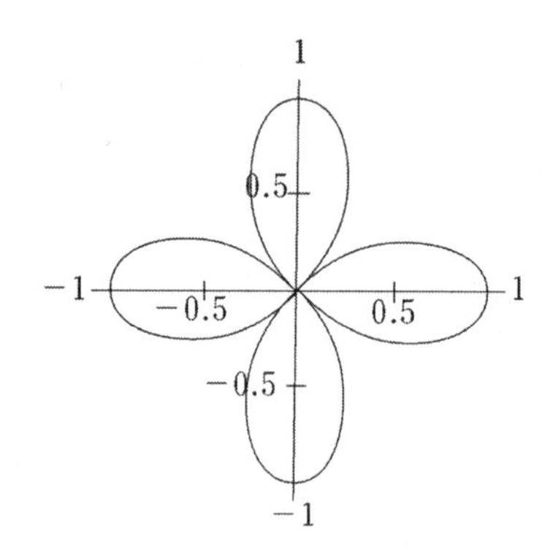

이 그래프를 4엽장미라고 부른다. ■

문제 5

3엽장미 $r = \cos 3\theta$의 그래프를 그려라.

예제 7

심방형 $r = 4(1 - \cos\theta)$의 그래프를 그려라.

풀이

θ	0	30°	60°	90°	120°	150°	180°
r	0	$4-2\sqrt{3}$	2	4	6	$4+2\sqrt{3}$	8

위 표에 의하여 그래프를 그리면

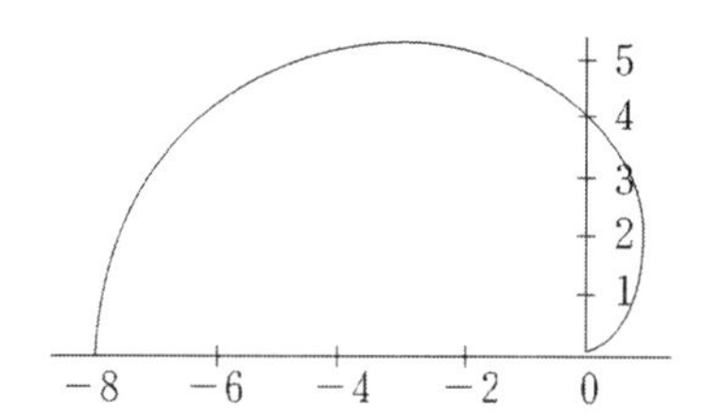

이다. $\cos\theta = \cos(-\theta)$ 이므로 cosine 함수의 대칭성에 의해 주어진 방정식의 그래프는

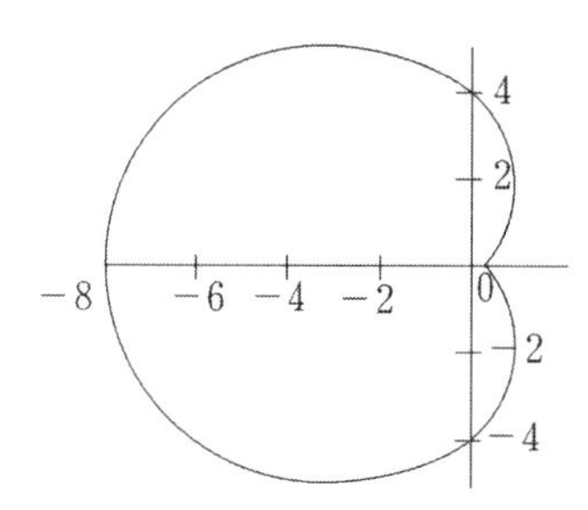

이다.

■

문제 6

방정식 $r = \dfrac{1}{1-\cos\theta}$ 의 그래프를 그려라.

예제 8

곡선 $r = 1-\cos\theta$ 와 원 $r = -3\cos\theta$ 의 교점을 구하여라.

풀이 두 곡선의 교점을 구하기 위하여 방정식

$$1-\cos\theta = -3\cos\theta$$

를 만족시키는 θ 의 값을 구해야 한다. 주어진 방정식은

$$\cos\theta = -\frac{1}{2}$$

이 되므로 θ 의 값은 $\theta = \frac{2}{3}\pi$ 와 $\frac{4}{3}\pi$ 이다. 따라서

θ	$\frac{2}{3}\pi$	$\frac{4}{3}\pi$
r	3	3

이다. 그런데 아래 그래프를 주의해서 보면 교점이 분명히 세 개다. 극좌표 $\left(3,\ \frac{2}{3}\pi\right)$, $\left(3,\ \frac{4}{3}\pi\right)$ 외에 극도 교점이 된다. 하지만 주어진 두 방정식의 연립만 가지고는 얻을 수 없는 교점이 극이다. 이유는 두 방정식을 동시에 만족하는 극을 나타내는 좌표가 없기 때문이다. 즉, 극을 나타내는 좌표의 특성 때문이다.

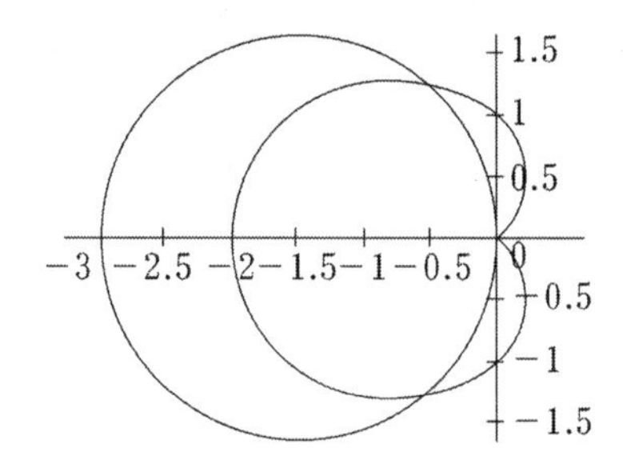

■

문제 7

곡선 $r = 4\cos 2\theta$와 원 $r = 2$의 교점을 구하여라.

연습문제

1. 다음 방정식을 극좌표로 바꾸어라.

(1) $y = x$ (2) $x\sin\alpha + y\cos\alpha = k$

(3) $x + y = 1$ (4) $y = x^2$

2. 다음 방정식을 직교좌표로 바꾸어라.

(1) $r = -3\cos\theta$ (2) $r = 5\sec\theta$

(3) $\theta = \frac{1}{2}\pi$ (4) $\theta = \frac{1}{6}\pi$

3. 다음 각 방정식의 그래프를 그려라.

(1) $r = 1 + \cos\theta$ (2) $r = 3\sin 3\theta$

(3) $r = 3\theta$ (4) $r = 2\sin 5\theta$

4. 다음 곡선의 각 쌍의 교점을 구하여라.

(1) $\begin{cases} r = 2 \\ r = \cos\theta \end{cases}$ (2) $\begin{cases} r = \sin\theta \\ r = \cos\theta \end{cases}$

(3) $\begin{cases} r = \tan\theta \\ r = \cot\theta \end{cases}$ (4) $\begin{cases} r = 1 + \cos\theta \\ r = 1 - \sin\theta \end{cases}$

편미분법

1 다변수함수

우리는 앞에서 일변수함수에서의 여러가지 성질들을 알아보았다. 물리학이나 공학에서 나타나는 일부 현상들은 일변수함수에 의해서도 설명된다. 하지만 대부분은 일변수 이상의 함수에 의하여 설명된다. 예를 들어 주사위의 부피는 주사위의 가로, 세로와 높이에 의존하고, 금속접시 위의 한 점에서의 온도는 그 점의 좌표와 시간에 의하여 설명된다. 이와 같이 여러 가지 요인들에 의하여 발생되는 현상들을 함수로서 설명할 때 이러한 현상들을 **다변수함수**라 한다. 이 장에서는 일변수함수의 미분개념을 다변수함수의 미분개념으로 확장하여 다루게 될 것이다.

정의 8.1 (다변수함수)

독립적으로 변하는 n개의 변수 x_1, x_2, $\cdots$, x_n에 대하여 순서쌍 $(x_1, x_2, \cdots, x_n)$에 단 하나의 값 y를 대응시키는 대응 f를 n개의 변수 x_1, x_2, $\cdots$, x_n의 함수라 하고

$$y = f(x_1, x_2, \cdots, x_n)$$

로 나타내며 n변수 함수라 한다. 이때 n이 2 이상일 때 이 함수를 통틀어 다변수함수라 한다.

여기서는 이변수함수에 관해서만 다루고 그 이상의 함수는 각자에게 맡기기로 한다.

x, y 평면상의 집합 D의 임의의 점 (x, y)에 실수 z를 하나씩 대응시키는 관계 f를 두 변수 x와 y의 함수라 하고, 이러한 함수 $f(x, y)$를 **이변수함수**라 하고 $z = f(x, y)$로 나타낸다. 이때, D를 함수 f의 **정의역**이라 하고 $z = f(x, y)$의 집합을 **치역**이라 한다. 여기서 x, y를 독립변수, z를 x와 y의 종속변수라 한다. 이변수함수 $z = f(x, y)$의 그래프는

$$G = \{(x, y, z) \in R^3 \mid (x, y) \in D, z = f(x, y)\}$$

이며, 3차원 공간의 한 곡면을 나타낸다.

예제 1

다음 함수의 정의역을 구하여라.

$$f(x, y) = \sqrt{25 - x^2 - y^2}$$

풀이 $f(x, y) = \sqrt{25 - x^2 - y^2}$에서 $25 - x^2 - y^2 \geq 0$이므로 함수 f의 정의역 D는

$$D = \{(x, y) \in R^2 \mid x^2 + y^2 \leq 5^2\}$$

이다. 이것은 반지름 5인 원의 내부 점들의 집합이다.

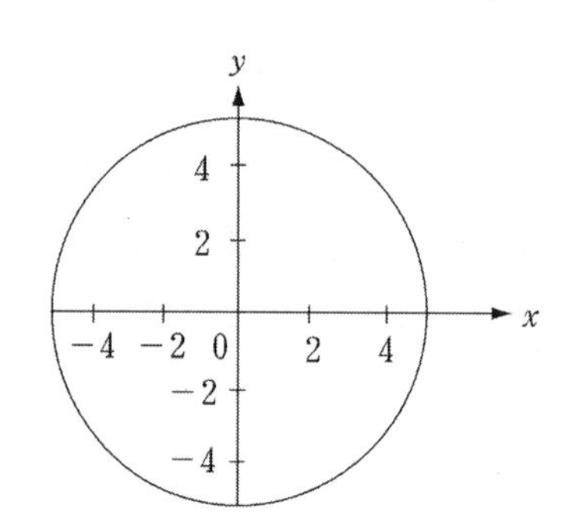

■

문제 1

다음 함수의 정의역을 구하여라.

(1) $f(x,\ y) = 8 - 2x - 4y$　　　(2) $f(x,\ y) = 5x^2 + y^2$

예제 2

다음 함수의 그래프를 그려라.

(1) $f(x,\ y) = x^2 + 5y^2$　　　(2) $f(x,\ y) = \cos x$

풀이

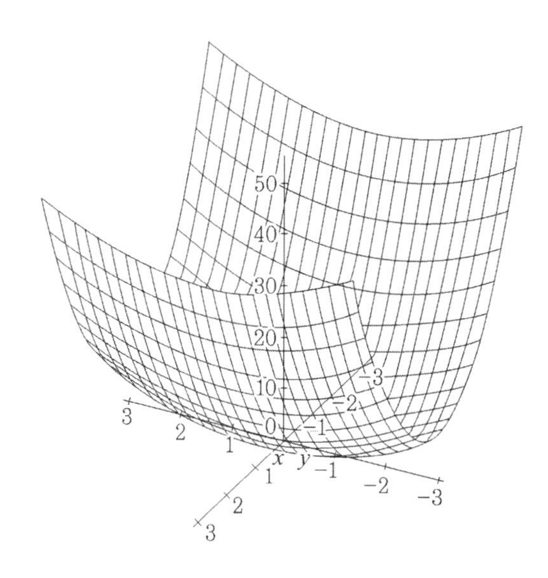

(1) $f(x,\ y) = c \geq 0$이면 주어진 식은 $x^2 + 5y^2 = c$이고 이것은 타원의 방정식이다. c는 모든 양의 값을 취할 수 있으므로 $x^2 + 5y^2$의 그래프는 원점을 꼭지점으로 하는 원추형이다.

(2) 함수 $f(x,\ y)$의 값은 변수 y와 관계없기 때문에 $(x,\ 0,\ \cos x)$가 그래프 위의 점이면 임의의 y값에 대해서 점 $(x,\ y,\ \cos x)$도 그래프 위에 있게 된다. 즉, 점 $(x,\ 0,\ \cos x)$를 지나 y축에 평행한 전체 직선은 그래프 위에 있다. 따라서 전체 곡면은 xy평면에서 cosine곡선에 의해서 결정된다. ■

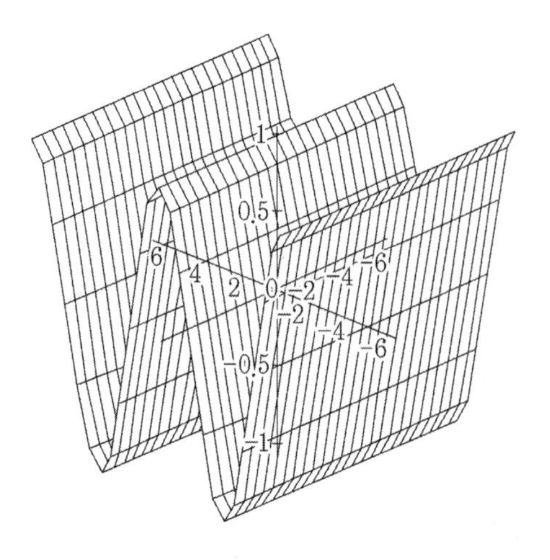

지금까지는 함수를 가시화하는데 **화살도표**와 그래프를 이용하였다. 두 가지 방법 외에도 지도제작에 사용하는 **등위선** 표시법이 있다. 이 방법은 이변수함수 $z=f(x,\ y)$에 대하여 k를 함수 f의 치역의 한 점이라 할 때 $f(x,\ y)=k$를 만족하는 곡선을 함수 f의 등위선이라 한다.

등위선 $f(x,\ y)=k$는 함수 f의 그래프와 평면 $z=k$의 교선을 의미한다. 이 교선을 평면 $z=k$에서의 f의 그래프에 대한 **대각합**이라 한다.

등위선을 유추해 보면 2차원의 조건에서 3차원에 대한 정보를 전해준다. 예를 들어 산에서 동일한 고도의 지점들을 나타내기 위한 등고선지도나 기상도에서 같은 온도나 기압을 갖는 지점들을 나타내기 위한 표시방법으로 사용된다.

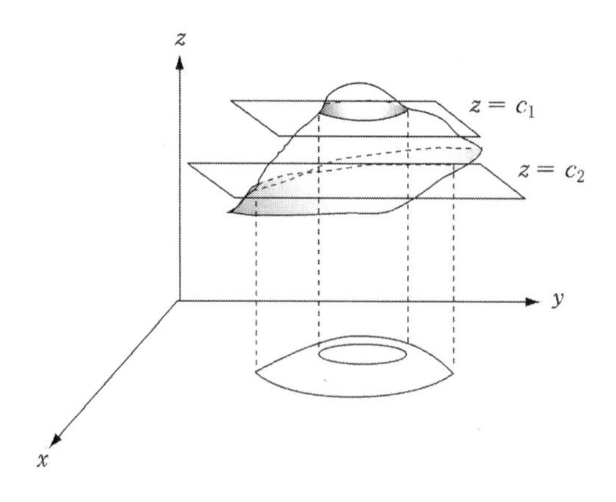

예제 3

이변수함수 $f(x,\ y) = \sqrt{4 - x^2 - y^2}$의 그래프와 등위선을 그려라.

풀이 $z = f(x,\ y)$라 하면 f의 방정식은

$$z = \sqrt{4 - x^2 - y^2}$$

이다. 이 방정식의 양변을 제곱하여 이항하면

$$x^2 + y^2 + z^2 = 4 = 2^2$$

이고, 이 방정식은 중심이 원점이고 반지름이 2인 구이다. 식 $z = \sqrt{4 - x^2 - y^2}$은 $z \geq 0$일 때만 성립하므로 f의 그래프는 다음의 반구이다.
등위선은 $\sqrt{4 - x^2 - y^2} = c$ 이다.
이것은 $x^2 - y^2 = 4 - c^2$이므로 중심이 $(0,\ 0)$ 반지름이 $\sqrt{4 - c^2}$인 원의 족이다.

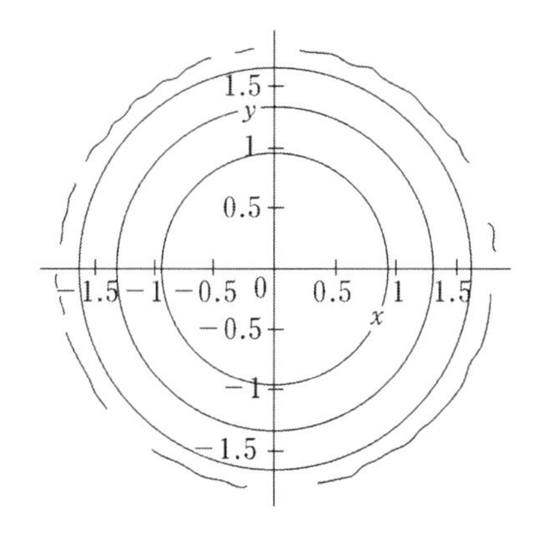

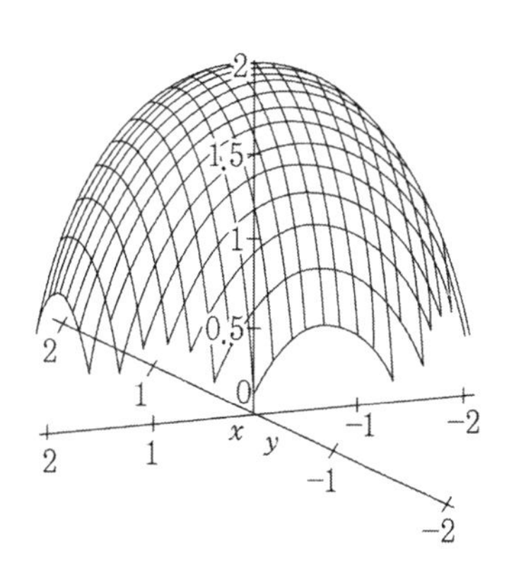

2 극한과 연속

예제 3의 함수 $f(x,\ y) = \sqrt{4 - x^2 - y^2}$ 에서 이 함수의 정의역은 $D = \{(x,\ y) \in R^2 \mid x^2 + y^2 \leq 4\}$이다. 다음 그림에서 보는 것처럼 D의 임의의 점 $(x,\ y)$가 무한히 원점 $(0,\ 0)$에 가까워지면, x와 y는 모두 0에 가까워진다. 따라서 함수값 $f(x,\ y)$는 2에 근접한다. 이러한 내용을 다음과 같이 나타낸다.

$$\lim_{(x, y)\to(0, 0)} \sqrt{4 - x^2 - y^2} = 2$$

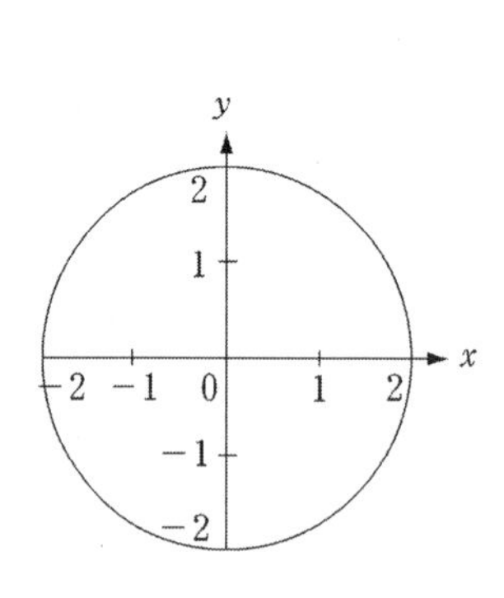

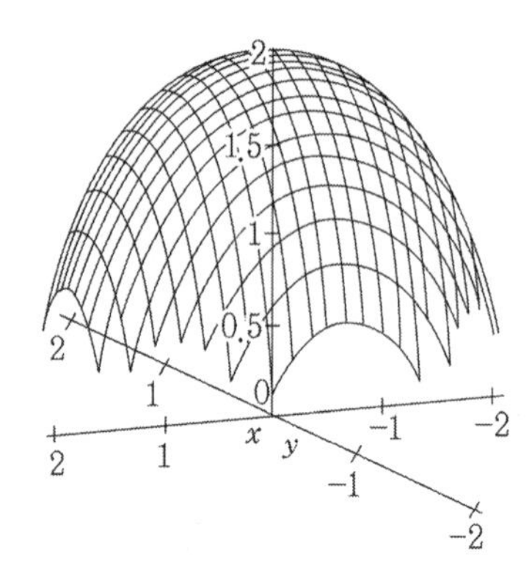

일반적으로

$$\lim_{(x, y)\to(a, b)} f(x, y) = L$$

은 정의역 내의 점 (x, y)가 경로에 무관하게 점 (a, b)에 무한히 접근할 때, 함수 $f(x, y)$의 값을 우리가 원하는 만큼 L에 근접시킬 수 있음을 의미한다. 이를 **이변수함수의 극한(값)**이라 한다.

이변수함수들에 대한 극한공식은 일변수함수일 때와 비슷하다. 다음은 이들 공식이다.

정리 8.2 (이변수함수 극한공식)

임의의 두 이변수함수 $f(x, y)$와 $g(x, y)$에 대하여

$$\lim_{(x, y)\to(a, b)} f(x, y) = L_1, \quad \lim_{(x, y)\to(a, b)} g(x, y) = L_2$$

라 하면

① $\lim_{(x, y)\to(a, b)} \{k_1 \cdot f(x, y) \pm k_2 \cdot g(x, y)\} = k_1 \cdot L_1 \pm k_2 \cdot L_2$

$(k_1, k_2$는 상수)

② $\lim_{(x, y)\to(a, b)} \{f(x, y) \cdot g(x, y)\} = L_1 \cdot L_2$

③ $\lim_{(x, y)\to(a, b)} \dfrac{f(x, y)}{g(x, y)} = \dfrac{L_1}{L_2}$ (단, $L_2 \neq 0$)

예제 4

다음 극한값을 구하여라.

$$\lim_{(x,\ y)\to(-1,\ 2)} \frac{x^3+y^3}{x^2+y^2}$$

풀이 $$\lim_{(x,\ y)\to(-1,\ 2)} \frac{x^3+y^3}{x^2+y^2} = \frac{\lim_{(x,\ y)\to(-1,\ 2)} x^3+y^3}{\lim_{(x,\ y)\to(-1,\ 2)} x^2+y^2}$$

$$= \frac{\lim_{(x,\ y)\to(-1,\ 2)} x^3 + \lim_{(x,\ y)\to(-1,\ 2)} y^3}{\lim_{(x,\ y)\to(-1,\ 2)} x^2 + \lim_{(x,\ y)\to(-1,\ 2)} y^2}$$

한편, $\lim_{(x,\ y)\to(-1,\ 2)} x = -1$이고, $\lim_{(x,\ y)\to(-1,\ 2)} y = 2$이므로

$$\lim_{(x,\ y)\to(-1,\ 2)} x^2 = 1, \quad \lim_{(x,\ y)\to(-1,\ 2)} x^3 = -1$$

$$\lim_{(x,\ y)\to(-1,\ 2)} y^2 = 4, \quad \lim_{(x,\ y)\to(-1,\ 2)} y^3 = 8$$

따라서,

$$\lim_{(x,\ y)\to(-1,\ 2)} \frac{x^3+y^3}{x^2+y^2} = \frac{-1+8}{1+4} = \frac{7}{5}$$

이다. ■

문제 2

다음 극한값을 구하여라.

(1) $\lim_{(x,\ y)\to(e,\ 1)} \ln\frac{x}{y}$

(2) $\lim_{(x,\ y)\to(0,\ 0)} \frac{3x^2y}{x^2+y^2}$

(3) $\lim_{(x,\ y)\to(0,\ 0)} \frac{x^3-y^3}{x^2+y^2}$

문제 3

함수 $f(x, y) = \frac{x^2 - y^2}{x^2 + y^2}$일 때, $\lim_{(x, y) \to (0, 0)} f(x, y)$이 존재하지 않음을 보여라.

정의 8.3 (이변수함수의 연속)

이변수함수 $f(x, y)$가 다음 세 조건을 만족하면 함수 $f(x, y)$는 점 (a, b)에서 **연속**이라 한다.

① $f(a, b)$가 정의된다.

② $\lim_{(x, y) \to (a, b)} f(x, y)$가 존재한다.

③ $\lim_{(x, y) \to (a, b)} f(x, y) = f(a, b)$

예제 5

다음 함수의 연속성을 조사하여라.

(1) $f(x) = xy^3 - x^2y + 3x - 2y$

(2) $f(x, y) = \frac{x^2 - y^2}{x^2 + y^2}$

풀이 (1) 함수 $f(x, y)$는 다항식이므로, 정의역 위의 모든 점에서 연속이다.

(2) 함수 $f(x, y) = \frac{x^2 - y^2}{x^2 + y^2}$은 분수함수이므로 점 $(0, 0)$에서는 함수값이 정의되지 않는다. 따라서 점 $(0, 0)$에서는 연속이 아니다. 하지만 정의역 $D = \{(x, y) \in R^2 \mid (x, y) \neq (0, 0)\}$에서는 연속이다. ■

 문제 4

다음 함수의 연속성을 조사하여라.

$$f(x,\ y) = \begin{cases} \dfrac{x^2y}{x^2+y^2},\ (x,\ y) \neq (0,\ 0) \\ 0\ ,\ (x,\ y) = (0,\ 0) \end{cases}$$

3 편도함수

이변수함수 $z = f(x,\ y)$에서 $y = b$를 일정한 값(즉, 상수)이라 하면 $f(x,\ y)$는 x만의 함수로 생각할 수 있다. 즉, $g(x) = f(x,\ b)$인 x에 관한 일변수함수처럼 생각할 수 있다. 만약 함수 g가 $x = a$에서 미분계수

$$g'(a) \lim_{\Delta x \to 0} \frac{g(x+\Delta x) - g(x)}{\Delta x} = \lim_{\Delta x \to 0} \frac{f(x+\Delta x,\ b) - f(x,\ b)}{\Delta x}$$

이 존재하면, 이 값을 $(a,\ b)$에서의 $f(x,\ y)$의 x에 관한 f의 **편미분계수**라 하고 $f_x(a,\ b)$로 나타낸다. 마찬가지로 y에 관한 편미분계수 $f_y(a,\ b)$도 정의할 수 있다. 이변수함수 $f(x,\ y)$에서 $f_x(a,\ b)$와 $f_y(a,\ b)$가 각각 정의될 때 함수 $f(x,\ y)$는 점 $(a,\ b)$에서 x와 y에 관하여 **편미분가능**이라 한다.

정의역 내의 모든 편미분가능한 점에 그 점에서의 편미분계수를 대응시키면 새로운 함수를 정의할 수 있다.

정의 8.4 (편도함수)

xy평면 위의 영역 D의 모든 점들에 대하여 함수 $z = f(x,\ y)$가 x에 대하여 편미분가능일 때, D의 각 점에 그 점에서의 x에 관한 편미분계수를 대응시켜 얻어지는 새로운 함수를 x에 관한 함수 f의 **편도함수**라 하고

$$f(x, y) = \lim_{\Delta x \to 0} \frac{f(x+\Delta x, y) - f(x, y)}{\Delta x}$$

로 나타낸다.

마찬가지로, y에 관한 함수 f의 편도함수 $f_y(x, y)$도 정의할 수 있다.

편도함수에 대한 다른 표기법들이 많다. 예를 들어 f_x 대신 f_1 또는 $D_1 f$로 쓰기도 하고 $\frac{\partial f}{\partial x}$로 표현하기도 한다. 편도함수의 여러 가지 표기법을 소개하면, $z = f(x, y)$일 때 다음과 같다.

$$f_x(x, y) = f_x = \frac{\partial f}{\partial x} = \frac{\partial}{\partial x} f(x, y) = \frac{\partial z}{\partial x} = f_1 = D_1 f = D_x f$$

$$f_y(x, y) = f_y = \frac{\partial f}{\partial y} = \frac{\partial}{\partial y} f(x, y) = \frac{\partial z}{\partial y} = f_2 = D_2 f = D_y f$$

예제 6

함수 $f(x, y) = 2x^3 + x^2y^3 - y^2$일 때 $f_x(2, 1)$과 $f_y(2, 1)$을 구하여라.

풀이

$$\begin{aligned} f_x(2, 1) &= \lim_{\Delta x \to 0} \frac{f(2+\Delta x, 1) - f(2, 1)}{\Delta x} \\ &= \lim_{\Delta x \to 0} \frac{\{2(2+\Delta x)^3 + (2+\Delta x)^2 \cdot 1^3 - 1^2\} - \{(2 \cdot 2^3) + 2^2 \cdot 1^3 - 1^2\}}{\Delta x} \\ &= \lim_{\Delta x \to 0} \frac{\Delta x\{24(\Delta x)^2 + 13\Delta x + 28\}}{\Delta x} \\ &= 28 \end{aligned}$$

$$\begin{aligned} f_y(2, 1) &= \lim_{\Delta y \to 0} \frac{f(2, 1+\Delta y) - f(2, 1)}{\Delta y} \\ &= \lim_{\Delta y \to 0} \frac{\{2 \cdot 2^3 + 2^2(1+\Delta y)^3 - (1+\Delta y)^2\} - \{2 \cdot 2^3 + 2^2 \cdot 1^3 - 1^2\}}{\Delta y} \\ &= 1 \end{aligned}$$

■

 문제 5

함수 $f(x, y) = 5 - x^2 - 3y^2$일 때 $f_x(1, 1)$과 $f_y(1, 1)$을 구하여라.

예제 7

다음 함수의 편도함수를 구하여라.

(1) $z = 5xy - 25x^2 - 3y^3$

(2) $z = \dfrac{x^3y + xy^3}{x^2 + y^2}$

풀이 (1) y를 상수처럼 취급하고 x에 대해서 편미분하면

$$\frac{\partial z}{\partial x} = 5y - 50x$$

x를 상수처럼 취급하고 y에 대해서 편미분하면

$$\frac{\partial z}{\partial y} = 5x - 9y^2$$

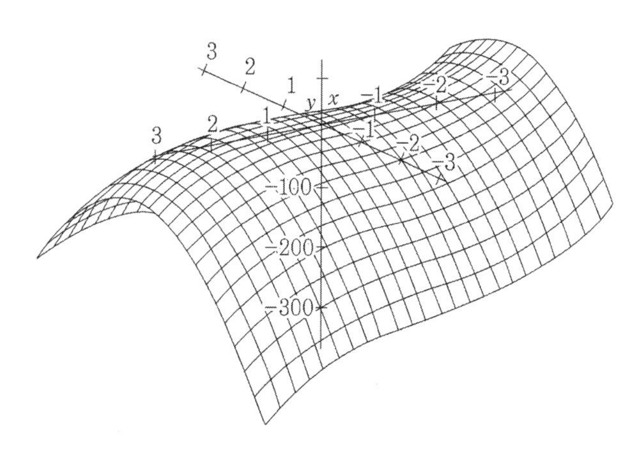

(2) 주어진 함수가 유리함수이므로 $f_x(x, y)$와 $f_y(x, y)$는 $x^2 = y^2 \neq 0$인 모든 x와 y에 대하여 정의된다. $f_x(x, y)$를 구하기 위해서 y를 상수처럼 취급하고 x에 대해서 편미분하면

$$f_x(x,\ y) = \frac{(3x^2y + y^3)(x^2 + y^2) - (x^3y + xy^3)2x}{(x^2 + y^2)^2}$$
$$= \frac{x^2y + 2x^2y^3 + y^5}{(x^2 + y^2)^2}$$

$f_y(x,\ y)$를 구하기 위해서 x를 상수처럼 취급하고 y에 대해서 편미분하면

$$f_y(x,\ y) = \frac{x^5 + 2x^3y^2 + xy^4}{(x^2 + y^2)^2}$$

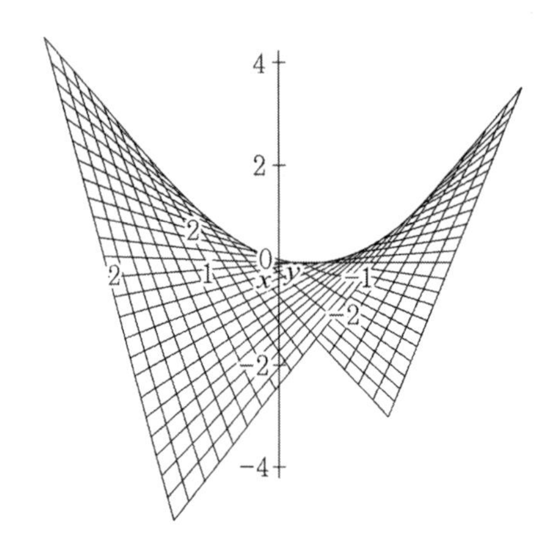

■

문제 6

다음 함수의 편도함수를 구하여라.

(1) $z = x^2y^2 + \cos(xy)$　　(2) $z = \arctan\dfrac{x}{y}$

(3) $z = e^{xy}$　　(4) $z = xy$

다음은 편도함수의 기하학적 의미를 알아보자.

함수 $f(x,\ y)$의 그래프가 다음 그림과 같다고 하자. 만약 $f(a,\ b) = c$이면, 점 $P(a,\ b,\ c)$는 주어진 함수의 그래프인 곡면 $z = f(x,\ y)$ 위에 놓인다. xz평면에 평행인 수직평면 $y = b$와 $z = f(x,\ y)$의 교집합은 $z = f(x,\ b)$이다.

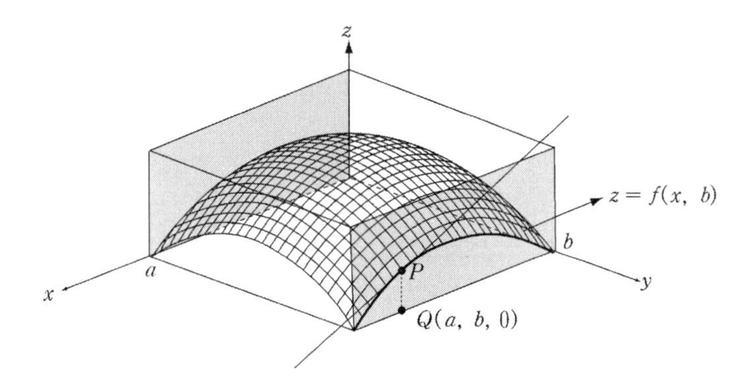

따라서 곡선 $z = f(x,\ b)$의 점 P에서의 접선의 기울기는

$$\lim_{\Delta x \to 0} \frac{f(a + \Delta x,\ b) - f(a,\ b)}{\Delta x} = f_x(a,\ b)$$

가 된다. 즉 $f_x(a,\ b)$는 곡면 $z = f(x,\ y)$가 xz평면에 평행인 평면 $y = b$와 만나서 생긴 곡선 $z = f(x,\ b)$ 위의 점 P에서의 접선의 기울기이다.

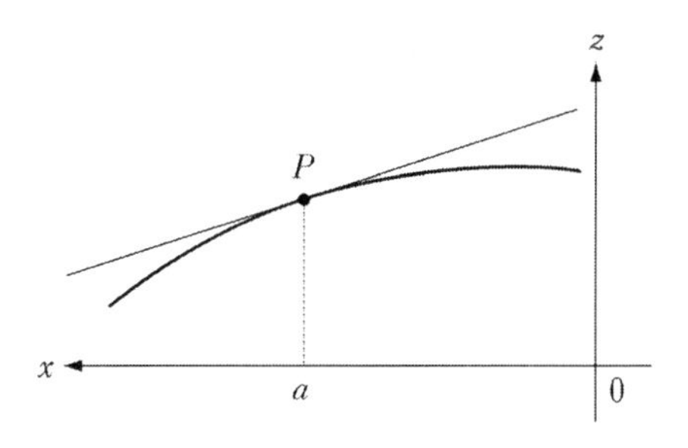

마찬가지로, $f_y(a,\ b)$는 곡면 $z = f(x,\ y)$가 yz평면에 평행인 평면 $x = a$와 만나는 곡선 $z = f(a,\ y)$ 위의 점 P에서의 접선의 기울기가 된다.

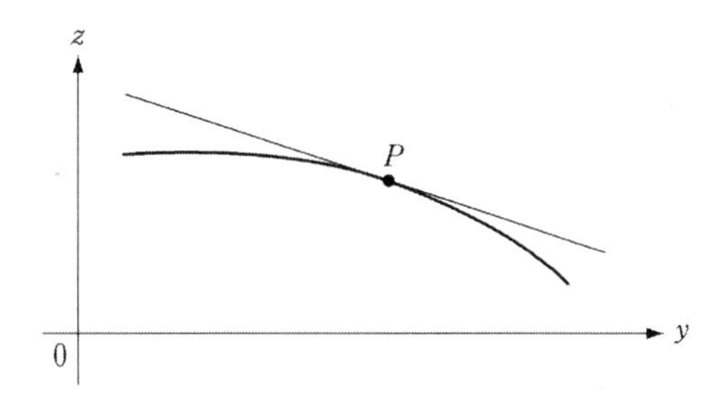

함수 $z = f(x, y)$에서 1개 편도함수 f_x와 f_y 역시 x와 y의 함수들이므로, x와 y에 관하여 다시 미분할 수 있다. 이것들을 f의 **2계 편도함수**라 한다. 즉

$$(f_x)_x = f_{xx} = \frac{\partial}{\partial x}\left(\frac{\partial}{\partial x}\right) = \frac{\partial^2 f}{\partial f^2}$$

$$(f_x)_y = f_{xy} = \frac{\partial}{\partial y}\left(\frac{\partial f}{\partial x}\right) = \frac{\partial^2 f}{\partial y \partial x}$$

$$(f_y)_x = f_{yx} = \frac{\partial}{\partial x}\left(\frac{\partial f}{\partial y}\right) = \frac{\partial^2 f}{\partial x \partial y}$$

$$(f_y)_y = f_{yy} = \frac{\partial}{\partial y}\left(\frac{\partial f}{\partial y}\right) = \frac{\partial^2 f}{\partial y^2}$$

예제 8

함수 $f(x, y) = \dfrac{x-y}{x+y}$일 때, $f_{xy}(x, y)$와 $f_{yx}(x, y)$를 구하여라.

풀이 $f_x(x, y) = \dfrac{(x+y)-(x-y)}{(x+y)^2} = \dfrac{2y}{(x+y)^2}$

$f_y(x, y) = \dfrac{-1\cdot(x+y)-(x-y)\cdot 1}{(x+y)^2} = \dfrac{-2x}{(x+y)^2}$

이므로,

$$f_{xy}(x, y) = \frac{\partial}{\partial y}\left(\frac{2y}{(x+y)^2}\right) = \frac{2x^2-2y^2}{(x+y)^4}$$

$$f_{yx}(x, y) = \frac{\partial}{\partial x}\left(\frac{-2x}{(x+y)^2}\right) = \frac{2x^2-2y^2}{(x+y)^4}$$

■

문제 7

다음 함수의 2계 편도함수를 구하여라.

(1) $f(x, y) = e^{xy}$

(2) $f(x, y) = \sin(xy)$

예제 8에서 $f_{xy}=f_{yx}$임을 알 수 있다. 하지만 편도함수 f_{xy}와 f_{yx}가 항상 일치하지는 않는다.

Alexis Clairaut(1713~1765, 프랑스)에 의하여 알려진 다음의 정리는 편도함수 f_{xy}와 f_{yx}가 일치할 수 있는 조건을 제시한다.

정리 8.5 (Clairaut의 정리)

함수 $f(x, y)$에 있어서 편도함수 f_x, f_y, f_{xy}들이 존재하고, 연속이면

$$f_{xy}=f_{yx}$$

이다.

예제 9

함수 $f(x, y)=\begin{cases} \dfrac{x^3y-xy^3}{x^2+y^2}, & (x, y)\neq(0, 0) \\ 0, & (x, y)=(0, 0) \end{cases}$ 일 때,

$f_{xy}(0, 0)\neq f_{yx}(0, 0)$임을 보여라.

풀이

$$f_x(x, y)=\frac{x^4y+4x^2y^3-y^5}{(x^2+y^2)^2}, \quad (x, y)\neq(0, 0)$$

$$f_y(x, y)=\frac{x^5-4x^3y^2-xy^4}{(x^2+y^2)^2}, \quad (x, y)\neq(0, 0)$$

이므로

$$f_x(0, y)=-y, \quad y\neq 0$$

$$f_y(x, 0)=x, \quad x\neq 0$$

또한

$$f_x(0, 0)=\lim_{\Delta x\to 0}\frac{f(\Delta x, 0)-f(0, 0)}{\Delta x}=\lim_{\Delta x\to 0}\frac{0}{\Delta x}=0$$

$$f_y(0,\ 0) = \lim_{\Delta y \to 0} \frac{f(0,\ \Delta y) - f(0,\ 0)}{\Delta y} = \lim_{\Delta y \to 0} \frac{0}{\Delta y} = 0$$

따라서

$$f_{xy}(0,\ 0) = \lim_{\Delta y \to 0} \frac{f_x(0,\ \Delta y) - f_x(0,\ 0)}{\Delta y} = \lim_{\Delta y \to 0} \frac{-\Delta y}{\Delta y} = -1$$

$$f_{yx}(0,\ 0) = \lim_{\Delta x \to 0} \frac{f_y(\Delta x,\ 0) - f_y(0,\ 0)}{\Delta x} = \lim_{\Delta y \to 0} \frac{\Delta x}{\Delta x} = 1$$

즉, $f_{xy}(0,\ 0) \neq f_{yx}(0,\ 0)$이다. ■

문제 8

다음 함수에서 $f_{xy} = f_{yx}$가 성립하는지를 보여라.

(1) $f(x,\ y) = e^x \cos y$　　　(2) $f(x,\ y) = e^x \cos y - e^y \sin x$

4 합성함수의 편미분법

합성함수가 쉽게 일변수함수로 정리되면 일변수함수의 미분공식을 사용하여 쉽게 미분할 수 있다. 그러나 일변수함수로 정리되지 않으면 다음의 정리를 사용하면 쉽게 미분할 수 있다.

정리 8.6

함수 $z = f(u,\ v)$가 연속인 1계 편도함수를 갖고 $u = g(x)$와 $v = h(x)$가 x에 관하여 미분가능한 함수이면, z는 x의 미분가능한 함수이며,

$$\frac{dz}{dx} = \frac{\partial z}{\partial u} \cdot \frac{du}{dx} + \frac{\partial z}{\partial v} \cdot \frac{dv}{dx}$$

이다.

예제 10

함수 $z=e^{uv}$이고 $u=2x$, $v=x^2$일 때 $\dfrac{dz}{dx}$를 구하여라.

풀이 $\dfrac{\partial z}{\partial u}=ve^{uv}$, $\dfrac{\partial z}{\partial v}=ue^{uv}$, $\dfrac{du}{dx}=2$, $\dfrac{dv}{dx}=2x$ 이므로

$$\begin{aligned}\frac{\partial z}{\partial x} &= \frac{\partial z}{\partial u}\frac{du}{dx}+\frac{dz}{dv}\frac{dv}{dx}\\ &= ve^{uv}\cdot 2+ue^{uv}\cdot 2x\\ &= 2ve^{uv}+2xue^{uv}\end{aligned}$$

그런데 $u=2x$이고 $v=x^2$이므로

$$\begin{aligned}\frac{dz}{dx} &= 2\cdot 2x\cdot e^{2x\cdot x^2}+2x\cdot 2x\cdot e^{2x\cdot x^2}\\ &= 4xe^{2x^3}+4x^2e^{2x^3}\end{aligned}$$

이다. ■

정리 8.7

$z=f(x, y)$, $y=g(x)$일 때,

$$\frac{dz}{dx}=\frac{\partial z}{\partial x}+\frac{\partial z}{\partial y}\cdot\frac{dy}{dx}$$

문제 9

함수 $z=u\cdot\ln v$이고 $u=x^5$, $v=e^x$일 때, $\dfrac{dz}{dx}$를 구하여라.

문제 10

함수 $z = f(u_1, u_2, u_3) = e^{u_1 u_2} \cos u_3$이고 $u_1 = x$, $u_2 = \sin x$, $u_3 = x^5$ 일 때 $\dfrac{dz}{dx}$를 구하여라.

정리 8.6은 u와 v가 x에 관한 일변수함수가 아닌 경우에도 사용할 수 있다. 예를 들어, $z = f(u, v)$이고 $u = g(x, y)$, $v = h(x, y)$가 미분가능하면,

$$\frac{\partial z}{\partial x} = \frac{\partial z}{\partial u} \cdot \frac{\partial u}{\partial x} + \frac{\partial z}{\partial v} \cdot \frac{\partial v}{\partial x},$$

$$\frac{\partial z}{\partial y} = \frac{\partial z}{\partial u} \cdot \frac{\partial u}{\partial y} + \frac{\partial z}{\partial v} \cdot \frac{\partial v}{\partial y}$$

이다.

예제 11

함수 $z = u^3 + v^3$이고 $u = x + y$, $v = x - y$일 때, $\dfrac{\partial z}{\partial x}$와 $\dfrac{\partial z}{\partial y}$를 구하여라.

풀이 $\dfrac{\partial z}{\partial u} = 3u^2$, $\dfrac{\partial z}{\partial v} = 3v^2$, $\dfrac{\partial u}{\partial x} = 1$, $\dfrac{\partial u}{\partial y} = 1$, $\dfrac{\partial v}{\partial x} = 1$, $\dfrac{\partial v}{\partial y} = -1$ 이므로

$$\frac{\partial z}{\partial x} = \frac{\partial z}{\partial u} \cdot \frac{\partial u}{\partial x} + \frac{\partial z}{\partial v} \cdot \frac{\partial v}{\partial x}$$

$$= 3u^2 \cdot 1 + 3v^2 \cdot 1 = 3(x+y)^2 + 3(x-y)^2 = bx^2 + by^2$$

$$\frac{\partial z}{\partial y} = \frac{\partial z}{\partial u} \cdot \frac{\partial u}{\partial y} + \frac{\partial z}{\partial v} \cdot \frac{\partial v}{\partial y}$$

$$= 3u^2 \cdot 1 + 3u^2 \cdot (-1) = 3(x+y)^2 - 3(x-y)^2 = 12xy$$

5 방향 도함수

지금까지 우리는 좌표축에 평행한 직선에 따른 함수의 변화율로 편도함수를 설명하였다. 지금부터 좌표축과 평행하지 않은 직선에 따른 변화율을 알아보기로 하자.

정의 8.8

함수 f를 점 $(x_0,\ y_0)$을 중심으로 갖는 원판 내에서 정의하고 $\boldsymbol{u}=a_1\boldsymbol{i}+a_2\boldsymbol{j}$인 단위 벡터라 하자. 그러면 점 $(x_0,\ y_0)$에서 함수 f의 **$\boldsymbol{u}$-방향 도함수**는 $D_u f(x_0,\ y_0)$로 표시하고,

$$D_u f(x_0,\ y_0)=\lim_{h\to 0}\frac{f(x_0+ha_1,\ y+ha_2)-f(x_0,\ y_0)}{h}$$

로 정의된다. (물론 우변의 극한값은 존재한다.)

만약 $\boldsymbol{u}=\boldsymbol{i}$이면

$$D_u f(x_0,\ y_0)=\lim_{h\to 0}\frac{f(x_0+h,\ y_0)-f(x_0,\ y_0)}{h}=f_x(x_0,\ y_0)$$

이고, 또한 $\boldsymbol{u}=\boldsymbol{j}$이면

$$D_u f(x_0,\ y_0)=\lim_{h\to 0}\frac{f(x_0,\ y_0+h)-f(x_0,\ y_0)}{h}=f_y(x_0,\ y_0)$$

그러므로 f의 1차 편도함수들은 양의 좌표축 방향에서의 특수한 경우의 방향 도함수이다. 만약 함수 f가 점 $(x_0,\ y_0)$에서 미분 가능하다면, 어떤 방향 도함수도 두 편도함수에 의해서 계산된다.

정리 8.9

함수 f가 점 (x_0, y_0)에서 미분 가능하다고 하면 함수 f는 점 (x_0, y_0)에서 모든 방향의 방향 도함수를 갖는다. 한편, 벡터 $\boldsymbol{u} = a_1\boldsymbol{i} + a_2\boldsymbol{j}$가 단위 벡터이면,

$$D_u f(x_0, y_0) = f_x(x_0, y_0)a_1 + f_y(x_0, y_0)a_2 \cdots\cdots\cdots\cdots ①$$

이다.

예제 12

만약 $f(x, y) = 6 - 3x^2 - y^2$이고 $\boldsymbol{u} = \frac{1}{\sqrt{2}}\boldsymbol{i} - \frac{1}{\sqrt{2}}\boldsymbol{j}$이면, $D_u f(1, 2)$를 구하여라.

풀이 u가 단위 벡터이기 때문에, ①식에 의하여 $D_u f(1, 2)$를 계산할 수 있다. 먼저, f의 편도함수를 계산하면, $f_x(x, y) = -6x$, $f_y(x, y) = -2y$이다.
그러므로 ①식에 의하여

$$\begin{aligned} D_u f(1, 2) &= f_x(1, 2)\left(\frac{1}{\sqrt{2}}\right) + f_y(1, 2)\left(-\frac{1}{\sqrt{2}}\right) \\ &= (-6)\cdot\frac{1}{\sqrt{2}} + (-4)\left(-\frac{1}{\sqrt{2}}\right) = -\sqrt{2} \end{aligned}$$

이다. ■

예제 13

함수 $f(x, y) = xy^2$이고 $\boldsymbol{a} = \boldsymbol{i} - 2\boldsymbol{j}$이라 하면, 점 $(-3, 1)$에서 벡터 $\boldsymbol{a}$의 방향 도함수를 구하여라.

풀이 이 경우, $\|\boldsymbol{a}\| = \sqrt{1^2+(-2)^2} = \sqrt{5}$이므로

$$\boldsymbol{u} = \frac{1}{\|\boldsymbol{a}\|}\boldsymbol{a} = \frac{1}{\sqrt{5}}\boldsymbol{i} - \frac{2}{\sqrt{5}}\boldsymbol{j}$$

이다. 그리고 $f_x(x, y) = y^2$, $f_x(x, y) = 2xy$이기 때문에

$$\begin{aligned} D_u f(-3, 1) &= f_x(-3, 1)\left(\frac{1}{\sqrt{5}}\right) + f_y(-3, 1)\left(-\frac{2}{\sqrt{5}}\right) \\ &= 1 \cdot \left(\frac{1}{\sqrt{5}}\right) + (-6)\left(-\frac{2}{\sqrt{5}}\right) \\ &= \frac{13}{5}\sqrt{5} \end{aligned}$$

이다. ■

삼변수함수 f에 대한 방향 도함수의 정의는 이변수함수의 방향 도함수의 정의와 유사하다. $\boldsymbol{u} = a_1\boldsymbol{i} + a_2\boldsymbol{j} + a_3\boldsymbol{k}$가 단위 벡터라고 하면, 점 (x_0, y_0, z_0)에서의 방향 도함수

$$\begin{aligned} D_u f(x_0, y_0, z_0) = f_x(x_0, y_0, z_0)a_1 + f_y(x_0, y_0, z_0)a_2 \\ + f_z(x_0, y_0, z_0)a_3 \end{aligned}$$

이다.

예제 14

$f(x, y, z) = xe^{y^2z}$이고 $\boldsymbol{a} = \boldsymbol{i} - \boldsymbol{j} + \sqrt{2}\boldsymbol{k}$라 하면, 점 $(2, 1, 0)$에서의 벡터 $\boldsymbol{a}$의 방향 도함수를 구하여라.

풀이 먼저 함수 f의 편도함수를 구하면

$f_x(x, y, z) = e^{y^2z}$, $f_y(x, y, z) = 2xye^{y^2z}$, $f_z(x, y, z) = xy^2e^{y^2z}$
그리고

$$\|\boldsymbol{a}\| = \sqrt{1^2 + (-1)^2 + (\sqrt{2})^2} = 2$$

이다. 그러므로 단위 벡터 $\boldsymbol{u} = \frac{1}{2}\boldsymbol{a} = \frac{1}{2}\boldsymbol{i} - \frac{1}{2}\boldsymbol{j} + \frac{\sqrt{2}}{2}\boldsymbol{k}$의 방향 도함수는

$$\begin{aligned} D_u f(2,\ 1,\ 0) &= f_x(2,\ 1,\ 0)\left(\frac{1}{2}\right) + f_y(2,\ 1,\ 0)\left(-\frac{1}{2}\right) + f_z(2,\ 1,\ 0)\left(\frac{\sqrt{2}}{2}\right) \\ &= 1 \cdot \left(\frac{1}{2}\right) + 0 \cdot \left(-\frac{1}{2}\right) + 2 \cdot \left(\frac{\sqrt{2}}{2}\right) \\ &= \frac{1}{2} + \sqrt{2} \end{aligned}$$

이다. ■

문제 11

점 P에서 함수 f의 $\boldsymbol{a}$ 방향 도함수를 구하여라.

(1) $f(x,\ y) = 2x^2 - 3xy + y^2 + 15$,

$P = (1,\ 1)$, $a = \frac{1}{\sqrt{2}}i + \frac{1}{\sqrt{2}}j$

(2) $f(x,\ y,\ z) = \dfrac{x - y - z}{x + y + z}$

$P = (2,\ 1,\ -1)$, $a = -2i - j - k$

1차 편도함수에 의하여 그래디언트라는 벡터를 정의할 수 있다. 이 벡터는 방향 도함수의 설명과 접평면의 정의에 중요한 역할을 하며, 또한 물리학에서 특별한 의미를 갖는다.

정의 8.10

함수 f가 점 $(x_0,\ y_0)$에서 편도함수를 갖는 이변수함수라 하자. 그러면, 점 $(x_0,\ y_0)$에서 함수 f의 **그래디언트**는 $\nabla(x_0,\ y_0)$ 혹은 grad $f(x_0,\ y_0)$로 표시하고, 다음과 같이 정의된다.

$$\text{grad } f(x_0,\ y_0) = \nabla(x_0,\ y_0) = f_x(x_0,\ y_0)\,\boldsymbol{i} + f_y(x_0,\ y_0)\,\boldsymbol{j}$$

예제 15

함수 $f(x, y) = \sin xy$이면, ∇f와 $\nabla f\left(\frac{\pi}{3}, 1\right)$을 구하여라.

풀이 정의에 의하여

$$\nabla f = f_x(x, y)\,\boldsymbol{i} + f_y(x, y)\,\boldsymbol{j} = y\cos xy\,\boldsymbol{i} + x\cos xy\,\boldsymbol{j}$$

이고, 결과적으로

$$\nabla f\left(\frac{\pi}{3}, 1\right) = \cos\frac{\pi}{3}\,\boldsymbol{i} + \frac{\pi}{3}\cos\frac{\pi}{3}\,\boldsymbol{j} = \frac{1}{2}\,\boldsymbol{i} + \frac{\pi}{6}\,\boldsymbol{j}$$

■

문제 12

다음 함수의 그래디언트를 구하여라.

(1) $f(x, y) = 3x - 5y$　　(2) $f(x, y, z) = e^x(\sin y + \sin z)$

문제 13

주어진 점 P에서 함수 f의 그래디언트를 구하여라.

(1) $f(x, y) = 2x^2 - 3xy + 4y^2$, $P = (2, 3)$

(2) $f(x, y, z) = (x - y)\cos \pi z$, $P = \left(1, 0, \frac{1}{2}\right)$

만약 f가 점 (x_0, y_0)에서 미분 가능한 이변수함수이고, 벡터 $\boldsymbol{u} = a_1\boldsymbol{i} + a_2\boldsymbol{j}$가 xy평면에서 단위 벡터라고 하면,

$$\begin{aligned}\nabla f(x_0, y_0)\cdot\boldsymbol{u} &= \nabla f(x_0, y_0)\cdot(a_1\boldsymbol{i} + a_2\boldsymbol{j}) \\ &= f_x(x_0, y_0)a_1 + f_y(x_0, y_0)a_2\end{aligned}$$

그러므로 방향 도함수

$$D_u f(x_0,\ y_0) = [\nabla f(x_0,\ y_0)] \cdot \boldsymbol{u}$$

이다.

이 공식은 방향 벡터 $\boldsymbol{u}$와 그래디언트에 대한 방향 도함수의 관계를 다음과 같이 설명해 준다.

즉 만약 $\nabla f(x_0,\ y_0) = 0$이면, 모든 벡터 $\boldsymbol{u}$에 대해서 $D_u f(x_0,\ y_0) = 0$임을 의미한다. 또한 $f(x_0,\ y_0) \neq 0$이면, 벡터 $\boldsymbol{u}$의 함수로서 $D_u f(x_0,\ y_0)$ 값을 결정할 수 있고, 즉 벡터 $\boldsymbol{u}$ 방향에서 $D_u f(x_0,\ y_0)$의 값을 계산할 수 있다.

$\boldsymbol{u}$를 단위 벡터라 하고, ϕ를 $\boldsymbol{u}$와 $\nabla f(x_0,\ y_0)$의 사이각이라 하면,

$$\begin{aligned} D_u f(x_0,\ y_0) &= [\nabla f(x_0,\ y_0)] \cdot \boldsymbol{u} \\ &= \|\boldsymbol{u}\| \|\nabla f(x_0,\ y_0)\| \cos\phi \\ &= \|\nabla f(x_0,\ y_0)\| \cos\phi \end{aligned}$$

이다.

따라서 $\phi = 0$일 때, 방향 도함수 $D_u f(x_0,\ y_0)$는 최대값 $\|\nabla f(x_0,\ y_0)\|$을 갖는다.

6 함수의 증분과 (전)미분

함수 $z = f(x,\ y)$에 대하여 x와 y가 각각 Δx와 Δy만큼 변하면 주어진 함수 $f(x,\ y)$는

$$\Delta z = f(x + \Delta x,\ y + \Delta y) - f(x,\ y)$$

만큼 변한다. 이 중분 Δz를 함수 z의 **증분**이라 한다.

예제 16

함수 $z = f(x, y) = x^2 + 2y^2$이면 z의 증분 Δz를 구하여라.

풀이 $\Delta z = f(x+\Delta x, y+\Delta y) - f(x, y)$

$= \{(x+\Delta x)^2 + 2(y+\Delta y)^2\} - (x^2 + 2y^2)$

$= 2x \cdot \Delta x + (\Delta x)^2 + 4y \cdot \Delta y + 2(\Delta y)^2$ ■

문제 14

함수 $z = f(x, y) = e^{xy}$이면 z의 증분 Δz를 구하여라.

앞에서 이변수함수 $z = f(x, y)$에서 변수 x와 y 중에서 어느 하나만을 변수로 보고 다른 하나는 상수처럼 취급하여 미분하는 편미분에 대하여 알아보았다. 여기서는 변수 x와 y가 동시에 변하는 미분에 대하여 알아보자.

함수 $z = f(x, y)$에서 1계 편도함수 f_x, f_y가 존재하고 연속이라 하자. 함수 f의 정의역 내의 한 점 $P(x, y)$가 점 $Q(x+\Delta x, y+\Delta y)$로 변할 때, 함수 z의 증분 Δz는

$$\begin{aligned}\Delta z &= f(x+\Delta x, y+\Delta y) - f(x, y)\\ &= f(x+\Delta x, y+\Delta y) - f(x, y+\Delta y) + f(x, y+\Delta y) - f(x, y)\end{aligned}$$

임을 이미 알아보았다.

이 식에 평균값정리를 적용하면

$$\Delta z = f_x(x+\theta_1 \Delta x, y+\Delta y)\Delta x + f_y(x, y+\theta_2 \Delta y)\Delta y$$

(여기서, $0 < \theta_1, \theta_2 < 1$)

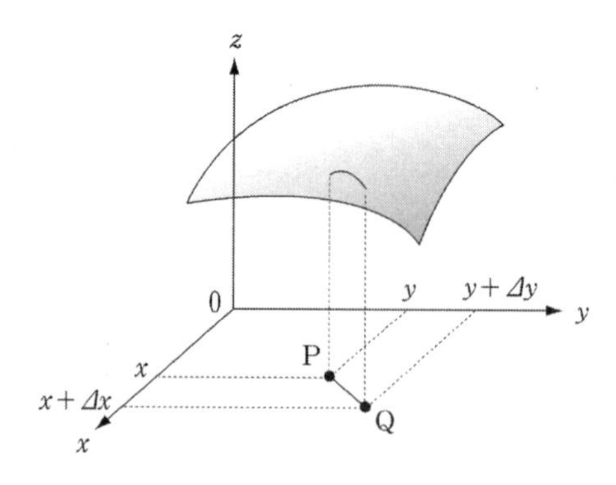

이때,

$$f_x(x+\theta_1\Delta x,\ y+\Delta y) = f_x(x,\ y) + \varepsilon_1$$
$$f_y(x,\ y+\theta_2\Delta y) = f_y(x,\ y) + \varepsilon_2$$

라 하면

$$\Delta z = f_x(x,\ y)\Delta x + f_y(x,\ y)\Delta y + \varepsilon_1\Delta x + \varepsilon_2\Delta y$$

f_x와 f_y가 연속이므로

$$(\Delta x,\ \Delta y) \to (0,\ 0)\text{이면 } (\varepsilon_1,\ \varepsilon_2) \to (0,\ 0)$$

이다. 따라서

$$\Delta z \fallingdotseq f_x(x,\ y)\Delta x + f_y(x,\ y)\Delta y$$

윗식에서 좌변을 dz라 놓고 이것을 점 $P(x,\ y)$에서 변량 $(\Delta x,\ \Delta y)$에 관한 **전미분** 또는 **미분**이라 한다. 즉

$$dz = \frac{\partial z}{\partial x}\Delta x + \frac{\partial z}{\partial y}\Delta y$$

이다. 여기서 $z = f(x,\ y) = x$라 하면 $dz = dx = \Delta x$이고 $z = f(x,\ y) = y$라 하면 $dz = dy = \Delta y$가 됨을 알 수 있다.

따라서 우리는 "각 독립변수의 미분은 그 증분과 같다"고 정의할 수 있다. 그래서

$$dz = \frac{\partial z}{\partial x} dx + \frac{\partial z}{\partial y} dy$$

로 쓸 수 있다.

예제 17

함수 $z = xy^2 + e^{xy}$일 때 전미분 dz를 구하여라.

풀이

$$\frac{\partial z}{\partial x} = y^2 + ye^{xy}, \quad \frac{\partial z}{\partial y} = 2xy + xe^{xy}$$

이므로

$$\begin{aligned} dz &= \frac{\partial z}{\partial x} dx + \frac{\partial z}{\partial y} dy \\ &= (y^2 + ye^{xy})\,dx + (2xy + xe^{xy})\,dx \end{aligned}$$

이다. ■

문제 15

다음 함수의 전미분을 구하여라.

(1) $z = 5x^2 + xy - 2y^3$ (2) $z = \arctan\left(\frac{x}{y}\right)$

(3) $u = e^{xyz}$ (4) $u = \ln\sqrt{x + y + z}$

7 다변수함수의 극대 · 극소

이변수함수 $f(x, y)$의 정의역 내의 한 점 (a, b)의 함수값 $f(a, b)$가 (a, b)의 근방의 모든 (x, y)의 값에 대하여 $f(x, y)$보다 클 때 (또는 작을 때) $f(x, y)$는 (a, b)에서 **극대값**(또는 **극소값**)을 갖는다고 한다.

$f(x, y)$가 (a, b)에서 극대값(또는 극소값)을 가지면 변수 x만의 함수

$f(x, b)$는 $x = a$에서 극대값(또는 극소값)을 갖는다. 즉

$$\left[\frac{\partial}{\partial x} f(x, b)\right]_{x=a} = 0$$

을 의미한다.

함수 $f(a, y) = 0$에 대해서도 같은 결과를 얻을 수 있으므로 다음 정리를 얻을 수 있다.

정리 8. 11

함수 $f(x, y)$가 (a, b)에서 극대값(또는 극소값)을 가지려면

$$\left[\frac{\partial}{\partial x} f(x, b)\right]_{x=a} = 0$$
$$\left[\frac{\partial}{\partial y} f(a, y)\right]_{y=b} = 0$$

이다.

위 정리의 역은 성립하지 않는다.

예제 18

함수 $f(x, y) = 2x^2 + 2y^2 - x^4 - x^2y^2$의 극값을 구하여라.

풀이

$$f_x(x, y) = 4x - 4x^3 - 2xy^2 = 2x(2 - 2x^2 - y^2) = 0$$
$$f_y(x, y) = 4y - 2x^2y = 2y(2 - x^2) = 0$$

에서 $(x, y) = (0, 0), (1, 0), (-1, 0)$이다.

(i) $(x, y) = (0, 0)$인 경우 :

$f(0, 0) = 0$이고 점 $(0, 0)$의 부근의 점 (x, y)에 대하여

$$f(x, y) = (x^2 + y^2) = (2 - x^2) > 0$$

이므로, $f(0,\ 0)$는 극소값이다.

(ii) $(x,\ y) = (1,\ 0)$인 경우 :

$f(1,\ 0)$는 극값이 될 수 없다. 이유는

함수 $f(x,\ 0) = 2x^2 - x^4 = 1 - (1 - x^2)$은 $x = 1$에서 극대이고

$f(1,\ y) = 1 + y^2$은 $y = 0$에 극소가 되기 때문이다.

(iii) $(x,\ y) = (-1,\ 0)$인 경우 :

이 경우 역시 (iii)와 마찬가지로 극값이 될 수 없다.

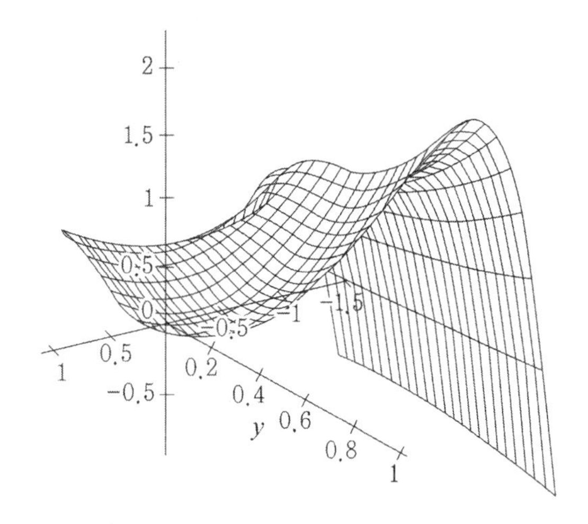

■

문제 16

함수 $f(x,\ y) = x^2 + y^2 + x + y$의 극소값을 구하여라.

예제 19

함수 $f(x,\ y) = y^2 - x^2$에서 $f(0,\ 0)$이 극값이 아님을 보여라.

풀이 $f_x(x,\ y) = -2x$이고 $f_y(x,\ y) = 2y$이므로 $f_x(0,\ 0) = 0 = f_y(0,\ 0)$이다. 하지만 다음 그림에서 보는 바와 같이 $(0,\ 0,\ 0)$은 극대값도 극소값도 아니다. 즉, $x \neq 0$, $f(x,\ 0) = -x^2 < 0$이고, $y \neq 0$, $f(0,\ y) = y^2 > 0$이다.

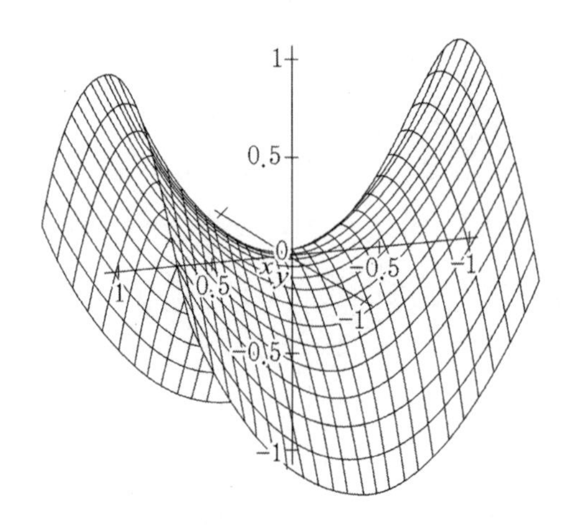

■

문제 17

함수 $f(x, y) = \dfrac{x^2}{a^2} - \dfrac{y^2}{b^2}$에서 $f(0, 0)$이 극값이 아님을 보여라.

예제 19의 함수 $f(x, y) = y^2 - x^2$에서 x축상의 점들만 생각하면 이 함수는 원점에서 극대값을 갖는다. 마찬가지로, y축상의 점들만 생각하면 원점에서 극소값을 갖는다.

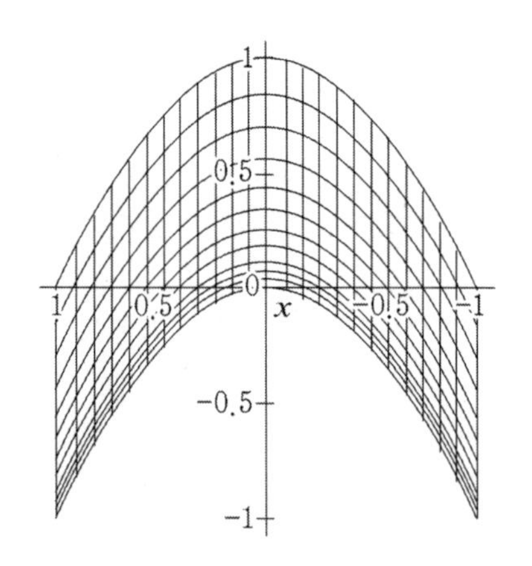

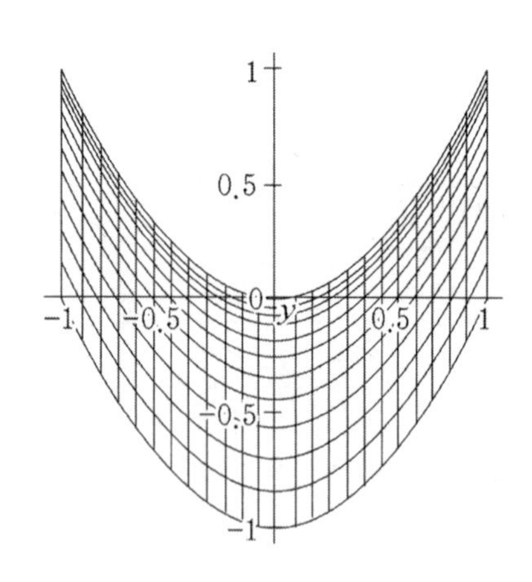

이 함수의 그래프는 앞의 그림에서 보듯이 모양이 말의 안장과 비슷하다.

이 그래프는 $f_x(0,\ 0)=0=f_y(0,\ 0)$임에도 불구하고 점 $(0,\ 0)$에서 극값을 갖지 않기 때문에 말의 안장과 비슷한 모양을 한다. 일반적으로 함수 $f(x,\ y)$가 $f_x(a,\ b)=0=f_y(a,\ b)$를 만족하고 점 $(a,\ b)$를 통과하는 xy평면에서 두 직선이 존재하여 한 직선에서는 극소값을, 다른 한 직선에서는 극대값을 갖는 점 $(a,\ b)$를 **안장점**이라 한다.

다음 정리는 이변수함수에 대한 극값판정법이다.

정리 8. 12

함수 $f(x,\ y)$가 점 $(a,\ b)$의 근방에서 연속인 2계 편도함수를 갖고 $f_x(a,\ b)=0$, $f_y(a,\ b)=0$이라 할 때,

(1) $f_{xx}(a,\ b)\cdot f_{yy}(a,\ b)-\{f_{xy}(a,\ b)\}^2>0$이고

① $f_{xx}(a,\ b)>0$이면 $f(a,\ b)$는 극소값이고

② $f_{xx}(a,\ b)<0$이면 $f(a,\ b)$는 극대값이다.

(2) $f_{xx}(a,\ b)\cdot f_{yy}(a,\ b)-\{f_{xy}(a,\ b)\}^2<0$이면 $f(a,\ b)$는 극값이 아니다.

(3) $f_{xx}(a,\ b)\cdot f_{yy}(a,\ b)-\{f_{xy}(a,\ b)\}^2=0$이면 판정할 수 없다.

예제 20

함수 $f(x,\ y)=x^2+y^2-2x-y+3$의 극값을 구하여라.

풀이 $f_x(x,\ y)=2x-2$, $f_y(x,\ y)=2y-1$에서

$f_x(x,\ y)=0$, $f_y(x,\ y)=0$을 만족하는 $x=1$, $y=\dfrac{1}{2}$

$f_{xx}(x,\ y)=2$, $f_{yy}(x,\ y)=2$, $f_{xy}(x,\ y)=0$이므로

$f_{xx}\left(1,\ \dfrac{1}{2}\right)\cdot f_{yy}\left(1,\ \dfrac{1}{2}\right)-\left\{f_{xy}\left(1,\ \dfrac{1}{2}\right)\right\}^2=4>0$이고

$f_{xx}\left(1,\ \frac{1}{2}\right) = 2 > 0$ 이다.

따라서, 정리 8.12의 (1)에 의하여 $\left(1,\ \frac{1}{2}\right)$에서 극소가 되고 극소값은

$f\left(1,\ \frac{1}{2}\right) = \frac{7}{4}$ 이다.

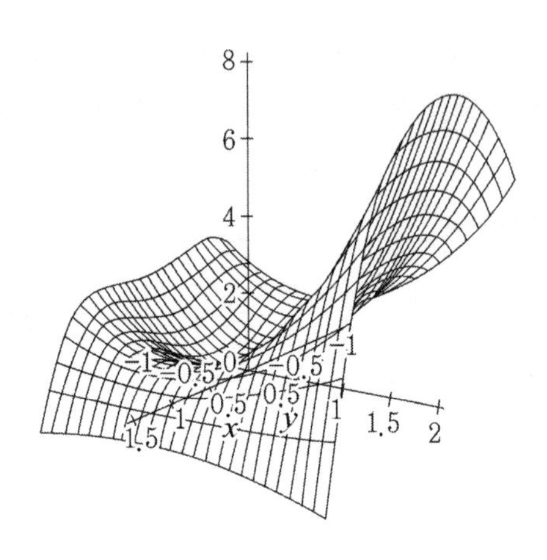

■

문제 18

다음 함수의 극값을 구하여라.

(1) $f(x,\ y) = xy(x+y-3)$

(2) $f(x,\ y) = x^2+1+2x\sin y$

연습문제

1. 다음 함수의 정의역과 치역을 구하여라.

(1) $f(x, y) = \sqrt{y-x}$　　(2) $f(x, y) = 4x^2 + 9y^2$

(3) $f(x, y) = \dfrac{y}{x^2}$　　(4) $f(x, y) = \ln(x^2 + y^2)$

2. 다음 함수의 그래프를 그려라.

(1) $f(x, y) = \sqrt{xy}$　　(2) $f(x, y) = \dfrac{x^2}{x^2+y^2}$

3. 다음 함수의 그래프와 등위선을 그려라.

(1) $f(x, y) = 4 - x - 2y$　　(2) $f(x, y) = x^2 + y^2$

4. 다음 극한값을 구하여라.

(1) $\lim\limits_{(x,\ y)\to(2,\ 4)} \left(x + \dfrac{1}{2}\right)$　　(2) $\lim\limits_{(x,\ y)\to(1,\ 0)} \left(\dfrac{x^2 - xy + 1}{x^2+y^2}\right)$

(3) $\lim\limits_{(x,\ y)\to(0,\ 0)} \left(\dfrac{e^y - \sin x}{x}\right)$　　(4) $\lim\limits_{(x,\ y,\ z)\to(0,\ -2,\ 0)} \ln\sqrt{x^2+y^2+z^2}$

5. 다음 함수의 연속성을 조사하여라.

(1) $f(x, y) = \begin{cases} \dfrac{xy}{x^2+y^2}, & (x,\ y) \neq (0,\ 0) \\ 0, & (x,\ y) = (0,\ 0) \end{cases}$

(2) $f(x, y) = \begin{cases} \dfrac{xy^2}{x^2+y^2}, & (x,\ y) \neq (0,\ 0) \\ 0, & (x,\ y) = (0,\ 0) \end{cases}$

6. 다음 함수의 1계 편도함수를 구하여라.

(1) $f(x, y) = \frac{2}{5}x^{\frac{5}{2}}$ (2) $f(x, y) = 5x + 2x^3y^2$

(3) $f(x, y) = \frac{x^3 + y^3}{x^2 + y^2}$ (4) $f(x, y) = \sqrt{4 - x^2 - 9y^2}$

(5) $f(x, y) = e^{-x} \cdot \sin(x + 2y)$ (6) $f(x, y) = \ln(x^2y^5 - 5)$

(7) $f(x, y) = e^{x+y}$ (8) $f(x, y) = \arctan\left(\frac{x}{y}\right)$

7. 함수 $z = e^{-y} \cdot \cos(x - y)$일 때, $\frac{\partial z}{\partial x} + \frac{\partial z}{\partial y} + z = 0$임을 보여라.

8. 함수 $f(x, y) = e^x \cdot \ln y$일 때, $f_x(0, e)$와 $f_y(0, e)$를 구하여라.

9. 다음 함수의 2계 편도함수를 구하여라.

(1) $f(x, y) = \frac{2}{5}x^{\frac{5}{2}}$

(2) $f(x, y) = e^{x-2y}$

(3) $f(x, y) = e^{-y} \cdot \cos x$

(4) $f(x, y) = \int_0^x \sin t^2 dt \cdot \int_0^y \cos t^2 dt$

10. 함수 $z = e^{-ay} \cdot \cos ax$이면, $\frac{\partial^2 z}{\partial x^2} = a \cdot \frac{\partial^2 z}{\partial y^2}$임을 보여라.

11. 다음 함수가 $f_{xy} = f_{yx}$를 만족함을 보여라.

(1) $f(x, y) = 2x^2y^2 - x^3y^5$ (2) $f(x, y) = \ln\frac{x-1}{y-1}$

(3) $f(x, y) = \cos^7 x - \sin^2 y$ (4) $f(x, y) = \sin xy$

12. 다음 함수에서 $\frac{\partial z}{\partial x}$, $\frac{\partial z}{\partial y}$를 구하여라.

(1) $z = v^2 - 3uv + v^2$, $u = 2x^2 - y$, $v = x + 3xy$

(2) $z = u \cdot \ln v + v \cdot \ln u$, $u = y + \frac{2}{x}$, $v = x \cdot e^y$

13. 다음 함수의 $\frac{dz}{dx}$를 구하여라.

(1) $z = u^3 + v^3$, $u = x$, $v = x^2$

(2) $z = \frac{u+2v}{2u-v}$, $u = e^x$, $v = e^{-x}$

14. 점 P에서 함수 f의 $\boldsymbol{a}$방향 도함수를 구하여라.

(1) $f(x, y) = x^2 + y^2$, $P = (1, 2)$, $a = \frac{1}{\sqrt{3}} i - \frac{\sqrt{2}}{\sqrt{3}} j$

(2) $f(x, y, z) = \frac{x - y + z}{x + y - z}$, $P = (2, 1, -1)$, $a = -2i - j - k$

15. 다음 함수의 전미분 dz를 구하여라.

(1) $z = 2x + 4xy + y^2$

(2) $z = e^{-x} \sin y$

(3) $z = y^2 \cos 5x$

(4) $z = \ln \frac{x}{y}$

16. 다음 함수의 극값을 구하여라.

(1) $z = 5xy - x^4 - y^4$

(2) $z = 2x^4 - x^2 + 3y^2$

(3) $z = x^4 + 1 + 2x \cdot \sin y$

(4) $z = xy - \ln(x^2 + y^2)$

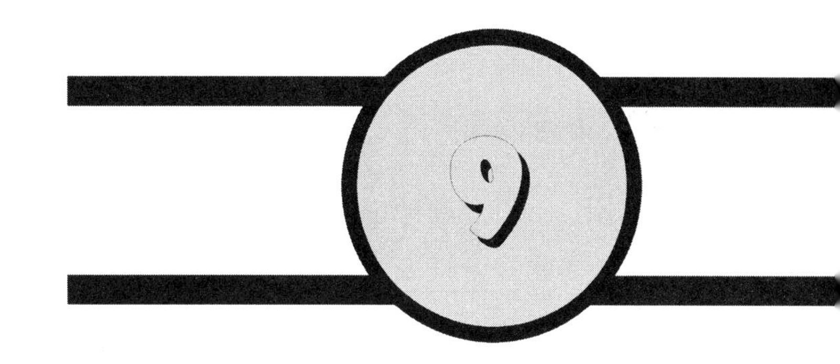

중적분

5장에서는 구간 $[a, b]$상에서의 연속함수에 대한 적분 $\int_a^b f(x)\,dx$를 면적을 계기로 하여 정의하였다. 이 장에서는 2변수 또는 3변수 함수의 적분을 정의함으로써 보다 복잡한 영역의 면적, 여러 가지 형태의 입체의 체적, 2차원 또는 3차원 물체의 질량 및 중력 중심을 계산할 수 있다. 이 장에 나오는 정리의 증명은 고급 미적분학에서만 취급하므로 증명은 생략한다.

1 이중적분

1변수함수의 정적분을 2변수함수에 대하여 확장한 것을 **이중적분**이라 한다. 이중적분은 다음과 같이 정의한다.

구간 $[a, b]$에서 연속인 두 함수 $y = g(x)$, $y = h(x)$ $(g(x) \le h(x))$와 두 직선 $x = a$, $x = b$로 둘러싸인 평면상의 영역을 $\mathrm{R_I}$이라 하자. 즉

$$\mathrm{R_I} = \{(x,\ y) \mid a \le x \le b,\ g(x) \le y \le h(x)\}$$

다음 그림에서와 같이 좌표축에 평행한 직선들에 의하여 유한개의 작은 직사각형들로 분할되었을 때, 이들 사각형 중에서 영역 $\mathrm{R_I}$의 내부 또는 경계

선에 놓인 것들을 A_1, A_2, $\cdots$, A_n으로 표시한다(빗금친 부분).

집합 $P = \{A_1, A_2, \cdots, A_n\}$을 영역 $\mathrm{R_I}$의 분할이라 한다. 직사각형 $A_i (i = 1, 2, \cdots, n)$ 중에서 가장 긴 대각선의 길이를 P의 **노름**이라 하고, $\|P\|$로 나타내며, 사각형 A_i의 면적을 ΔA_i로 나타내기로 한다. 함수 $f(x, y)$가 영역 $\mathrm{R_I}$에서 연속이고,

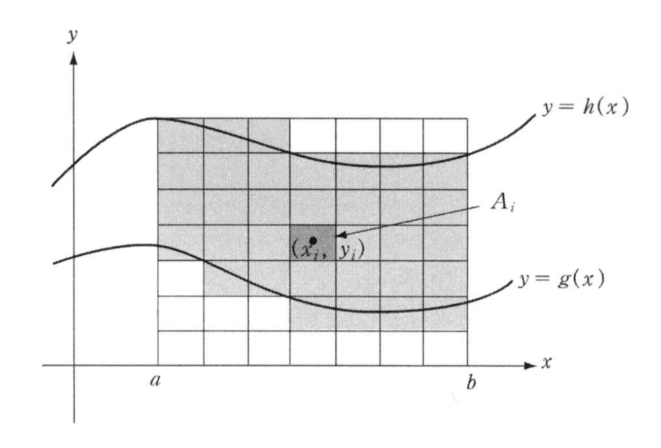

점 (x_i, y_i)를 사각형 A_i의 임의의 점이라 할 때, 합

$$\sum_{i=1}^{n} f(x_i, y_i) \Delta A_i$$

를 분할 P에 대한 함수 f의 **리이만 합**이라 한다.

$\|P\|$이 0에 수렴하도록 분할 P를 세분해 가면 $\mathrm{R_I}$의 분할방법이나 A_i 내의 점 (x_i, y_i)의 선택방법에 상관없이 리이만합은 일정한 값에 수렴한다는 것이 알려져 있다. 따라서 이 일정한 값을 영역 $\mathrm{R_I}$에 대한 함수 f의 **이중적분**이라 하고

$$\iint_{\mathrm{R_I}} f(x, y)\,dx\,dy = \lim_{\|P\| \to 1} \sum_{i=1}^{n} f(x_i, y_i) \Delta A_i$$

로 나타낸다.

이중적분의 정의를 구간 $[c, d]$에서 연속인 두 함수 $x = g(y)$, $x = h(y)$

$(g(y) \le h(y))$와 두 직선 $y = c$, $y = d$로 둘러싸인 영역 R_{II}, 즉

$$R_{II} = \{(x, y) \mid c \le y \le d,\ g(y) \le x \le h(y)\}$$

에 대해서도 생각할 수 있다. 문제에 따라서는 R_I의 영역을 R_{II}로 바꾸어 이중적분을 계산하고, R_{II}영역을 R_I영역으로 바꾸어 이중적분을 계산하면 더 쉽게 계산할 수 있음을 알 수 있다.

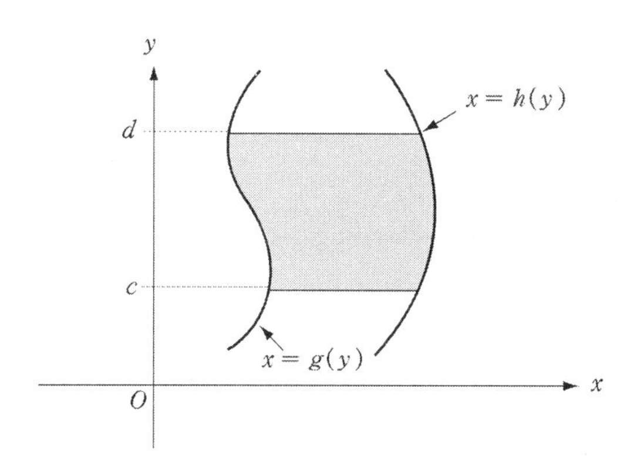

예제 1

다음에서 R_I영역은 R_{II}로, R_{II}영역은 R_I영역으로 나타내어라.

(1) $R_I = \{(x, y) \mid 1 \le x \le 2,\ 0 \le y \le \ln x\}$

(2) $R_{II} = \{(x, y) \mid 0 \le y \le 1,\ y^2 \le x \le \sqrt[3]{y}\}$

풀이 (1) R_I의 영역을 R_{II}로 바꾸면 다음과 같다.

$$R_{II} = \{(x, y) \mid 0 \le y \le \ln 2,\ e^y \le x \le 2\}$$

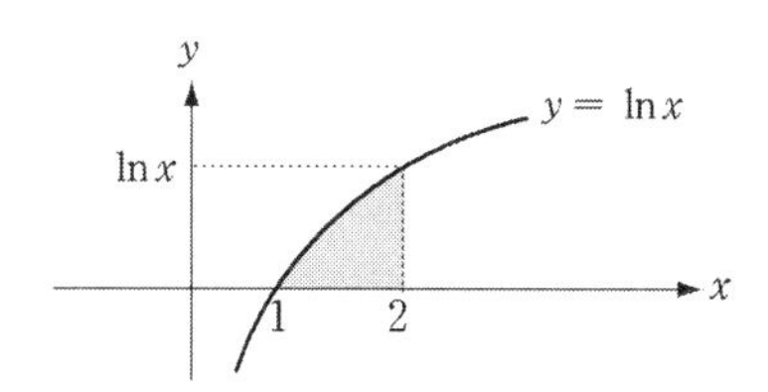

(2) R_{II}의 영역을 R_{I}로 바꾸면 다음과 같다.

$$R_{I} = \{(x, y) | 0 \le x \le 1, x^3 \le y \le \sqrt{x}\}$$

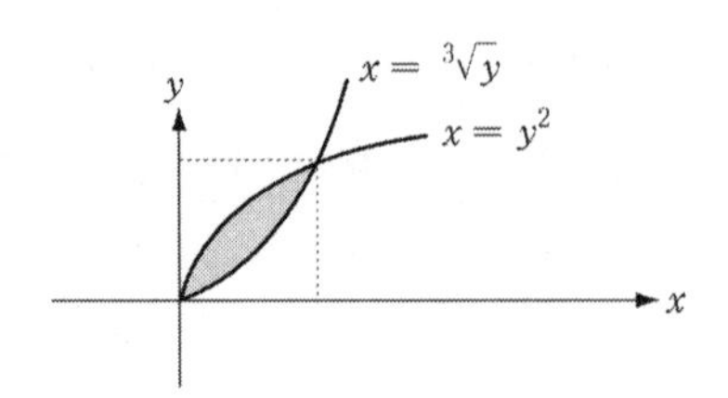

■

문제 1

다음에서 R_{I}영역은 R_{II}로, R_{II}영역은 R_{I}영역으로 나타내어라.

(1) $R_{I} = \{(x, y) | 0 \le x \le 1, x^2 \le y \le x\}$

(2) $R_{II} = \{(x, y) | 1 \le y \le 2, 0 \le x \le e^{y-1}\}$

정의 9.1

함수 $f(x, y)$가 영역 R에서 연속이고, $f(x, y) \ge 0$일 때, 영역 R과 곡면 $z = f(x, y)$ 사이에 있는 입체의 체적 V는

$$V = \iint_{R} f(x, y)\, dA$$

로 정의한다.

특히, 함수 $f(x, y) = 1$일 때, 이중적분은 영역 R의 면적이 된다. 즉

$$\text{R의 면적} = \iint_{R} 1\, dA$$

이다.

2 반복적분

2변수함수 $z = f(x, y)$가 영역 R에서 연속이면 이중적분은 항상 존재한다. 그러나 f가 연속함수일지라도 이중적분의 값을 정의에 의하여 구한다는 것은 매우 어려운 일이다. 2변수함수의 정적분은 미적분학의 기본정리 II에 의하여 구할 수 있듯이 이중적분은 **반복적분**이라는 방법을 이용하여 쉽게 계산할 수 있다.

다음과 같은 적분형태를 반복적분이라 한다.

$$\int_a^b \left[\int_{g(x)}^{h(x)} f(x, y)\, dy \right] dx, \quad \int_c^d \left[\int_{g(y)}^{h(y)} f(x, y)\, dx \right] dy \quad \cdots\cdots\cdots\cdots ①$$

$\int_a^b \left[\int_{g(x)}^{h(x)} f(x, y)\, dy \right] dx$를 계산하기 위해서는, 먼저 고정한 x에 대하여 $\int_{g(x)}^{h(x)} f(x, y)\, dy$를 계산한 다음에 그 결과 함수를 x에 관하여 적분하는 것이다. 일반적으로 ①에 있는 괄호를 생략하여 $\int_a^b \int_{g(x)}^{h(x)} f(x, y)\, dydx$로 나타낸다.

정리 9. 2

함수 $f(x, y)$가 영역 R에서 연속이면

(1) $\iint_{R_I} f(x, y)\, dxdy = \int_a^b \int_{g(x)}^{h(x)} f(x, y)\, dydx$,

(2) $\iint_{R_{II}} f(x, y)\, dxdy = \int_c^d \int_{g(y)}^{h(y)} f(x, y)\, dydx$

이다.

예제 2

영역 $R = \{(x,\ y) \mid -1 \le x \le 2,\ 0 \le y \le 3\}$일 때, $\iint_R 2xy^2\,dA$를 구하여라.

풀이 y에 대하여 적분할 때는 x는 상수로 볼 수 있으므로

$$\begin{aligned}\int_0^3 12xy^2dy &= 12x\int_0^3 y^2dy \\ &= 12x\left[\frac{1}{3}y^3\right]_{y=0}^{y=3} \\ &= 108x\end{aligned}$$

이고,

$$\begin{aligned}\int_{-1}^2\int_0^3 12xy^2\,dydx &= \int_{-1}^2 108x\,dx \\ &= [\,54x^2\,]_{x=1}^{x=2} \\ &= 162\end{aligned}$$

■

예제 3

다음 이중적분을 계산하여라.

(1) $\int_0^1\int_0^x 4xy\,dydx$

(2) $\int_0^1\int_y^1 (2-x^2-y)\,dxdy$

풀이 (1)
$$\begin{aligned}\int_0^1\int_0^x 4xy\,dydx &= \int_0^1\left[\,2xy^2\,\right]_{y=0}^{y=x}dx \\ &= \int_0^1 2x^3\,dx \\ &= \left[\frac{1}{2}x^4\right]_{x=0}^{x=1} \\ &= \frac{1}{2}\end{aligned}$$

(2) $\int_0^1 \int_y^1 (2-x^2-y)\,dxdy = \int_0^1 \left[2x - \frac{1}{3}x^3 - yx\right]_{x=y}^{x=1} dy$

$$= \int_0^1 \left\{\left(2-\frac{1}{3}-y\right) - \left(2y - \frac{1}{3}y^3 - y^2\right)\right\} dy$$

$$= \int_0^1 \left(\frac{5}{3} - 3y + y^2 + \frac{1}{3}y^3\right) dy$$

$$= \left[\frac{5}{3} - \frac{3}{2}y^2 + \frac{1}{3}y^3 + \frac{1}{12}y^4\right]_{y=0}^{y=1}$$

$$= \frac{7}{12}$$

한편, $\int_0^1 \int_0^x (2-x^2-y)\,dxdy = \int_0^1 \left[2y - x^2y - \frac{1}{2}y^2\right]_{y=0}^{y=x} dx$

$$= \int_0^1 \left(2x - x^3 - \frac{1}{2}x^2\right) dx$$

$$= \left[x^2 - \frac{1}{4}x^4 - \frac{1}{6}x^3\right]_{x=0}^{x=1}$$

$$= \frac{7}{12}$$

이다. ■

예제 3의 풀이 (2)에서 적분의 순서는 다르지만 그 값은 같다는 것을 알 수 있다. 일반적으로 영역 R과 함수 f를 고정시키면, 반복적분에서 적분순서를 바꿀 경우 적분기호에 상한이나 하한이 변한다. 그러나 계산된 적분들은 특별한 경우를 제외하고는 항상 같다.

문제 2

다음 이중적분을 계산하여라.

(1) $\int_0^2 \int_0^{\sqrt{4-y^2}} \sqrt{4-y^2}\, dydx$

(2) $\int_0^1 \int_x^4 (4x^3 + 10y)\, dydx$

(3) $\int_1^{\ln 2} \int_0^y e^{x+y}\, dxdy$

예제 4

$\int_0^1 \int_y^1 \sin x^2 \, dx\,dy$를 계산하여라.

풀이 영역 $R_{II} = \{(x, y) \mid 0 \le y \le 1, y \le x \le 1\}$에서 함수 $f(x, y) = \sin x^2$의 이중적분이다.

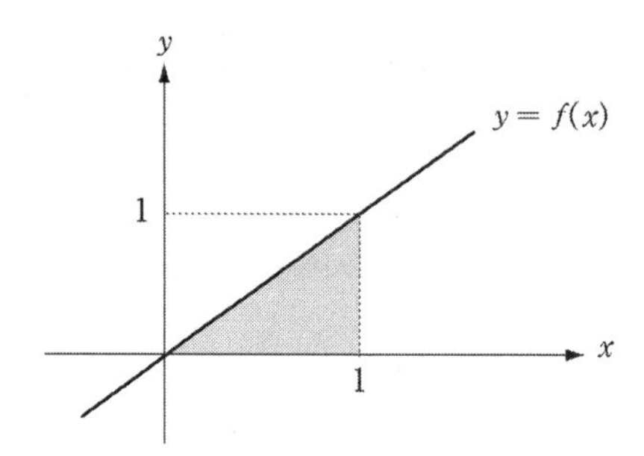

R_{II}영역을 R_I으로 바꾸면

$$R_I = \{(x, y) \mid 0 \le x \le 1, 0 \le y \le x\}$$

이다. 따라서 주어진 이중적분은 다음과 같이 바꾸어 계산한다.

$$\begin{aligned}\int_0^1 \int_y^1 \sin x^2 \, dx\,dy &= \int_0^1 \int_0^x \sin x^2 \, dy\,dx \\ &= \int_0^1 \Big[y \sin x^2 \Big]_{y=0}^{y=x} dx \\ &= \int_0^1 x \sin x^2 dx \\ &= \Big[\frac{1}{2} \cos x^2 \Big]_0^1 \\ &= \frac{1}{2}\Big(\cos 1 - 1 \Big)\end{aligned}$$

■

문제 3

다음 이중적분을 계산하여라.

(1) $\int_0^1 \int_0^{\ln x} (x-1)\sqrt{1+e^{2y}}\, dy dx$

(2) $\int_0^9 \int_{\sqrt{y}}^3 \sin \pi x^3 dx dy$

예제 5

제I공간 내에서 포물면 $z = x^2 + y^2$과 원기둥면 $x^2 + y^2 = 9$로 둘러싸인 입체의 체적을 구하여라.

풀이 $R_I = \{(x,\ y) | 0 \le x \le 3,\ 0 \le y \le \sqrt{9-x^2}\}$
이므로 체적은

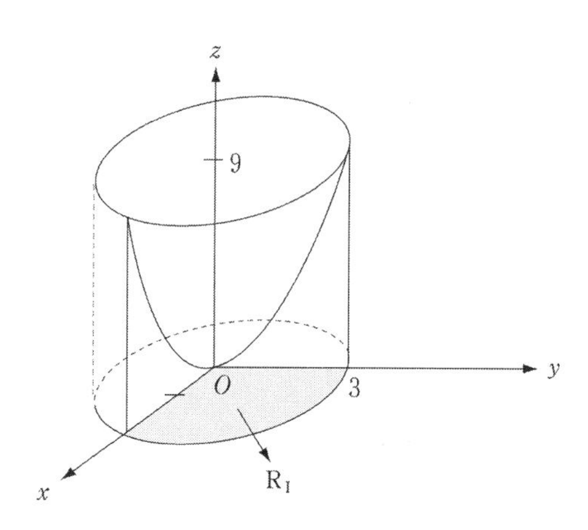

$$V = \iint_{R_I} (x^2 + y^2) dx dy$$

이다. 따라서

$$V = \int_0^3 \int_0^{\sqrt{9-x^2}} (x^2 + y^2) dy dx$$

$$= \int_0^3 \left[x^2y + \frac{1}{3}y^3 \right]_{y=0}^{y=\sqrt{9-x^2}} dx$$

$$= \int_0^3 \left[x^2\sqrt{9-x^2} + \frac{1}{3}\sqrt{(9-x^2)^3} \right] dx$$

이다. $x = 3\sin\theta\left(-\frac{\pi}{2} \le \theta \le \frac{\theta}{2}\right)$로 치환하면

$$V = \int_0^{\frac{\pi}{2}} \left(9\sin^2\theta \cdot 3\cos\theta + \frac{1}{3} \cdot 27\cos^3\theta\right) 3\cos\theta d\theta$$

$$= \int_0^{\frac{\pi}{2}} 27\cos^2\theta(3\sin^2\theta + \cos^2\theta)d\theta$$

$$= \int_0^{\frac{\pi}{2}} 27\cos^2\theta(3\sin^2\theta + 1 - \sin^2\theta)\,d\theta$$

$$= \int_0^{\frac{\pi}{2}} \frac{27}{2}(\sin^2 2\theta + \cos 2\theta + 1)\,d\theta$$

$$= \int_0^{\frac{\pi}{2}} \frac{27}{2}\left(\frac{1-\cos 2\theta}{2} + \cos 2\theta + 1\right) d\theta$$

$$= \frac{81}{8}\pi$$

이다. ■

예제 6

영역 R_I이 반지름이 2이고 원점이 중심인 원일 때 원의 넓이를 중적분을 이용하여 구하여라.

풀이 $R_I = \{(x,\ y) \mid -2 \le x \le 2,\ -\sqrt{4-x^2} \le y \le \sqrt{4-x^2}\}$

이므로 영역 R_I의 넓이는

$$S = \iint_{R_I} 1 dA$$

이다. 따라서

$$S = \int_{-2}^{2}\int_{-\sqrt{4-x^2}}^{\sqrt{4-x^2}} 1\, dydx$$

$$= 2\int_{-2}^{2}\sqrt{4-x^2}\, dx$$

이다. $x = 2\sin\theta\left(-\frac{\pi}{2} \le \theta \le \frac{\pi}{2}\right)$로 치환하면

$$S = 2\int_{-\frac{\pi}{2}}^{\frac{\pi}{2}} \sqrt{4-4\sin^2\theta}\cdot 2\cos\theta\, d\theta$$
$$= 4\int_{-\frac{\pi}{2}}^{\frac{\pi}{2}} \cos^2\theta\, d\theta$$
$$= 4\left[\theta + \frac{1}{2}\sin 2\theta\right]_{-\frac{\pi}{2}}^{\frac{\pi}{2}}$$
$$= 4\pi$$

■

문제 4

두 곡선 $y = \sin x$, $y = \cos x$와 두 직선 $x = 0$, $x = \frac{\pi}{4}$로 둘러싸인 영역의 면적을 중적분을 이용하여 구하여라.

3 극좌표내에서의 이중적분

이 절에서는 극좌표평면에서의 영역 R에 대한 이중적분을 정의하고, 그것이 어떻게 반복적분으로 표시되는가를 알아보자.

아래 그림에서 부채꼴에서 빗금친 부분의 면적은 다음과 같다.

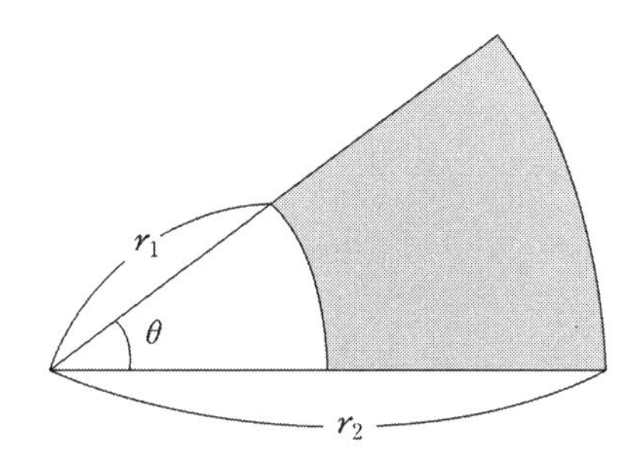

$$\text{빗금친 부분의 면적} = \frac{1}{2}r_2{}^2\theta - \frac{1}{2}r_1{}^2\theta$$

$$= \frac{\theta}{2}(r_2 + r_1)(r_2 - r_1)$$

임을 알 수 있다.

극좌표평면에서 R을 구간 $[\alpha, \beta]$(단, $0 \le \beta - \alpha \le 2\pi$) 상에서 연속인 두 곡선 $r = \psi(\theta)$, $r = \phi(\theta)$ $(\psi(\theta) \le \phi(\theta))$와 두 직선 $\theta = \alpha$, $\theta = \beta$ $(\alpha < \beta)$로 둘러싸인 영역이라 하자. 즉,

$$R = \{(r, \theta) \mid \alpha \le \theta \le \beta, \psi(\theta) \le r \le \phi(\theta)\}$$

영역 R이 원점을 중심으로 하는 동심원들과 원점을 지나는 직선들에 의하여 유한개의 부분영역들로 분할되었을 때 이들 부분영역 중에서 영역 R의 내부 또는 경계선에 놓인 것들 $A_1, A_2, A_3, \cdots, A_n$으로 표시한다.

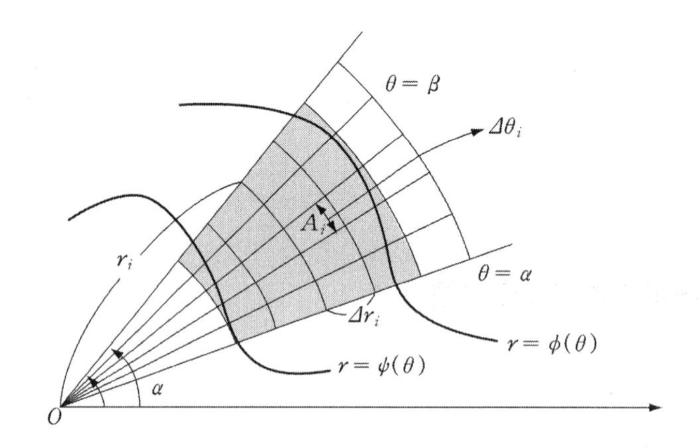

n개의 소영역 $A_1, A_2, A_3, \cdots, A_n$들의 집합을 영역 R의 **극분할**이라 하고, P로 나타낸다. A_i중에서 가장 긴 대각선의 길이를 $\|P\|$로 나타낸다.

소영역 $A_i (i = 1, 2, \cdots, n)$의 면적 ΔA_i는

$$\Delta A_i = \frac{1}{2}(r_i + \Delta r_i)^2 \Delta\theta_i - \frac{1}{2} r_i^2 \Delta\theta_i$$

$$= \left(r_i + \frac{1}{2}\Delta r_i\right)\Delta r_i \Delta\theta_i$$

이므로 $r_i + \frac{1}{2}\Delta r_i = \overline{r_i}$로 놓으면

$$\Delta A_i = \overline{r}_i \Delta r_i \Delta \theta_i$$

이다.

함수 f가 영역 R에서 연속이라 하고, 점 $(\overline{r_i}, \overline{\theta_i})$를 영역 A_i의 중심이라 하면, 합

$$\sum_{i=1}^{n} f(\overline{r_i}, \overline{\theta_i}) \overline{r_i} \Delta \theta_i$$

는 $\|P\| \to 0$이 되도록 p를 세분해 가면 일정한 값에 수렴한다는 것이 알려져 있다. 이 일정한 값을 영역 R에 대한 함수 f의 이중적분이라 하고,

$$\iint_R f(r, \theta) r dr d\theta = \lim_{\|P\| \to 0} \sum_{i=1}^{n} f(\overline{r_i}, \overline{\theta_i}) \overline{r_i} \Delta r_i \Delta \theta_i \cdots\cdots\cdots ②$$

으로 나타낸다. 중적분 ②는 다음과 같은 반복적분으로 계산할 수 있다.

$$\iint_R f(r, \theta) r dr d\theta = \int_{\alpha}^{\beta} \left[\int_{\psi(\theta)}^{\phi(\theta)} f(r, \theta) r dr \right] d\theta$$

예제 7

함수 $f(r, \theta) = 9r$이 곡선 $r = 1 + \cos\theta$로 둘러싸인 영역 R에서 정의되었을 때 중적분

$$\iint_R f(r, \theta) r dr d\theta$$

를 구하여라.

풀이

$$\begin{aligned} \iint_R f(r, \theta) r dr d\theta &= 2\int_0^{\pi} \int_0^{1+\cos\theta} 9r^2 dr d\theta \\ &= 6\int_0^{\pi} (1+\cos\theta)^3 d\theta \\ &= \int_0^{\pi} (15 + 18\cos\theta + 9\cos 2\theta + 6\cos^3\theta) d\theta \\ &= 15\pi \end{aligned}$$

이다. ■

함수 $f(x, y)$가 x, y평면에서의 영역 R에서 연속이면 중적분

$$\iint_R f(x, y)\,dxdy$$

는 항상 존재한다. 만약 $x = r\cos\theta$, $y = r\sin\theta$로 변수변환하면 중적분은 다음과 같이 표현된다.

$$\iint_R f(x, y)\,dxdy = \iint_R f(r\cos\theta, r\sin\theta)\cdot r\,dr\,d\theta$$

예제 8

평면에서 영역 R이 원 $r = 1$ 및 $r = 2$와 직선 $\theta = 0$ 및 $\theta = \pi$로 둘러싸인 영역일 때, 중적분

$$\iint_R (x^2 + 8y^2)\,dxdy$$

를 구하여라.

풀이 $$\iint_R (x^2 + 8y^2)\,dxdy = \int_0^\pi \int_1^2 (r^2\cos^2\theta + 8r^2\sin^2\theta)\cdot r\,dr\,d\theta$$

$$= \int_0^\pi \left(\frac{15}{4}\cos^2\theta + 30\sin^2\theta\right)d\theta$$

$$= \int_0^\pi \left\{\frac{15}{4}\left(\frac{1+\cos^2\theta}{2}\right) + 30\left(\frac{1-\cos^2\theta}{2}\right)\right\}d\theta$$

$$= \left[\frac{135}{8}\theta - \frac{105}{16}\sin 2\theta\right]_0^\pi$$

$$= \frac{135}{8}\pi$$

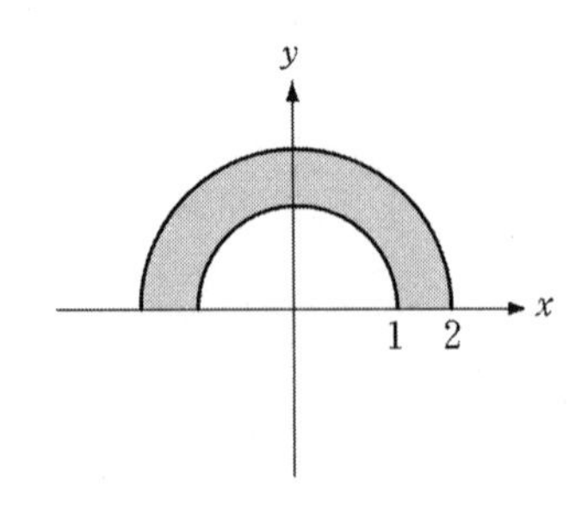

■

문제 5

다음 적분을 극좌표의 반복적분으로 고치고, 그것을 계산하여라.

(1) $\int_0^2 \int_y^{\sqrt{4-y^2}} 1\,dxdy$

(2) $\int_0^3 \int_y^{\sqrt{9-x^2}} \frac{1}{\sqrt{x^2+y^2}}\,dydx$

(3) $\int_0^1 \int_0^{\sqrt{1-y^2}} \sin(x^2+y^2)\,dxdy$

(4) $\int_0^1 \int_{-\sqrt{1-x^2}}^{\sqrt{1-x^2}} (x^2+y^2)\,dydx$

예제 9

중적분을 이용하여 $\int_0^\infty e^{-x^2}dx = \frac{\sqrt{\pi}}{2}$ 임을 밝혀라.

풀이 $\mathrm{I} = \int_0^\infty e^{-x^2}dx$라 놓으면

$\mathrm{I} = \int_0^\infty e^{-y^2}dy$이다. 따라서

$$\mathrm{I}^2 = \left(\int_0^\infty e^{-x^2}dx\right)\cdot\left(\int_0^\infty e^{-y^2}dy\right)$$
$$= \int_0^\infty \int_0^\infty e^{-(x^2+y^2)}dxdy$$
$$= \lim_{a\to\infty} \iint_{\mathrm{R}_a} e^{-(x^2+y^2)}dxdy$$

단, $\mathrm{R}_a = \{(x,\ y) \mid 0 \le x \le a,\ 0 \le y \le \sqrt{a^2-x^2}\}$

$= \left\{(r,\ \theta) \mid 0 \le r \le a,\ 0 \le \theta \le \frac{\pi}{2}\right\}$

이다.

$$\mathrm{I}^2 = \lim_{a\to\infty} \int_0^{\frac{\pi}{2}} \int_0^a e^{-r^2} r\,drd\theta$$

$$= \lim_{a \to \infty} \int_0^{\frac{\pi}{2}} \left[\left(-\frac{1}{2} e^{-r^2} \right) \right]_0^a d\theta$$

$$= \lim_{a \to \infty} \int_0^{\frac{\pi}{2}} \frac{1}{2}(1 - e^{-a^2}) \, d\theta$$

$$= \lim_{a \to \infty} \left[\frac{1}{2}(1 - e^{-a^2}) \right]_0^{\frac{\pi}{2}}$$

$$= \frac{\pi}{4}$$

따라서 $\mathrm{I} = \frac{\sqrt{\pi}}{2}$ 이다. ■

문제 6

$\int_{-\infty}^{\infty} \frac{1}{\sqrt{2\pi}} e^{-\frac{x^2}{2}} dx = 1$임을 보여라.

4 삼중적분

삼중적분은 이중적분의 개념을 그대로 3변수함수의 경우에 확장할 수 있다. 평면에서 R을 $\mathrm{R_I}$형인 영역이라 하고, 두 함수 $\theta(x, y)$와 $\zeta(x, y)$가 영역 R에서 연속이고 $\theta(x, y) \le \zeta(x, y)$이라고 하자. 공간에서 S를 평면 $x = a$, $x = b$와 가둥면 $y = \psi(x)$, $y = \phi(x)$ $(\psi(x) \le \phi(x))$와 곡면 $z = \theta(x, y)$, $z = \zeta(x, y)$로 둘러싸인 영역이라 하자. 즉

$$S = \{(x, y, z) \mid a \le x \le b, \ \psi(x) \le y \le \phi(x), \ \theta(x, y) \le z \le \zeta(x, y)\}$$

영역 S가 각 좌표평면에 평행한 평면들에 의하여 유한개의 작은 육면체들로 분할되었을 때, 이들 육면체 중에서 영역 S의 내부 또는 경계면에 놓인 것들을 $V_1, V_2, \cdots, V_n$으로 표시한다. n개의 육면체 $V_1, V_2, \cdots, V_n$ 들의 집합을 영역 S의 분할이라 하고, 이 분할 중에서 대각선의 길이가 가장 긴 것을 $\|S\|$로 내고, 각 V_i의 체적을 ΔV_i로 표시한다.

즉 $\Delta V_i = \Delta x_i \Delta y_i \Delta z_i$이다.

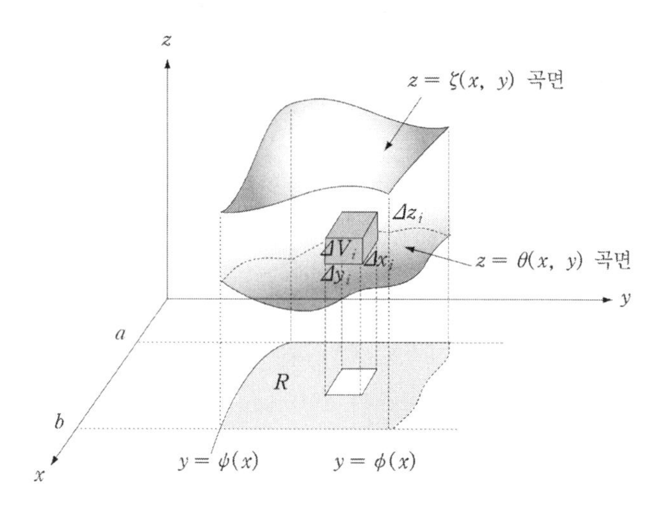

3변수함수 f가 영역 S에서 연속이라 하고, 점 (x_i, y_i, z_i)를 직육면체 V_i 내의 임의의 점이라 할 때, 합

$$\sum_{i=1}^{n} f(x_i, y_i, z_i) \Delta V_i \quad \cdots\cdots\cdots ③$$

를 만든다.

만약 S의 분할을 $\|S\| \to 0$이 되도록 세분해 가면 합 ③은 S의 분할방법이나 V_i 내의 점 (x_i, y_i, z_i)의 선택방법에 상관없이 일정한 값에 수렴하게 된다. 이 일정한 값을 영역 S에 대한 f의 **삼중적분**이라 하고

$$\iiint_S f(x, y, z)\, dxdydz = \lim_{\|S\| \to 0} \sum_{i=1}^{n} f(x_i, y_i, z_i) \Delta x_i \Delta y_i \Delta z_i \quad \cdots\cdots ④$$

식 ④는 반복적분을 이용하여 다음과 같이 계산한다.

$$\iiint_S f(x, y, z)\, dxdydz = \int_a^b \left[\int_{\psi(x)}^{\phi(x)} \left\{ \int_{\theta(x, y)}^{\zeta(x, y)} f(x, y, z)\, dz \right\} dy \right] dx \cdots ⑤$$

예제 10

삼중적분 $\int_0^1 \int_0^y \int_0^x ydzdxdy$를 계산하여라.

풀이

$$\int_0^1 \int_0^y \int_0^x ydzdxdy = \int_0^1 \int_0^y \Big[yz \Big]_{z=0}^{z=x} dxdy$$
$$= \int_0^1 \int_0^y xydxdy$$
$$= \int_0^1 \Big[\frac{1}{2} x^2 y \Big]_{z=0}^{x=y} dy$$
$$= \int_0^1 \frac{1}{2} y^3 dy$$
$$= \frac{1}{8}$$

■

문제 7

다음 삼중적분을 계산하여라.

(1) $\int_0^{\pi} \int_0^{\pi} \int_0^{\pi} xy \sin yz\, dzdydx$

(2) $\int_1^2 \int_y^{y^2} \int_0^{\ln x} ye^z\, dzdxdy$

(3) $\int_0^{2\pi} \int_0^{\pi} \int_0^2 r^2 \sin\theta\, drd\theta d\phi$

3변수함수 f는 공간 내의 영역 S에서 연속이고 $f(x,\ y,\ z) = 1$이면 삼중적분

$$S\text{의 체적} = \iiint_S 1\, dxdydz$$

는 영역 S의 체적과 같게 된다.

예제 11

$S = \{(x,\ y,\ z) \mid 0 \le x \le 1,\ -\sqrt{1-x^2} \le y \le \sqrt{1-x^2} \le z \le \sqrt{1+x^2+y^2}\}$
일 때 영역 S의 체적을 구하여라.

풀이 S의 체적 $= \iiint_S 1\,dxdydz$

$$= \int_0^1 \int_{-\sqrt{1-x^2}}^{\sqrt{1-x^2}} \int_{-\sqrt{1-x^2-y^2}}^{\sqrt{1-x^2-y^2}} 1\,dzdydx$$

$$= 2\int_0^1 \int_{-\sqrt{1-x^2}}^{\sqrt{1-x^2}} \sqrt{1-x^2-y^2}\,dydx$$

$$= 2\int_0^1 \int_{-\frac{\pi}{2}}^{\frac{\pi}{2}} \sqrt{1-r^2}\cdot r d\theta dr \text{ (극좌표로 변환)}$$

$$= 2\pi \int_0^1 \sqrt{1-r^2}\cdot rdr$$

$$= \frac{2}{3}\pi$$

■

5 원주좌표와 구면좌표 내에서의 삼중적분

공간에서의 영역 S가 어떤 축에 대하여 대칭이면 S에 대한 삼중적분은 그 대칭축을 z축으로 하는 **원주좌표**를 이용하여 쉽게 계산할 수 있다.

원주좌표계는 xy평면의 극좌표계와 직교좌표계의 z축으로 이루어진다. 공간에서의 점 P의 원기둥좌표를 $P(r,\ \theta,\ z)$로 표시하면, $(r,\ \theta)$는 P를 극좌표평면에 투영한 점의 극좌표이고, z는 P를 z축에 투영한 점의 직교좌표이다.

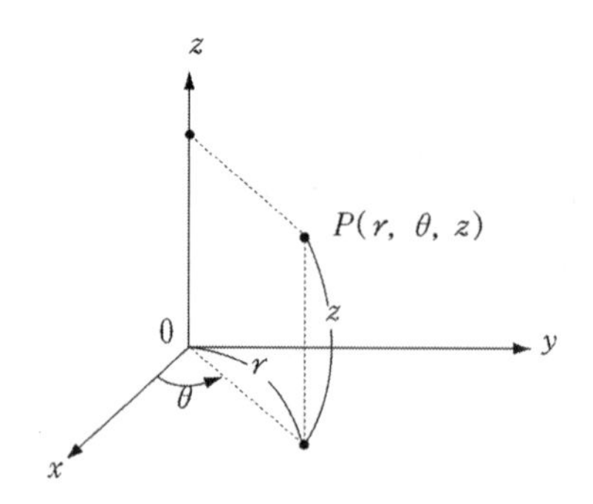

점 P의 직교좌표 $(x,\ y,\ z)$가 주어지면 공식

$$x^2 + y^2 = r^2,\ \ \tan\theta = \frac{y}{x} \quad (x \neq 0)$$

에 의해 P의 원주좌표를 결정할 수 있다. 역으로, 점 P의 원주좌표 $(r,\ \theta,\ z)$로부터 공식

$$x = r\cos\theta,\ \ y = r\sin\theta$$

에 의해 P의 직교좌표 $(x,\ y,\ z)$을 결정할 수 있다. 우리가 주로 다루는 곡면에 대하여 직교좌표와 원주좌표에서의 방정식을 비교하면 다음과 같다.

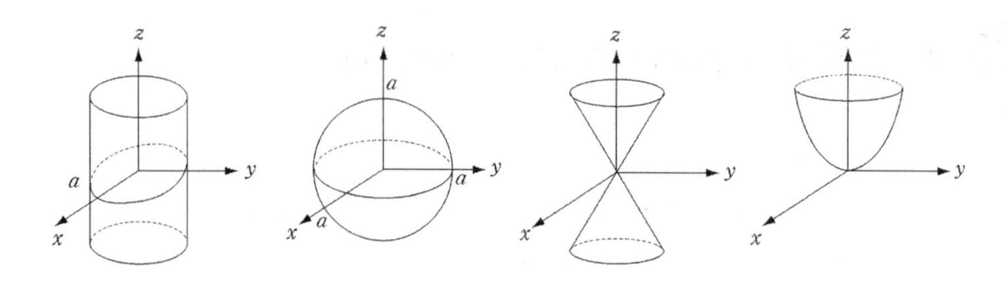

곡면	원기둥	구	이중원뿔	원형포물면
직교좌표	$x^2 + y^2 = a^2$	$x^2 + y^2 + z^2 = a^2$	$x^2 + y^2 = a^2z^2$	$x^2 = y^2 = az$
원주좌표	$r = a$	$r^2 + z^2 = a^2$	$r = az$	$r^2 = az$

원주좌표에서의 영역 D를 원기둥면 $r = a$, $r = b$와 평면 $\theta = \alpha$, $\theta = \beta$, $z = c$, $z = d$로 둘러싸인 영역과 같은 모양의 부분영역들로 분할하였을 때, 이들 부분영역 중에서 영역 S의 내부 또는 경계면에 놓인 것들을 V_1, V_2, $\cdots$, V_n으로 표시한다. 이때, n개의 부분영역들의 집합을 기둥면 분할이라 하고, 이 분할 중에서 대각선의 길이가 가장 긴 것을 $\|D\|$로 나타낸다.

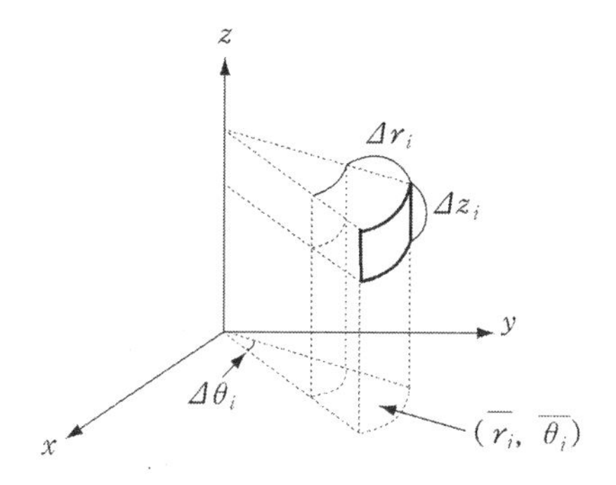

부분영역 V_i의 체적 ΔV_i는 밑면의 면적 $\overline{r_i}\Delta r_i \Delta\theta_i$와 높이 Δz_i를 곱한 것이다. 즉 $\Delta V_i = \overline{r_i}\Delta r_i \Delta\theta_i \Delta z_i$이다. 여기서 $r_i = r_i + \frac{1}{2}\Delta r_i$이다.

함수 f가 영역 D에서 연속이라 하고, 점 $(\overline{r_i}, \overline{\theta_i}, \overline{z_i})$를 부분영역 V_i의 한 점이라 할 때, 합

$$\sum_{i=1}^{n} f(\overline{r_i}, \overline{\theta_i}, \overline{z_i})\overline{r_i}\Delta r_i \Delta\theta_i \Delta z_i$$

는 $\|D\| \to 0$이면 점 $(\overline{r_i}, \overline{\theta_i}, \overline{z_i})$의 선택방법에 상관없이 일정한 값에 수렴한다. 이 일정한 값을 f의 영역 D에 대한 원주좌표에서의 삼중적분이라 하고

$$\iiint_D f(r, \theta, z)\, r\,dr\,d\theta\,dz = \lim_{\|D\| \to 0} \sum_{i=1}^{n} f(r_i, \theta_i, z_i) r_i \Delta\theta_i \Delta z_i \quad \cdots\cdots ⑥$$

로 표시한다.

두 함수 $\psi(\theta)$와 $\phi(\theta)$가 구간 $[\alpha, \beta]$에서 연속이고 $\psi(\theta) \le \phi(\theta)$라 하고, 두 함수 $\zeta(r, \theta)$, $\eta(r, \theta)$가 극좌표 평면에서 평면곡선 $r = \psi(\theta)$, $r = \phi(\theta)$,

$\theta=\alpha$, $\theta=\beta$로 둘러싸인 영역 R에서 연속이고 $\zeta(r, \theta)\le\eta(r, \theta)$라 하자. 원주좌표에서의 영역 D가 두 기둥면 $r=\psi(\theta)$, $r=\phi(\theta)$와 평면 $\theta=\alpha$, $\theta=\beta$ 그리고 두 곡면 $Z=\zeta(r, \theta)$, $Z=\eta(r, \theta)$로 둘러싸인 입체라고 하면 삼중적분 ⑥은 다음과 같은 반복적분형태로 나타난다.

$$\iiint_D f(r, \theta, z)rdrd\theta dz \int_\alpha^\beta\int_{\psi(\theta)}^{\phi(\theta)}\int_{\xi(r, \theta)}^{\eta(r, \theta)} r\cdot f(r, \theta, z)rdzdrd\theta$$

예제 12

$D=\left\{(r, \theta, z)\,|\,0\le\theta\le\frac{\pi}{2}, 0\le r\le 2\cos\theta, 0\le z\le 1\right\}$일 때 $\iiint_D rdrd\theta dz$를 계산하여라.

풀이 $\iiint_D rdrd\theta dz=\int_0^{\frac{\pi}{2}}\int_0^{2\cos\theta}\int_0^1 rdzdrd\theta$

$$=\int_0^{\frac{\pi}{2}}\int_0^{2\cos\theta}\Big[\,rz\,\Big]_{z=0}^{z=1}drd\theta$$

$$=\int_0^{\frac{\pi}{2}}\int_0^{2\cos\theta}rdrd\theta$$

$$=\int_0^{\frac{\pi}{2}}\Big[\,\frac{1}{2}r^2\Big]_{r=0}^{r=2\cos\theta}d\theta$$

$$=\int_0^{\frac{\pi}{2}}(1+\cos2\theta)d\theta$$

$$=\frac{\pi}{2}$$ ■

Q 문제 8

다음 반복적분을 계산하여라.

(1) $\int_0^\pi\int_1^2\int_0^1 e^r\cdot rdzdrd\theta$

(2) $\int_0^{\frac{\pi}{4}} \int_0^{1-2\cos^2\theta} \int_0^1 r\sin\theta\, dz\, dr\, d\theta$

평면영역 $R = \{(r,\ \theta) \mid \alpha \leq \theta \leq \beta,\ g(\theta) \leq r \leq h(\theta)\}$이고, D는 R상에서 두 함수 $F(x,\ y)$와 $G(x,\ y)$의 그래프 사이의 입체영역이라고 하자. 만일 $f(x,\ y,\ z)$가 D상에서 연속이면 좌표변환에 의하여 삼중적분은 다음과 같이 계산할 수 있다.

$$\iiint_D f(x,\ y,\ z)\, dx\, dy\, dz$$
$$= \int_\alpha^\beta \int_{g(\theta)}^{h(\theta)} \int_{F(r\cos\theta,\ r\sin\theta)}^{G(r\cos\theta,\ r\sin\theta)} f(r\cos\theta,\ r\sin\theta,\ z)\, r\, dz\, dr\, d\theta$$

이다.

예제 13

영역 D는 위로는 평면 $y + z = 1$, 아래로는 $z = 0$, 옆으로는 원기둥 $x^2 + y^2 = 1$로 둘러싸인 입체영역이라 할 때, $\iiint_D \sqrt{(x^2+y^2)^3}\, dx\, dy\, dz$를 계산하여라.

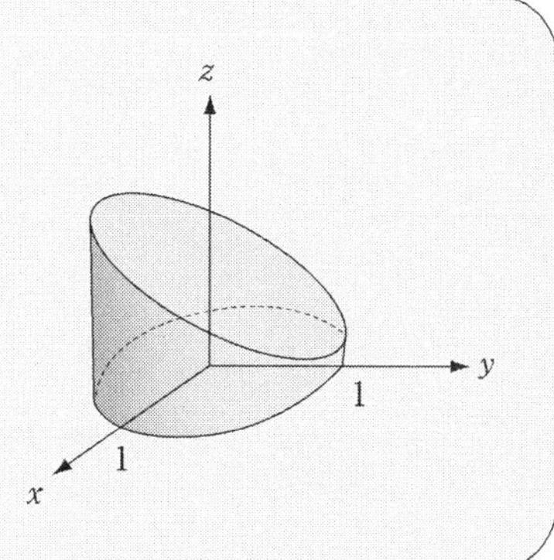

풀이 $D = \{(r,\ \theta,\ z) \mid 0 \leq r \leq 1,\ 0 \leq \theta \leq 2\pi,\ 0 \leq z \leq 1 - r\sin\theta\}$이므로

$$\iiint_D \sqrt{(x^2+y^2)^3}\, dx\, dy\, dz = \int_0^{2\pi} \int_0^1 \int_0^{1-r\cos\theta} r^3 \cdot r\, dz\, dr\, d\theta$$
$$= \int_0^{2\pi} \int_0^1 \Big[\, r^4 z \,\Big]_{z=0}^{z=1-r\sin\theta} dr\, d\theta$$
$$= \int_0^{2\pi} \int_0^1 r^4 (1 - r\sin\theta)\, dr\, d\theta$$
$$= \int_0^{2\pi} \left[\frac{1}{5} r^5 - \frac{1}{6} r^6 \sin\theta\right]_{r=0}^{r=1} d\theta$$

$$= \int_0^{2\pi} \left(\frac{1}{5} - \frac{1}{6} \sin\theta \right) d\theta$$
$$= \frac{2}{5}\pi$$

■

문제 9

$\int_{-3}^{3} \int_{-\sqrt{9-x^2}}^{\sqrt{19-x^2}} \int_{(x^2+y^2)^2}^{1} x^2 dzdydx$를 계산하여라.

공간에서의 영역 D가 점대칭일 때 D에 대한 삼중적분은 그 대칭점을 원점으로 하는 구면좌표를 이용하여 쉽게 계산할 수 있다. 구면 좌표계에서는 공간에서의 한 점 P를 아래 그림처럼 $P(\rho, \theta, \phi)$로 결정하는데, 이것을 P의 **구면좌표**라 하고, ρ는 $\rho = |\overline{OP}|$, θ는 점 P를 극좌표평면에 투영하여 얻은 점의 극각을, ϕ는 0에서 점 P를 잇는 반직선의 z축에 대한 방향각을 나타낸다.

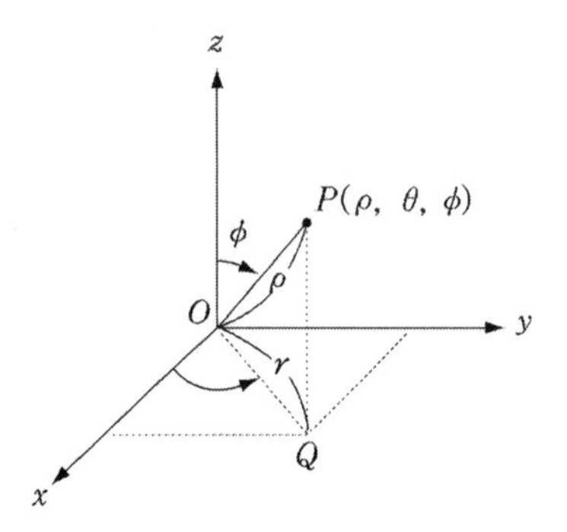

극좌표에서

$$x = r\cos\theta,\ y = r\sin\theta,\ r = \rho\cos\left(\frac{\pi}{2} - \phi\right) = \rho\sin\theta$$

이므로 구면좌표를 직교좌표로 바꾸는 공식을 얻는다.

$$\begin{cases} x = r\cos\theta = \rho\sin\phi\cos\theta \\ y = r\sin\theta = \rho\sin\phi\sin\theta \\ z = \rho\cos\phi \end{cases}$$

예제 14

점 P의 구면좌표는 $\left(4,\ \frac{\pi}{3},\ \frac{\pi}{4}\right)$이다. P의 직교좌표를 구하여라.

풀이 $x = 4\cos\left(\frac{\pi}{3}\right)\sin\left(\frac{\pi}{4}\right) = \sqrt{2}$

$y = 4\sin\left(\frac{\pi}{3}\right)\sin\left(\frac{\pi}{4}\right) = \sqrt{6}$

$z = 4\cos\left(\frac{\pi}{4}\right) = 2\sqrt{2}$

따라서 P의 직교좌표는 $(\sqrt{2},\ \sqrt{6},\ 2\sqrt{2})$이다. ■

구면좌표에서의 영역 D를 구면 $\rho = r$, $\rho = k$와 평면 $\theta = \alpha$, $\theta = \beta$ 그리고 원뿔면 $\phi = c$, $\phi = d$로 둘러싸인 영역과 같은 모양의 부분영역으로 분할했을 때 그 부분영역 중의 하나는 아래 그림과 같게 된다.

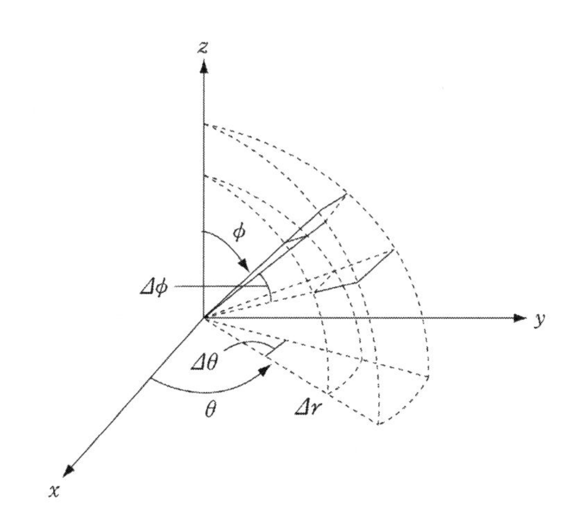

이 부분영역의 체적은 $\rho^2 \sin\phi\, \Delta\rho\, \Delta\theta\, \Delta\phi$와 근사하므로 영역 D에 대한 연속함수 f의 삼중적분은

$$\iiint_D f(\rho,\ \theta,\ \phi) \cdot \rho^2 \sin\phi\, d\rho\, d\theta\, d\phi \quad \cdots\cdots ⑦$$

로 주어짐을 알 수 있다.

예제 15

$\int_0^{2\pi}\int_0^{\frac{\pi}{4}}\int_0^1 \rho^2 \sin\phi\, d\rho d\phi d\theta$를 계산하여라.

풀이 $$\int_0^{2\pi}\int_0^{\frac{\pi}{4}}\int_0^1 \rho^2 \sin\phi\, d\rho d\phi d\theta = \int_0^{2\pi}\int_0^{\frac{\pi}{4}} \left[\frac{1}{3}\rho^2 \sin\phi\right]_{\rho=0}^{\rho=3} d\phi d\theta$$
$$= \int_0^{2\pi}\int_0^{\frac{\pi}{4}} \frac{1}{3}\sin\phi\, d\phi d\theta$$
$$= \int_0^{2\pi}\left[-\frac{1}{3}\cos\phi\right]_0^{\frac{\pi}{4}} d\theta$$
$$= \frac{(2-\sqrt{2})\pi}{3}$$

이다. ■

문제 10

다음 반복적분을 계산하여라.

(1) $\int_0^{\pi}\int_0^{\frac{\pi}{4}}\int_1^2 \rho^4 \sin^2\phi \cos^2\theta\, d\rho d\phi d\theta$

(2) $\int_{\frac{\pi}{4}}^{\frac{\pi}{3}}\int_0^{\theta}\int_0^{9\sec\phi} \rho^4 \cos^2\phi \cos\theta\, d\rho d\phi d\theta$

α와 β는 실수이고 $\alpha \le \beta \le \alpha + 2\pi$라 하자. g, h, F와 G는 연속함수이고, $0 \le g \le h \le \pi$이며 $0 \le F \le G$라 하자. 영역 D는 구면좌표 $(\rho,\ \theta,\ \phi)$가

$$\alpha \le \theta \le \beta$$
$$g(\theta) \le \phi \le h(\theta)$$
$$F(\phi,\ \theta) \le \rho \le G(\phi,\ \theta)$$

을 만족하는 공간상의 모든 점들로 이루어진 입체영역이라고 하자.

만일 f가 D상에서 연속이면 좌표변환에 의하여 삼중적분 ⑦은 다음과 같이 계산할 수 있다.

$$\iiint_D f(x,\ y,\ z)\,dxdydz$$

$$= \int_\alpha^\beta \int_{g(\theta)}^{h(\theta)} \int_{F(\phi,\ \theta)}^{G(\phi,\ \theta)} f(\rho\sin\phi\cos\theta,\ \rho\sin\phi\sin\theta,\ \rho\sin\phi)\cdot\rho^2\sin\phi\, d\rho\, d\phi\, d\theta$$

예제 16

반지름의 r인 구의 체적을 구하여라.

풀이 영역 $D = \{(x,\ y,\ z)\,|\,x^2+y^2+z^2 \le r^2\}$이므로 구면좌표를 써서 나타내면

$$D = \{(\rho,\ \theta,\ \phi)\,|\,0 \le \rho \le r,\ 0 \le \theta \le 2\pi,\ 0 \le \phi \le \pi\}$$

이므로 체적 V는

$$\begin{aligned} V &= \int_0^\pi \int_0^{2\pi} \int_0^r p^2 \sin\phi\, d\rho\, d\theta\, d\phi \\ &= \int_0^\pi \int_0^{2\pi} \frac{r^3}{3} \sin\phi\, d\theta\, d\phi \\ &= \int_0^\pi \frac{2\pi r^3}{3} \sin\phi\, d\phi \\ &= \frac{4}{3}\pi r^3 \end{aligned}$$

이다. ■

예제 17

입체영역 D가 구면 $x^2+y^2+z^2=4$ 및 $x^2+y^2+z^2=9$ 사이의 영역일 때, $\iiint_D z^2\,dxdydz$를 계산하여라.

풀이 입체의 영역 D를 구면좌표로 표시하면

$D = \{(\rho,\ \phi,\ \theta)\,|\,2 \le \rho \le 3,\ 0 \le \theta \le 2\pi,\ 0 \le \phi \le \pi\}$이고

$z = \rho\cos\theta$이므로

$$\iiint_D z^2\,dxdydz = \int_0^{2\pi}\int_0^{\pi}\int_0^{3} \rho^2\cos^2\phi\sin\phi\,d\rho d\phi d\theta$$
$$= \int_0^{2\pi}\int_0^{\pi}\left[\frac{1}{5}\rho^5\cos^2\phi\sin\phi\right]_2^3 d\phi d\theta$$
$$= \int_0^{2\pi}\int_0^{\pi}\frac{211}{5}\cos^2\phi\sin\phi\,d\phi d\theta$$
$$= \int_0^{2\pi}\frac{211}{5}\left[-\frac{1}{3}\cos^3\phi\right]_0^{\pi} d\theta$$
$$= \frac{422}{15}\int_0^{2\pi} d\theta$$
$$= \frac{844}{15}\pi$$

이다. ■

문제 11

구면영역 D가 원점이 중심이고 반지름이 1인 구일 때

$$\iiint_D e^{-\sqrt{(x^2+y^2+z^2)^3}}\,dxdydz$$

를 계산하여라.

연습문제

1. 다음 중적분값을 구하여라.

(1) $\int_0^1 \int_0^2 xy^2 dxdy$ (2) $\int_0^1 \int_0^2 e^{x-y} dydx$

(3) $\int_0^1 \int_0^{y^2} e^{\frac{x}{y}} dxdy$ (4) $\int_0^1 \int_0^{3y} \sqrt{x-y}\, dxdy$

(5) $\int_1^2 \int_1^{x^2} \frac{x}{y} dydx$ (6) $\int_0^{\frac{\pi}{2}} \int_0^{\sin y} \frac{x}{\sqrt{1-x^2}} dxdy$

(7) $\int_{-5}^5 \int_{-\sqrt{25-x^2}}^{\sqrt{25-x^2}} \sqrt{25-x^2-y^2}\, dydx$

(8) $\int_{-2}^2 \int_{-\sqrt{4-y^2}}^{\sqrt{4-y^2}} (16-4x^2-4y^2)\, dxdy$

(9) $\int_0^1 \int_y^1 e^{x^2} dxdy$ (10) $\int_0^2 \int_{1+y^2}^5 ydydx$

(11) $\int_1^e \int_{y^2}^{\ln x} ydydx$ (12) $\int_0^{\frac{\pi}{3}} \int_{y^2}^{\frac{2}{3}} \sin(x\sqrt{x})dxdy$

2. 다음 입체의 체적을 중적분을 이용하여 구하여라.

(1) $R = \{(x,\ y) | 0 \le x \le 1,\ 0 \le y \le 1\}$을 밑면으로, 포물면 $z = 4 - x^2 - y^2$을 윗면으로 가진 수직기둥

(2) 제1공간 내에서 포물면 $z = 4 - x^2 - y^2$과 xy평면으로 둘러싸인 입체

3. 반복적분을 이용하여 다음 영역의 면적을 구하여라.

(1) $R = \{(x,\ y) | -1 \le x \le 1,\ x^3+1 \le y \le 3-x^2\}$

(2) $R = \{(x,\ y) | x \le y \le xe^{-x},\ 0 \le x \le 2\}$

(3) $R = \{(x,\ y) | 0 \le y \le 1,\ \sqrt{y} \le x \le \sqrt{2y-y^2}\}$

(4) $R = \left\{(x,\ y) | 1 \le x \le 4,\ \frac{2}{y} \le x \le 2\sqrt{y}\right\}$

4. 다음 주어진 영역의 면적을 반복적분을 이용하여 구하여라.

(1) $r = 1 + \cos\theta$의 내부

(2) $r = 2 + 2\cos\theta$의 내부와 원 $r = 2$의 외부에 놓인 영역

(3) 원 $r = 2\cos\theta$의 내부에 있고 원 $r = 1$의 외부에 있는 부분

5. 다음 중적분을 극좌표의 반복적분으로 고치고, 그것을 계산하여라.

(1) $\int_0^1 \int_y^{\sqrt{2-y^2}} 1\,dxdy$

(2) $\int_{\frac{3}{\sqrt{2}}}^3 \int_0^{\sqrt{9-x^2}} dydx$

(3) $\int_0^1 \int_0^{\sqrt{1-y^2}} \sin(x^2+y^2)\,dxdy$

(4) $\int_0^1 \int_0^{\sqrt{1-x^2}} e^{-(x^2+y^2)}\,dydx$

(5) $\int_0^1 \int_{-\sqrt{x-x^2}}^{\sqrt{x-x^2}} (x^2+y^2)\,dydx$

6. 다음 3중적분을 계산하여라.

(1) $\int_0^2 \int_0^y \int_0^x y\,dzdxdy$

(2) $\int_1^2 \int_{1-y}^{1+y} \int_0^{yz} 6xyz\,dxdzdy$

(3) $\int_1^2 \int_0^{y^2} \int_0^{\ln x} ye^z\,dzdxdy$

(4) $\int_0^{\frac{\pi}{2}} \int_0^{\frac{\pi}{2}} \int_y^{xy} \cos\left(\frac{z}{x}\right) dzdydx$

(5) $\int_0^1 \int_0^x \int_0^{x+y} e^{x+y+z}\,dzdydx$

(6) $\int_0^1 \int_{-\sqrt{1-x^2}}^{\sqrt{1-x^2}} \int_{-\sqrt{1-x^2-y^2}}^{\sqrt{1-x^2-y^2}} z^2\,dzdydx$

(7) $\int_{-13}^{13} \int_1^e \int_1^{\frac{1}{\sqrt{x}}} z\cdot(\ln x)^2\,dzdxdy$

(8) $\int_0^{\frac{\pi}{2}} \int_0^{\frac{\pi}{2}} \int_0^{\sin z} x^2 \sin y\,dxdydz$

(9) $\int_0^{\ln 3}\int_0^1\int_0^y (z^2+1)e^{y^2}\,dx\,dz\,dy$

(10) $\int_0^1\int_0^{y^x}\int_{x-y}^{x+y} (z-2x-y)\,dz\,dy\,dx$

7. 다음 3중적분을 원주좌표의 반복적분으로 나타내고, 그것을 계산하라.

(1) $\iiint_D z\,dx\,dy\,dz$

D는 구 $x^2+y^2+z^2 \le 1$의 제1팔분 공간의 영역

(2) $\iiint_D xz\,dx\,dy\,dz$

D는 구 $x^2+y^2+z^2 \le 4$의 제1팔분 공간의 영역

8. 다음 구면좌표를 직교좌표로 바꾸어라.

(1) $\left(0,\ \frac{\pi}{2},\ \frac{\pi}{6}\right)$

(2) $\left(4,\ \frac{\pi}{2},\ \frac{\pi}{3}\right)$

(3) $\left(3,\ -\frac{\pi}{4},\ \frac{\pi}{6}\right)$

(4) $\left(10,\ \frac{\pi}{2},\ \frac{\pi}{4}\right)$

9. 반복적분을 계산하여라.

(1) $\int_0^{\pi}\int_0^{\frac{\pi}{4}}\int_0^1 \rho^2 \sin^2\phi\,d\rho\,d\phi\,d\theta$

(2) $\int_0^{\pi}\int_{\frac{\pi}{2}}^{\pi}\int_1^2 \rho^4 \sin^2\phi \cos^2\theta\,d\rho\,d\phi\,d\theta$

(3) $\int_0^{\frac{\pi}{3}}\int_0^{\theta}\int_0^{9\sec\phi} \rho\cos^2\phi\cos\theta\,d\rho\,d\phi\,d\theta$

10. 다음 중적분을 구면좌표의 반복적분으로 나타내고, 그것을 계산하여라.

(1) $\iiint_D x^2\,dx\,dy\,dz$

D는 구면 $x^2+y^2+z^2=4$와 $x^2+y^2+z^2=25$ 사이의 입체영역

(2) $\iiint_D \frac{1}{x^2+y^2+z^2}\,dxdydz$

D는 원뿔 $z=\sqrt{3x^2+3y^2}$과 구 $x^2+y^2+z^2=9$, $x^2+y^2+z^2=81$로 둘러싸인 xy평면 위쪽의 영역

(3) $\iiint_D \sqrt{z}\,dxdydz$

D는 $x^2+y^2+z^2=16$과 평면 $z=0$, $x=\sqrt{3}y$, $x=y$로 둘러싸인 제1팔분 공간의 입체

10

행렬과 행렬식

1 행렬의 기본개념

행렬은 수 또는 변수들을 사각형 모형으로 배열한 후 괄호로 묶어놓은 것을 말한다. 예를 들어 6개의 수를 행렬로 나타내면 다음과 같다.

$$A = \begin{pmatrix} 2 & 4 & 6 \\ 3 & 2 & 1 \end{pmatrix}$$

행렬 A를 구성하고 있는 구성원을 **성분**이라 하고, 행렬의 가로줄을 **행** 세로줄을 **열**이라 한다. 행이 m개이고 열이 n개인 행렬을 $m \times n$ 행렬이라 한다.

일반적으로 행렬을 표시할 때는 각 성분의 위치를 명확하게 나타내기 위하여 첨자를 사용한다. 즉, 행렬 A의 ij-성분 a_{ij}는 행렬 A의 i번째 행과 j번째 열의 교차점에 있는 구성원을 의미한다. 행렬의 각 성분을 모두 표시하는 것이 불편할 경우

$$A = \begin{pmatrix} a_{11} & a_{12} & \cdots & a_{1n} \\ a_{21} & a_{22} & \cdots & a_{2n} \\ \vdots & \vdots & \vdots & \vdots \\ a_{m1} & a_{m2} & \cdots & a_{mn} \end{pmatrix}$$

을 간단히 $A = (a_{ij})_{m \times n}$ 로 나타낸다.

행렬 A에서 행의 개수와 열의 개수가 n개로 같으면 이 행렬 A를 **n차 정사각행렬**이라 하고 $A=(a_{ij})_n$로 나타낸다. 또 정사각행렬에서 행의 번지수와 열의 번지수가 같은 성분들을 특별히 **주대각선**이라 한다. n차의 정사각행렬에서 주대각선 이외의 모든 성분이 0인 정사각행렬을 **대각행렬**이라 하고 대각행렬 중에서 주대각선의 성분이 모두 1인 대각행렬을 **항등행렬**이라 하고 I로 나타낸다.

예제 1

다음 행렬을 구별하여라.

$$A=\begin{pmatrix} 6 & 3 & 3 \\ 2 & 4 & 6 \end{pmatrix}, \quad B=\begin{pmatrix} 3 & 5 & 7 \\ 8 & 1 & 6 \\ 9 & 4 & 2 \end{pmatrix},$$

$$C=\begin{pmatrix} 2 & 0 & 0 \\ 0 & 1 & 0 \\ 0 & 0 & 5 \end{pmatrix}, \quad D=\begin{pmatrix} 1 & 0 & 0 \\ 0 & 1 & 0 \\ 0 & 0 & 1 \end{pmatrix}$$

풀이 A는 2×3행렬, B는 3차 정사각행렬, C는 3차 대각행렬, D는 3차 항등행렬이다. ■

Q 문제 1

다음 행렬을 구별하여라.

$$A=\begin{pmatrix} 6 & 3 & 0 & 3 \\ 2 & 4 & 6 & 8 \end{pmatrix}, \quad B=\begin{pmatrix} 1 & 0 \\ 0 & 1 \end{pmatrix}, \quad C=\begin{pmatrix} 1 & 2 \\ 3 & 4 \end{pmatrix}$$

$$D=\begin{pmatrix} 8 & 0 & 0 \\ 0 & 3 & 0 \\ 0 & 0 & 1 \end{pmatrix}, \quad E=\begin{pmatrix} 1 & 0 & 0 \\ 0 & 1 & 0 \\ 0 & 0 & 1 \end{pmatrix}$$

벡터란 하나의 행(또는 열)만을 갖는 행렬을 말한다. 따라서

$$(a_1\ a_2 \cdots a_j \cdots a_n)$$

를 **행벡터**라 하고

$$\begin{pmatrix} b_1 \\ b_2 \\ \vdots \\ b_n \end{pmatrix}$$

를 **열벡터**라 한다. 행벡터와 열벡터의 사용은 필요에 따라 다르다. 하지만 하나의 벡터를 다른 모양의 벡터로 바꿀 필요가 있을 때 전치라는 연산을 사용하면 가능한데, 기호로는 "^{T}"를 사용한다. 예를 들어,

$$A = (5,\ 2,\ 3) \text{ 이면 } \quad A^T = \begin{pmatrix} 5 \\ 2 \\ 3 \end{pmatrix}$$

이다.

마찬가지로 행렬에서 전치의 개념을 도입하여 다음과 같이 전치행렬을 정의할 수 있다.

정의 10. 1 (전치행렬)

임의의 행렬 $A=(a_{ij})_{m\times n}$에 대해서 행의 번지수와 열의 번지수를 바꾸어 놓은 행렬을 A의 **전치행렬**이라 하고 $A^T = (a_{ji})_{n\times m}$으로 나타낸다.

예제 2

다음 행렬의 전치행렬을 구하여라.

$$A = \begin{pmatrix} 8 & 3 & 4 \\ 3 & 5 & 7 \\ 4 & 7 & 2 \end{pmatrix}, \quad B = \begin{pmatrix} 0 & -3 & 1 \\ 3 & 0 & -7 \\ -1 & 7 & 0 \end{pmatrix}, \quad C = \begin{pmatrix} 1 & 0 & 3 \\ 2 & 1 & 0 \\ 3 & 0 & 1 \end{pmatrix}$$

풀이 $$A^T = \begin{pmatrix} 8 & 3 & 4 \\ 3 & 5 & 7 \\ 4 & 7 & 2 \end{pmatrix}, \quad B^T = \begin{pmatrix} 0 & 3 & -1 \\ -3 & 0 & 7 \\ 1 & -7 & 0 \end{pmatrix}, \quad C^T = \begin{pmatrix} 1 & 2 & 3 \\ 0 & 1 & 3 \\ 0 & 0 & 1 \end{pmatrix}$$ ■

문제 2

다음 행렬의 전치행렬을 구하여라.

$$A=\begin{pmatrix} 3 & 3 & 2 \\ 1 & 5 & 0 \\ 7 & 0 & 2 \end{pmatrix},\quad B=\begin{pmatrix} 3 & 5 & 2 \\ 7 & 3 & 6 \end{pmatrix},\quad C=\begin{pmatrix} 3 & 4 \\ 3 & 7 \\ 2 & 5 \end{pmatrix}$$

앞의 예제 2에서 행렬 A는 $A^T=A$이고 행렬 B는 $B^T=-B$이다. 이와 같이 $A^T=A$인 행렬을 **대칭행렬**이라 하고 $B^T=-B$인 행렬을 **교대행렬**이라 한다. 즉, 행렬 $A=(a_{ij})$가 대칭행렬이면 모든 $a_{ij}=a_{ji}$이고, 행렬 $B=(b_{ij})$가 교대행렬이면 $a_{ij}=-a_{ji}$이다.

행렬들 사이의 기본적인 연산을 정의하면 다음과 같다.

정의 10.2

임의의 행렬 $A=(a_{ij})_{m\times n}$, $B=(b_{ij})_{m\times n}$와 상수 $k(\in R)$에 대하여,

① 모든 i, j에 대하여 $a_{ij}=b_{ij}$일 때 행렬 A와 B는 **상등**이라고 하고 $A=B$로 나타낸다.

② 모든 i, j에 대하여 $a_{ij}+b_{ij}=c_{ij}$를 ij-성분으로 하는 새로운 행렬 $C=(c_{ij})_{m\times n}$를 행렬 **A와 B의 합**이라고 하고 $C=A+B$로 나타낸다.

③ 모든 i, j에 대하여 $k\cdot a_{ij}$를 ij-성분으로 하는 새로운 행렬 $k\cdot A=(k\cdot a_{ij})_{m\times n}$를 상수 k와 행렬 A의 **스칼라 곱**이라고 한다.

정의 8.2에 의하여, $(-a_{ij})_{m\times n}$이다. 이때 $-A$를 행렬 A의 **음행렬**이라 한다. 또 $A+(-1)B=A-B$로 쓰고 A와 B의 차라 한다.

예제 3

행렬 $A=\begin{pmatrix} 2 & 4 & 6 \\ 8 & 2 & 6 \end{pmatrix}$, $B=\begin{pmatrix} 1 & 2 & 3 \\ 4 & 1 & 3 \end{pmatrix}$일 때 $A+B$, $A-2B$를 구하여라.

풀이 $A+B=\begin{pmatrix} 2 & 4 & 6 \\ 8 & 2 & 6 \end{pmatrix}+\begin{pmatrix} 1 & 2 & 3 \\ 4 & 1 & 3 \end{pmatrix}$

$$=\begin{pmatrix} 2+1 & 4+2 & 6+3 \\ 8+4 & 2+1 & 6+3 \end{pmatrix}$$

$$=\begin{pmatrix} 3 & 6 & 9 \\ 12 & 3 & 9 \end{pmatrix}$$

$$A-2B=\begin{pmatrix} 2 & 4 & 6 \\ 8 & 2 & 6 \end{pmatrix}-2\cdot\begin{pmatrix} 1 & 2 & 3 \\ 4 & 1 & 3 \end{pmatrix}$$

$$=\begin{pmatrix} 2 & 4 & 6 \\ 8 & 2 & 6 \end{pmatrix}-\begin{pmatrix} 2\cdot 1 & 2\cdot 2 & 2\cdot 3 \\ 2\cdot 4 & 2\cdot 1 & 2\cdot 3 \end{pmatrix}$$

$$=\begin{pmatrix} 2-2 & 4-4 & 6-6 \\ 8-8 & 2-2 & 6-6 \end{pmatrix}$$

$$=\begin{pmatrix} 0 & 0 & 0 \\ 0 & 0 & 0 \end{pmatrix}$$ ■

Q 문제 3

행렬 $A=\begin{pmatrix} 2 & 3 & 6 \\ 1 & 0 & 2 \end{pmatrix}$, $B=\begin{pmatrix} 1 & 0 & 2 \\ 0 & 3 & 2 \end{pmatrix}$일 때 $A+B$, $A-B$, $5B$를 구하여라.

예제 3에서 $A-2B$를 구한 결과가 $\begin{pmatrix} 0 & 0 & 0 \\ 0 & 0 & 0 \end{pmatrix}$이 되었다. 이와 같이 행렬의 모든 성분이 0인 행렬을 **영행렬**이라 하고 $\mathbf{0}$으로 나타낸다.

정의 10.2의 행렬의 합과 스칼라곱의 정의로부터 다음을 얻을 수 있다.

정리 10.3

임의의 행렬 A, B, C와 상수 k_1, k_2에 대하여,

① $A+\mathbf{0}=A=\mathbf{0}+A$

② $A+(-A)=\mathbf{0}=(-A)+A$

③ $A+B=B+A$

④ $(A+B)+C=A+(B+C)$

⑤ $k_1(A+B)=k_1A+k_1B$

⑥ $(k_1+k_2)A=k_1A+k_2A$

⑦ $(k_1 k_2)A = k_1(k_2A) = k_2(k_1A)$

⑧ $1 \cdot A = A$

예제 4

임의의 정사각행렬은 대칭행렬과 교대행렬의 합으로 나타낼 수 있음을 증명하여라.

증명

행렬 A를 임의의 정사각행렬이라 하면, 정리 8.3에 의하여

$$\begin{aligned} A &= \left(\frac{1}{2} \times 2\right)A \\ &= \frac{1}{2}(2 \cdot A) = \frac{1}{2}(A + A) \\ &= \frac{1}{2}(A + A^T - A^T + A) \\ &= \frac{1}{2}(A + A^T) + \frac{1}{2}(A - A^T) \end{aligned}$$

임을 알 수 있다. $\frac{1}{2}(A + A^T)$와 $\frac{1}{2}(A - A^T)$는 각각 대칭행렬과 교대행렬이므로 우리는 대칭행렬 $\frac{1}{2}(A + A^T)$와 교대행렬 $\frac{1}{2}(A - A^T)$의 합으로 나타낼 수 있다.

문제 4

행렬 $A = \begin{pmatrix} 1 & 2 & 3 \\ 4 & 5 & 6 \\ 3 & 2 & 1 \end{pmatrix}$를 대칭행렬과 교대행렬의 합으로 나타내어라.

행렬들의 곱은 두 행렬의 형태의 관계가 특별한 경우에만 정의하고 곱의 순서가 매우 중요하다.

두 행렬 A, B에 대하여 행렬의 곱 AB를 시행하려면, 행렬 A의 열의 개수와 행렬 B의 행의 개수가 같을 때만 행렬의 곱 AB가 다음과 같이 정의된다.

정의 10.4 (행렬의 곱)

행렬 $A=(a_{ik})_{m\times r}$, $B=(b_{kj})_{r\times n}$일 때, $c_{ij}=\sum_{k=1}^{r} a_{ik}b_{kj}$를 ij-성분으로 하는 새로운 행렬 $C=(c_{ij})_{m\times n}$를 **행렬 A와 B의 곱**이라 하고, $C=AB$로 나타낸다.

정의 10.4에서 알 수 있듯이 두 행렬의 곱의 결과는 앞의 행렬의 열의 개수와 뒤 행렬의 행의 개수가 새로운 행렬의 행과 열의 개수가 된다.

예제 5

다음 행렬의 곱을 계산하여라.

(1) $A=\begin{pmatrix} 1 & 2 & 3 \\ 5 & 2 & 3 \end{pmatrix}$, $B=\begin{pmatrix} 1 & 2 \\ 3 & 1 \\ 5 & 2 \end{pmatrix}$

(2) $A=\begin{pmatrix} 1 & 2 \\ 3 & 4 \end{pmatrix}$, $B=\begin{pmatrix} 1 & 2 \\ 3 & 1 \\ 5 & 2 \end{pmatrix}$

풀이 (1) $AB=\begin{pmatrix} 1 & 2 & 3 \\ 5 & 2 & 3 \end{pmatrix}\begin{pmatrix} 1 & 2 \\ 3 & 1 \\ 5 & 2 \end{pmatrix}$

$$=\begin{pmatrix} 1\times 1+2\times 3+3\times 5 & 1\times 2+2\times 1+3\times 2 \\ 5\times 1+2\times 3+3\times 5 & 5\times 2+2\times 1+3\times 2 \end{pmatrix}$$

$$=\begin{pmatrix} 22 & 10 \\ 26 & 18 \end{pmatrix}$$

(2) A 행렬의 열의 개수는 2이고 B 행렬의 행의 개수는 3이므로 연산이 이루어지지 않는다. ■

문제 5

다음 행렬의 곱 AB와 BA를 구하여라.

(1) $A=\begin{pmatrix} 2 & 1 \\ 5 & 4 \end{pmatrix}$, $B=\begin{pmatrix} 1 & 0 \\ 0 & 1 \end{pmatrix}$

(2) $A=\begin{pmatrix} 1 & 2 \\ 2 & 2 \end{pmatrix}$, $B=\begin{pmatrix} 1 & 0 & 2 \\ 2 & 3 & 0 \end{pmatrix}$

(3) $A=\begin{pmatrix} 1 & 3 \\ 2 & 8 \end{pmatrix}$, $B=\begin{pmatrix} 2 & 1 \\ 1 & 3 \end{pmatrix}$

행렬 A, B의 곱 AB와 BA는 같은 경우도 있고 다른 경우도 있다. 만약 $AB=BA$일 때, A와 B는 행렬의 곱에 관하여 **가환**이라 한다. 따라서, 일반적으로 행렬의 곱은 교환법칙이 성립하지 않는다.

2 행렬식

1차 연립방정식의 해를 규칙적으로 표시하려는 데에 그 기원을 두고 있는 행렬식은 공학 등의 응용분야에서 매우 유용하게 사용된다. 다음 연립방정식의 해를 구해보자.

$$\begin{cases} a_1x+b_1y=c_1 & \cdots\cdots ① \\ a_2x+b_2y=c_2 & \cdots\cdots ② \end{cases}$$

$① \times b_2 - ② \times b_1$에서

$$(a_1b_2-a_2b_1)x=c_1b_2-c_2b_1$$

$② \times a_1 - ① \times a_2$에서

$$(a_1b_2-a_2b_1)y=c_2a_1-c_1a_2$$

$a_1b_2-a_2b_1 \neq 0$이면

$$x=\frac{c_1b_2-c_2b_1}{a_1b_2-a_2b_1}, \quad y=\frac{c_2a_1-c_1a_2}{a_1b_2-a_2b_1}$$

2차 정사각행렬 $A=\begin{pmatrix} a & b \\ c & d \end{pmatrix}$의 행렬식을

$$\det(A) = |A| = \begin{vmatrix} a & b \\ c & d \end{vmatrix} = ad - bc$$

로 정의하면 연립방정식의 해는 다음과 같이 규칙적으로 표시된다.

$$x = \frac{\begin{vmatrix} c_1 & b_1 \\ c_2 & b_2 \end{vmatrix}}{\begin{vmatrix} a_1 & b_1 \\ a_2 & b_2 \end{vmatrix}}, \quad y = \frac{\begin{vmatrix} a_1 & c_1 \\ a_2 & c_2 \end{vmatrix}}{\begin{vmatrix} a_1 & b_1 \\ a_2 & b_2 \end{vmatrix}} \quad \left(\begin{vmatrix} a_1 & b_1 \\ a_2 & b_2 \end{vmatrix} \neq 0 \text{일때} \right)$$

n차 정사각행렬 $A = (a_{ij})$에서 괄호 대신 직선으로 묶어놓은 식을 **행렬식**이라 한다. 즉,

$$|A| = \begin{vmatrix} a_{11} & a_{12} & \cdots & a_{1n} \\ a_{21} & a_{22} & \cdots & a_{2n} \\ \vdots & \vdots & \ddots & \vdots \\ a_{n1} & a_{n2} & \cdots & a_{nn} \end{vmatrix}$$

은 행렬 A의 행렬식이다. 3차 이상의 행렬식 계산을 위하여 다음 정의가 필요하다.

정의 10.5 (수반행렬)

n차 정사각행렬 $A=(a_{ij})$의 i번째 행 j번째 열을 제외한 행렬을 만들면 $(n-1)$차 정사각행렬이 된다. 이 행렬의 행렬식을 a_{ij}의 **소행렬식**이라 하고 M_{ij}로 나타내며, $(-1)^{i+j}M_{ij}$를 a_{ij}의 **여인수**라 하고 A_{ij}로 나타낸다. 여인수 A_{ij}를 ji-성분으로 하는 행렬을 행렬 A의 **수반행렬**이라 하고 **adj(A)**로 나타낸다. 즉,

$$\operatorname{adj}(A) = (A_{ij})^t = \begin{pmatrix} A_{11} & A_{21} & \cdots & A_{n1} \\ A_{12} & A_{22} & \cdots & A_{n2} \\ \vdots & \vdots & & \vdots \\ A_{1n} & A_{2n} & \cdots & A_{nn} \end{pmatrix}$$

예제 6

행렬 $A=\begin{pmatrix}1&1&2\\0&0&1\\3&0&4\end{pmatrix}$의 수반행렬을 구하여라.

풀이 먼저, 여인수를 모두 구하면

$$A_{11}=(-1)^{1+1}\begin{vmatrix}0&1\\0&4\end{vmatrix}=0,\qquad A_{12}=(-1)^{1+2}\begin{vmatrix}0&1\\3&4\end{vmatrix}=3$$

$$A_{13}=(-1)^{1+3}\begin{vmatrix}0&0\\3&0\end{vmatrix}=0,\qquad A_{21}=(-1)^{2+1}\begin{vmatrix}1&2\\0&4\end{vmatrix}=-4$$

$$A_{22}=(-1)^{2+2}\begin{vmatrix}1&2\\3&4\end{vmatrix}=-2,\qquad A_{23}=(-1)^{2+3}\begin{vmatrix}1&1\\3&0\end{vmatrix}=3$$

$$A_{31}=(-1)^{3+1}\begin{vmatrix}1&2\\0&1\end{vmatrix}=1,\qquad A_{32}=(-1)^{3+2}\begin{vmatrix}1&2\\0&1\end{vmatrix}=-1$$

$$A_{33}=(-1)^{3+3}\begin{vmatrix}1&1\\0&0\end{vmatrix}=0$$

이다. 따라서, 수반행렬은

$$\mathrm{adj}(A)=\begin{pmatrix}A_{11}&A_{21}&A_{31}\\A_{12}&A_{22}&A_{32}\\A_{13}&A_{23}&A_{33}\end{pmatrix}=\begin{pmatrix}0&-4&1\\3&-2&-1\\0&3&0\end{pmatrix}$$ ■

문제 6

다음 행렬의 수반행렬을 구하여라.

(1) $A=\begin{pmatrix}1&3\\2&4\end{pmatrix}$ (2) $B=\begin{pmatrix}2&4&3\\1&2&0\\1&0&2\end{pmatrix}$

n차 정사각행렬의 행렬식 값을 귀납적으로 정의해 보자.

(1) $n=1$일 때:

$$|a|=a$$

(2) $n=2$일 때:

$$\begin{vmatrix} a & b \\ c & d \end{vmatrix} = ad - bc$$

(3) n이 3이상일 때:

$$\begin{vmatrix} a_{11} & a_{12} & \cdots & a_{1n} \\ a_{21} & a_{22} & \cdots & a_{2n} \\ \vdots & \vdots & \ddots & \vdots \\ a_{n1} & a_{n2} & \cdots & a_{nn} \end{vmatrix} = a_{11}A_{11} + a_{12}A_{12} + \cdots + a_{1n}A_{1n}$$

$a_{11}A_{11} + a_{12}A_{12} + \cdots + a_{1n}A_{1n}$을 제1행에 관한 전개식이라 한다.

실제로 제i행, 제j열에 관한 전개식의 값은 모두 제1행에 관한 전개식의 값과 같다.

예제 7

다음 행렬식의 값을 제1행에 관하여 전개하여라.

$$|A| = \begin{vmatrix} a_{11} & a_{12} & a_{13} \\ a_{21} & a_{22} & a_{23} \\ a_{31} & a_{32} & a_{33} \end{vmatrix}$$

풀이 $|A| = a_{11}A_{11} + a_{12}A_{12} + a_{13}A_{13}$

$$= a_{11} \cdot (-1)^{1+1} \begin{vmatrix} a_{22} & a_{23} \\ a_{32} & a_{33} \end{vmatrix} + a_{12} \cdot (-1)^{1+2} \begin{vmatrix} a_{21} & a_{23} \\ a_{31} & a_{33} \end{vmatrix}$$

$$+ a_{13} \cdot (-1)^{1+3} \begin{vmatrix} a_{21} & a_{22} \\ a_{31} & a_{32} \end{vmatrix}$$

$$= a_{11}a_{22}a_{33} + a_{12}a_{23}a_{31} + a_{13}a_{21}a_{32}$$

$$- a_{11}a_{23}a_{32} - a_{12}a_{21}a_{33} - a_{13}a_{22}a_{31}$$

■

문제 7

다음 행렬식의 값을 구하여라.

(1) $\begin{vmatrix} 1 & 0 & 4 \\ 1 & 2 & 2 \\ 2 & 3 & 1 \end{vmatrix}$ (2) $\begin{vmatrix} 3 & 0 & 1 \\ 4 & 5 & 6 \\ 2 & 0 & 1 \end{vmatrix}$

(3) $\begin{vmatrix} 1 & 0 & 0 & 1 \\ 1 & 0 & 1 & 1 \\ 1 & 1 & 1 & 0 \\ 0 & 1 & 1 & 1 \end{vmatrix}$ (4) $\begin{vmatrix} 1 & 0 & 0 & 0 \\ 2 & 1 & 3 & 1 \\ 1 & 1 & 1 & 0 \\ 0 & 1 & 1 & 1 \end{vmatrix}$

3 역행렬

행렬의 곱을 연산하기 위해서는 앞 행렬의 열의 개수와 뒤 행렬의 행의 개수가 같아야 한다는 것은 앞에서 이미 알아보았다. 따라서 다음의 역행렬의 정의를 위하여 역행렬을 논할 수 있는 행렬은 정사각행렬로 제한하여야만 한다.

정의 10.6 (역행렬)

임의의 n차 정사각행렬 A에 대하여,

$$AX = I = XA$$

를 만족하는 n차 정사각행렬 X가 존재할 때, 행렬 X를 A의 **역행렬**이라 하고 $\boldsymbol{A^{-1}}$로 표시한다.

예제 8

다음 행렬의 역행렬을 구하여라.

(1) $A = \begin{pmatrix} 1 & 2 \\ 3 & 0 \end{pmatrix}$ (2) $B = \begin{pmatrix} 1 & 2 \\ 2 & 4 \end{pmatrix}$

풀이 (1) 행렬 A의 역행렬 $A^{-1} = \begin{pmatrix} x_1 & x_2 \\ x_3 & x_4 \end{pmatrix}$라 하면 $AA^{-1} = I$이므로

$$\begin{pmatrix} 1 & 2 \\ 3 & 0 \end{pmatrix}\begin{pmatrix} x_1 & x_2 \\ x_3 & x_4 \end{pmatrix} = \begin{pmatrix} x_1 + 2x_3 & x_2 + 2x_4 \\ 3x_1 & 3x_2 \end{pmatrix} = \begin{pmatrix} 1 & 0 \\ 0 & 1 \end{pmatrix}$$

정의 8.2의 (1)에 의하여

$$\begin{cases} x_1 + 2x_3 &= 1 \\ x_2 + 2x_4 &= 0 \\ 3x_1 &= 0 \\ 3x_2 &= 1 \end{cases}$$

즉, $x_1 = 0$, $x_2 = \frac{1}{3}$, $x_3 = \frac{1}{2}$, $x_4 = -\frac{1}{6}$ 이다.

따라서,

$$A^{-1} = \begin{pmatrix} x_1 & x_2 \\ x_3 & x_4 \end{pmatrix} = \begin{pmatrix} 0 & \frac{1}{3} \\ \frac{1}{2} & -\frac{1}{6} \end{pmatrix} = -\frac{1}{6}\begin{pmatrix} 0 & -2 \\ -3 & 1 \end{pmatrix}$$

(2) 마찬가지로,

$$\begin{pmatrix} 1 & 2 \\ 2 & 4 \end{pmatrix}\begin{pmatrix} x_1 & x_2 \\ x_3 & x_4 \end{pmatrix} = \begin{pmatrix} x_1 + 2x_3 & x_2 + 2x_4 \\ 2x_1 + 4x_3 & 2x_2 + 4x_4 \end{pmatrix} = \begin{pmatrix} 1 & 0 \\ 0 & 1 \end{pmatrix}$$

하지만 윗식을 만족하는 x_1, x_2, x_3, x_4를 구할 수 없다.

즉, 행렬 B는 역행렬을 갖지 않는다. ■

위 예제 8로부터 정사각행렬이 항상 역행렬을 갖는 것은 아니다. 예제 8의 (1)과 같이 역행렬을 갖는 행렬을 **정칙행렬**이라 하고, 갖지 않는 행렬을 **특이행렬**이라 한다.

다음 정리는 주어진 정사각행렬의 역행렬의 존재여부와 만약 존재한다면 그 역행렬을 간편하게 구할 수 있는 방법을 제시한다.

정리 10.7

임의의 n차 정사각행렬 $A=(a_{ij})$가 정칙행렬일 필요충분조건은 $|A| \neq 0$이고, A의 역행렬은

$$A^{-1} = \frac{1}{|A|} \cdot \mathrm{adj}(A)$$

이다.

예제 9

정리 10.7을 사용하여 예제 8의 행렬들의 역행렬을 구하여라.

풀이 (1) $|A| = \begin{vmatrix} 1 & 2 \\ 3 & 0 \end{vmatrix} = -6 \neq 0$ 이므로 주어진 행렬은 정칙행렬이다.

$\mathrm{adj}(A) = \begin{pmatrix} 0 & -2 \\ -3 & 1 \end{pmatrix}$이므로

$$A^{-1} = \frac{1}{|A|} \cdot \mathrm{adj}(A) = -\frac{1}{6}\begin{pmatrix} 0 & -2 \\ -3 & 1 \end{pmatrix}$$

(2) $|B| = \begin{vmatrix} 1 & 2 \\ 2 & 4 \end{vmatrix} = 0$이므로 주어진 행렬은 특이행렬이다.

따라서, 역행렬이 존재하지 않는다. ■

문제 8

다음 행렬의 역행렬을 구하여라.

(1) $\begin{pmatrix} 0 & 1 \\ 0 & 5 \end{pmatrix}$ (2) $\begin{pmatrix} 1 & 2 & 3 \\ 2 & 5 & 4 \\ 1 & 2 & 3 \end{pmatrix}$

(3) $\begin{pmatrix} 4 & 1 \\ 3 & 1 \end{pmatrix}$ (4) $\begin{pmatrix} 2 & 4 & 3 \\ 1 & 2 & 0 \\ 1 & 0 & 2 \end{pmatrix}$

문제 9

다음 행렬의 역행렬을 구하여라.

(1) $\begin{pmatrix} 1 & 2 \\ 3 & 4 \end{pmatrix}$ (2) $\begin{pmatrix} 1 & 3 \\ 1 & 4 \end{pmatrix}$

(3) $\begin{pmatrix} 1 & 2 & 3 \\ 2 & 1 & 0 \\ 2 & 2 & 3 \end{pmatrix}$ (4) $\begin{pmatrix} 3 & 2 & 4 \\ 0 & 6 & 5 \\ 1 & 0 & 2 \end{pmatrix}$

4 1차 연립방정식

1차 연립방정식의 해를 구하는 방법은 여러 가지가 있지만 여기서는 앞에서 공부한 역행렬을 이용한 방법과 행렬식을 사용하여 구하는 방법을 소개하였다. 먼저 역행렬을 이용하여 1차 연립방정식의 해를 구하는 방법을 알아보자.

임의의 1차 연립방정식

$$\begin{cases} a_{11}x_1 + a_{12}x_2 + \cdots + a_{1n}x_n = b_1 \\ a_{21}x_1 + a_{22}x_2 + \cdots + a_{2n}x_n = b_2 \\ \vdots \\ a_{n1}x_1 + a_{n2}x_2 + \cdots + a_{nn}x_n = b_n \end{cases}$$

은 정의 10.4 행렬의 곱과 정의 10.2의 행렬의 상등을 사용하여 다음과 같이 나타낼 수 있다.

$$\begin{pmatrix} a_{11} & a_{12} & \cdots & a_{1n} \\ a_{21} & a_{22} & \cdots & a_{2n} \\ \vdots & \vdots & & \vdots \\ a_{n1} & a_{n2} & \cdots & a_{nn} \end{pmatrix} \begin{pmatrix} x_1 \\ x_2 \\ \vdots \\ x_n \end{pmatrix} = \begin{pmatrix} b_1 \\ b_2 \\ \vdots \\ b_n \end{pmatrix}$$

위 식에서 주어진 1차 연립방정식의 변수들의 계수들로 이루어진 행렬을 A, 변수들로 이루어진 행렬을 X라 하고 상수항의 계수들로 이루어진 행렬을 B라 하면

$$AX = B$$

와 같이 쓸 수 있다. 만약 행렬 A가 정칙행렬이라면, 양변에 A행렬의 역행렬 A^{-1}를 곱하면

$$X = A^{-1}B$$

이다. 따라서 다음의 정리를 얻을 수 있다.

정의 10. 8

행렬 $A=(a_{ij})_{n\times n}$, $X=(x_{ij})_{n\times 1}$, $B=(b_{ij})_{n\times 1}$이고 $|A|\neq 0$ 이면, 1차 연립방정식 $AX=B$의 해는

$$X=A^{-1}B$$

예제 10

다음 연립방정식을 역행렬을 이용하여 풀어라.

$$\begin{cases} x+y=4 \\ 2x+y=1 \end{cases}$$

풀이 주어진 연립방정식에서 변수들의 계수들로 이루어진 행렬을 A, 변수들로 이루어진 행렬을 X 그리고 상수항의 계수들로 이루어진 행렬을 B라 하면

$$A=\begin{pmatrix} 1 & 1 \\ 2 & 1 \end{pmatrix},\quad X=\begin{pmatrix} x \\ y \end{pmatrix},\quad B=\begin{pmatrix} 4 \\ 1 \end{pmatrix}$$

이고 $|A|=-1(\neq 0)$이다.

한편, $A^{-1}=\begin{pmatrix} -1 & 1 \\ 2 & -1 \end{pmatrix}$이다.

따라서,

$$\begin{aligned} X&=A^{-1}B \\ &=\begin{pmatrix} -1 & 1 \\ 2 & -1 \end{pmatrix}\begin{pmatrix} 4 \\ 1 \end{pmatrix} \\ &=\begin{pmatrix} -3 \\ 7 \end{pmatrix} \end{aligned}$$

즉, $x=-3$이고 $y=7$이다. ■

다음 연립방정식을 역행렬을 이용하여 풀어라.

$$\begin{cases} 3x+6y=1 \\ x+3y=2 \end{cases}$$

5 Cramer의 공식

Cramer의 정리는 일차연립방정식의 해를 행렬식을 사용하여 구하는 방법이다.

x_1, x_2, x_n을 미지수로 하는 일차연립방정식을 하나 만들어 보자.

$$\begin{cases} a_{11}x_1+a_{12}x_2+\cdots+a_{1j}x_j+\cdots+a_{1n}x_n=b_1 \\ a_{21}x_1+a_{22}x_2+\cdots+a_{2j}x_j+\cdots+a_{2n}x_n=b_2 \\ \cdots\cdots\cdots\cdots\cdots\cdots\cdots\cdots\cdots\cdots\cdots\cdots \\ a_{n1}x_1+a_{n2}x_2+\cdots+a_{nj}x_j+\cdots+a_{nn}x_n=b_n \end{cases}$$

위 연립방정식에서 미지수 x_1, x_2, $\cdots$ x_n의 계수로 행렬식을 만들면

$$D=\begin{vmatrix} a_{11} & a_{12} & \cdots & a_{1j} & a_{1n} \\ a_{21} & a_{22} & \cdots & a_{2j} & a_{2n} \\ \cdots & \cdots & \cdots & \cdots & \cdots \\ a_{n1} & a_{n2} & \cdots & a_{nj} & a_{nn} \end{vmatrix}$$

이고, 행렬식 D에서 a_{ij}의 여인수를 A_{ij}라 하자.

주어진 연립방정식의 첫 번째 식에 A_{1j}, 두 번째 식에 A_{2j}, $\cdots$, n번째 식에 A_{nj}를 곱해 각 변을 서로 합하면

$$\begin{aligned}(a_{11}A_{1j}+a_{21}A_{2j}+\cdots+a_{n1}A_{nj})x_1+(a_{12}A_{1j}+a_{22}A_{2j}+\cdots+a_{n2}A_{nj})x_2 \\ +\cdots+(a_{1j}A_{1j}+a_{2j}A_{2j}+\cdots+a_{nj}A_{nj})x_j+\cdots \\ +(a_{1n}A_{1j}+a_{2n}A_{2j}+\cdots+a_{nn}A_{nj})x_n \\ =b_1A_{1j}+b_2A_{2j}+\cdots+b_nA_{nj}\end{aligned}$$

이다.

그러므로 좌항에서

$$a_{1j}A_{1j} + a_{2j}A_{2j} + \cdots + a_{nj}A_{nj} = D$$

이고 나머지는 모두 0이다.

또 우항은

$$b_1A_{1j} + b_2A_{2j} + \cdots + b_nA_{nj}$$
$$= \begin{vmatrix} a_{11} & a_{12} & \cdots & a_{1j-1} & b_1 & a_{1j+1} & \cdots & a_{1n} \\ a_{21} & a_{22} & \cdots & a_{2j-1} & b_2 & a_{2j+1} & \cdots & a_{2n} \\ \cdots & \cdots & \cdots & \cdots & \cdots & \cdots & \cdots & \cdots \\ a_{n1} & a_{n2} & \cdots & a_{nj-1} & b_n & a_{nj+1} & \cdots & a_{nn} \end{vmatrix}$$

이 된다. 이 행렬식을 D_j라 하면

$$D \cdot x_j = D_j$$

이다. 따라서, $D \neq 0$이면

$$x_j = \frac{D_j}{D}$$

이고, 같은 방법으로

$$x_1 = \frac{D_1}{D}, \ x_2 = \frac{D_2}{D}, \ \cdots, \ x_n = \frac{D_n}{D}$$

이 된다. 이것을 Cramer의 **공식**이라 한다.

예제 11

연립방정식 $\begin{cases} 2x + y + 4z = 16 \\ x + 3y - 2z = 1 \\ 7x - 6y + z = -2 \end{cases}$ 를 Cramer의 공식을 사용하여 구하여라.

풀이 위 연립방정식의 미지수 x, y, z의 계수들로 행렬식을 만들면

$$D = \begin{vmatrix} 2 & 1 & 4 \\ 1 & 3 & -2 \\ 7 & -6 & 1 \end{vmatrix} = -141$$

$$D_1 = \begin{vmatrix} 16 & 1 & 4 \\ 1 & 3 & 2 \\ -2 & -6 & 1 \end{vmatrix} = -141, \quad D_2 = \begin{vmatrix} 2 & 16 & 4 \\ 1 & 1 & -2 \\ 7 & -2 & 1 \end{vmatrix} = -282,$$

$$D_3 = \begin{vmatrix} 2 & 1 & 16 \\ 1 & 3 & 1 \\ 7 & -6 & -2 \end{vmatrix} = -423$$

따라서

$$x = \frac{D_1}{D} = 1, \; y = \frac{D_2}{D} = 2, \; z = \frac{D_3}{D} = 3$$

이다. ■

문제 11

다음 연립방정식을 Cramer의 공식을 사용하여 구하여라.

(1) $\begin{cases} 7x+5y=5 \\ 9x+6y=6 \end{cases}$ (2) $\begin{cases} 2x-3y+z=4 \\ x+y-z=2 \\ 4x-y+3z=1 \end{cases}$

만약 일차연립방정식 (1)에서 $b_i=0\,(i=1, 2, \cdots, n)$일 때 이를 동차연립방정식이라 한다. 이 경우에도 $D \neq 0$이면 Cramer의 공식에서 이 연립방정식은 $x_1 = x_2 = \cdots\cdots = x_n = 0$인 해밖에 갖지 못한다. 따라서 이 사실의 대우 명제로서 다음 정리를 얻을 수 있다.

정리 10.9

동차연립방정식이 $x_1 = x_2 = \cdots = x_n = 0$ 이외의 해를 가지려면 $D = 0$ 이다.

예제 12

다음 연립방정식이 0 이외의 해를 갖기 위한 k의 값을 구하여라.

$$\begin{cases} x - y + kz = 0 \\ 2x - y - z = 0 \\ x + y - z = 0 \end{cases}$$

풀이 위 연립방정식의 미지수 x, y, z의 계수들로 행렬식을 만들면

$$D = \begin{vmatrix} 1 & -1 & k \\ 2 & -1 & -1 \\ 1 & 1 & -1 \end{vmatrix}$$

이다. 주어진 연립방정식이 동차연립방정식이므로 정리 10.9에 의하여 $D=0$이어야 한다. 따라서

$$D = 1 + 2k + 1 + k - 2 + 1 = 3k + 1 = 0$$

이므로 $k = -\frac{1}{3}$이다. ■

문제 12

다음 연립방정식이 0 이외의 해를 갖기 위한 k의 값을 구하여라.

$$\begin{cases} x - kx - z = 0 \\ 7x - kx + z = 0 \\ x - y - kx = 0 \end{cases}$$

연습문제

1. 두 행렬 $A=\begin{pmatrix} a+2b & a+b \\ a+2c & a+c \end{pmatrix}$, $B=\begin{pmatrix} 8 & 5 \\ 4 & 3 \end{pmatrix}$에 대하여 $A=B$일 때, a, b, c를 구하여라.

2. 두 행렬 $A=\begin{pmatrix} 5 & 1 & 2 \\ 3 & 3 & 2 \end{pmatrix}$, $B=\begin{pmatrix} 2 & 6 & 1 \\ 2 & 3 & 0 \end{pmatrix}$일 때, $A+B$, $5A$, $-2B$, $5A-2B$, $B-A$를 구하여라.

3. 문제 2의 행렬 A, B를 사용하여 다음을 보여라.

$$(A+B)^T = A^T + B^T$$

4. 다음 행렬의 곱을 구하여라.

(1) $\begin{pmatrix} 2 & 3 \\ -1 & 2 \end{pmatrix}\begin{pmatrix} 4 & 1 \\ 0 & 0 \end{pmatrix}$ (2) $\begin{pmatrix} -4 & 5 & 1 \\ 0 & 4 & 2 \end{pmatrix}\begin{pmatrix} 3 & -1 & 1 \\ 5 & 6 & 4 \\ 0 & 1 & 2 \end{pmatrix}$

5. 다음 행렬의 수반행렬을 구하여라.

(1) $\begin{pmatrix} 7 & 3 \\ 2 & 5 \end{pmatrix}$ (2) $\begin{pmatrix} 5 & 2 & 3 \\ 4 & 5 & 0 \\ 4 & 2 & 1 \end{pmatrix}$

6. 다음 행렬식의 값을 구하여라.

(1) $\begin{vmatrix} 1 & 2 & 5 \\ 4 & 6 & 3 \\ 3 & 6 & 2 \end{vmatrix}$ (2) $\begin{vmatrix} 1 & x & x^2 \\ 1 & y & y^2 \\ 1 & z & z^2 \end{vmatrix}$

(3) $\begin{vmatrix} y^2+z^2 & xy & xz \\ xy & x^2+z^2 & yx \\ xz & yz & x^2+y^2 \end{vmatrix}$ (4) $\begin{vmatrix} 1 & 1 & 3 & 1 \\ 1 & 3 & 3 & 1 \\ 1 & 1 & 1 & 3 \\ 3 & 1 & 1 & 1 \end{vmatrix}$

7. 다음 행렬의 역행렬 존재 여부를 밝히고, 존재하면 그 역행렬을 구하여라.

(1) $\begin{pmatrix} 2 & 4 \\ 1 & 3 \end{pmatrix}$ (2) $\begin{pmatrix} \cos\theta & -\sin\theta \\ \sin\theta & \cos\theta \end{pmatrix}$

(3) $\begin{pmatrix} 2 & -1 & 1 \\ 1 & 3 & -2 \\ 0 & 0 & 0 \end{pmatrix}$ (4) $\begin{pmatrix} 1 & 4 & -5 \\ 3 & -5 & 3 \\ -2 & 2 & -2 \end{pmatrix}$

8. 다음 연립방정식의 해를 Cramer의 공식을 사용하여 구하여라.

(1) $\begin{cases} 3x - 2y = 1 \\ x + 3y = 4 \end{cases}$ (2) $\begin{cases} 2x + y + 4z = 16 \\ x + 3y - 2z = 1 \\ 7x - 6y + z = -2 \end{cases}$

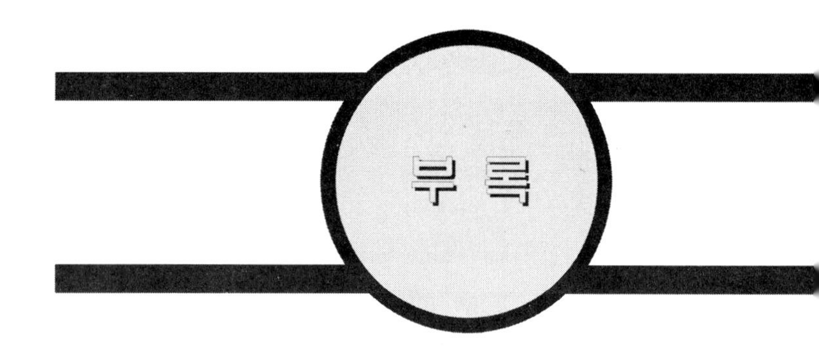

부 록 1

1. 수학기호

같다	$=$	비례한다	$\propto$	sine	sin
보다 크다	$>$	계승	$!$	cosine	cos
보다 작다	$<$	비	$:$	tangent	tan
항등	$\equiv$	각	θ	cotangent	cot
부등	$\neq$	총합	$\sum_{n=1}^{j}$	secant	sec
항등이 아니다	$\not\equiv$	극한	$\lim_{x \to \infty}$	cosecant	cosec
근사적으로 같다	$\approx$	상용대수	$\log_{10}$	arc sine	arcsin(Sin^{-1})
근접	$\rightarrow$	자연대수	$\log_{e}$(ln)	arc cosine	arccos(Cos^{-1})
내지	$\sim$	미분	$\frac{dy}{dx}$, $f'(x)$	arc tangent	arctan(Tan^{-1})
무한대	∞	적분	$\int$	hyperbolic sine	sinh

2. 단위의 승수

기호	명칭	승수	기호	명칭	승수
T	tera	10^{12}	c	centi	10^{-2}
G	giga	10^{9}	m	mili	10^{-3}
M	mega	10^{6}	μ	micro	10^{-6}
k	kilo	10^{3}	n	nano	10^{-9}
h	hekto	10^{2}	p	pico	10^{-12}
da	deka	10	f	femto	10^{-15}
d	deci	10^{-1}	a	atto	10^{-18}

3. 도량형 환산표

길 이 : 1 kilometer(km) = 1000 meter(m)   1 inch(in) = 2.540 cm

	1 meter(m) = 100 centimeter(cm)	1 foot(ft) = 30.48 cm	
	1 centimeter(cm) = 10^{-2} m	1 mile(mi) = 1.609 km	
	1 millimeter(mm) = 10^{-3} m	1 mile = 10^{-3} in	
	1 micron(μ) = 10^{-6} m	1 centimeter = 0.3937 in	
	1 millimicron(mμ) = 10^{-9} m	1 meter = 39.37 in	
	1 angstrom(Å) = 10^{-10} m	1 kilometer = 0.6214 mile	
넓 이 :	1 square meter(m^2) = 10.7 ft^2	1 square mile(mi^2) = 640 acre	
	1 square foot(ft^2) = 929 cm^2	1 acre = 43.560 ft^2	

부 피 : 1 liter(l) = 1000 cm^3 = 1.057 quart(qt) = 61.02 in^3 = 0.03532 ft^3

1 cubic meter(m^3) = 1000 l = 35.32 ft^3

1 cubic foot(ft^3) = 7.481 U. S. gal = 0.02832 m^3=28.32 l

1 U. S. gallon(gal) = 231 in^3 = 3.785 l

1 British gallon = 1.201 U. S. gallon = 277.4 in^3

질 량 : 1 kilogram(kg) = 2.2046 pound(lb) = 0.06852 slug

1 lb = 453.6 gm = 0.03108 slug

1 slug = 32.17 lb = 24.59 kg

4. 그리스 문자

그리스 문자		호 칭		그리스 문자		호 칭	
A	α	alpha	알 파	N	ν	nu	뉴 우
B	β	beta	베 타	Ξ	ξ	xi	크 사 이
Γ	γ	gamma	감 마	O	o	omicron	오미크론
Δ	$\delta(\partial)$	delta	델 타	Π	π	pi	파 이
E	ε	epsilon	잎실론	P	ρ	rho	로 오
Z	ζ	zeta	제 타	Σ	σ	sigma	시 그 마
H	η	eta	에 타	T	τ	tau	타 우
Θ	$\theta(\vartheta)$	theta	데 타	Y	υ	upsilon	웁 실 론
I	ι	iota	이오타	Φ	$\phi(\varphi)$	phi	화 이
K	κ	kappa	카 파	X	χ	chi	카 이
Λ	λ	lambda	람 다	Ψ	ψ	psi	프 사 이
M	μ	mu	뮤 우	Ω	ω	omega	오 메 가

부 록2

I. 기 하

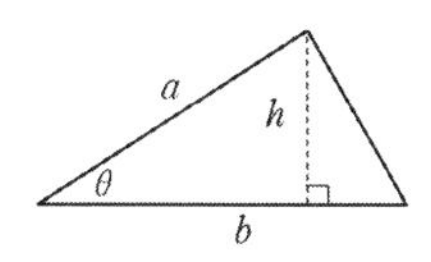

$$넓이 = \frac{1}{2}bh$$
$$= \frac{1}{2}ab\sin\theta$$

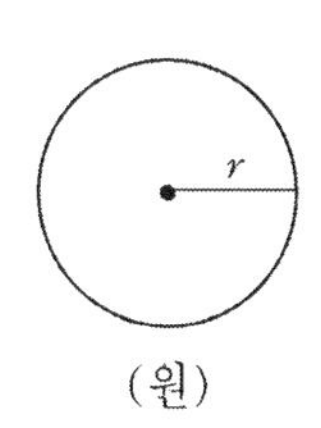

(원)

$$넓이 = \pi r^2$$
$$원주 = 2\pi r$$

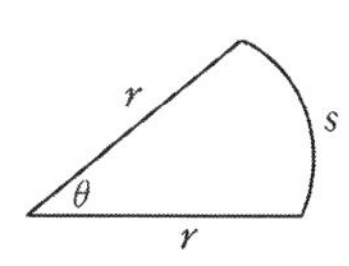

$$넓이 = \frac{1}{2}r^2\theta$$
$s = r\theta$ (s : 호)

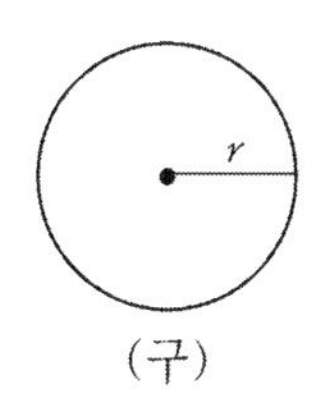

(구)

$$넓이 = 4\pi r^2$$
$$부피 = \frac{4}{3}\pi r^3$$

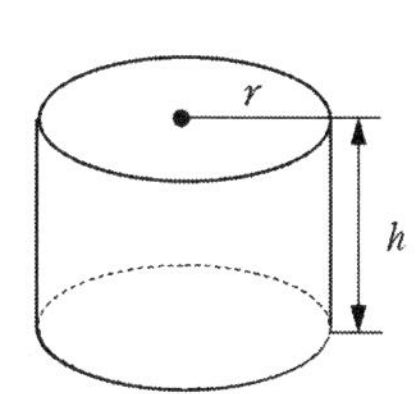

$$부피 = \pi r^2 h$$

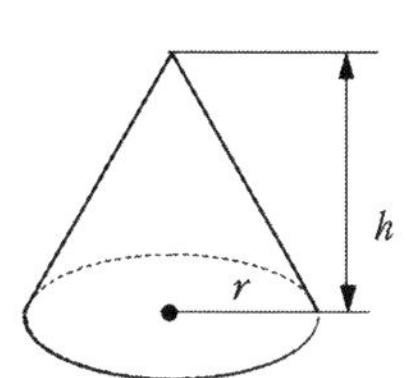

$$부피 = \frac{1}{3}\pi r^2 h$$

II. 대 수

1. 산술연산

- $a(b+c) = ab + ac$
- $\frac{b}{a} + \frac{d}{c} = \frac{bc + ad}{ac}$
- $\frac{b+c}{a} = \frac{b}{a} + \frac{c}{a}$
- $\frac{\frac{d}{c}}{\frac{b}{a}} = \frac{d}{c} \times \frac{b}{a} = \frac{bd}{ac}$

2. 지수와 추상근 법칙

$a^m \times a^n = a^{m+n}$

$a^m \div a^n = a^{m-n}$

$(a^m)^n = a^{mn}$

$a^{-n} = \frac{1}{a^n}$

$a^{\frac{m}{n}} = \sqrt[n]{a^m}$

$\left(\frac{b}{a}\right)^n = \frac{b^n}{a^n}$

$\sqrt[n]{ab} = \sqrt[n]{a}\ \sqrt[n]{b}$

$\sqrt[n]{\sqrt[m]{a}} = \sqrt[mn]{a} = \sqrt[n]{\sqrt[m]{a}}$

$\sqrt[n]{\frac{b}{a}} = \frac{\sqrt[n]{b}}{\sqrt[n]{a}}$

3. 로그의 성질

$y = \log_a^x \Leftrightarrow x = a^y$

$\log_a^a = 1$

$\log_a^1 = 0\ (a > 0,\ a \neq 1)$

$\log_a(xy) = \log_a^x + \log_a^y$

$\log_a \dfrac{x}{y} = \log_a^x - \log_a^y$

$\log_c^a = \log_c^b \times \log_b^a$

$\log_b^a \times \log_a^b = 1$

$\log_{10}^x = 0.4343 \lim x$

$\lim x = 2.3026 \log_{10} x$

4. 항등식

$x^2 - y^2 = (x + y)(x - y)$

$x^3 + y^3 = (x + y)(x^2 - xy + y^2)$

$x^3 - y^3 = (x - y)(x^2 + xy + y^2)$

5. 이항정리

$(x + y)^2 = x^2 + 2xy + y^2$

$(x - y)^2 = x^2 - 2xy + y^2$

$(x + y)^3 = x^3 + 3x^2y + 3xy^2 + y^3$

$(x - y)^3 = x^3 - 3x^2y + 3xy^2 - y^3$

$$(x + y)^n = x^n + nx^{n-1}y + \frac{n(n-1)}{2}x^{n-2}y^2 + \cdots + \binom{n}{k}x^{n-k}y^k + \cdots + nxy^{n-1} + y^n$$

(여기서, $\binom{n}{k} = \dfrac{k(k-1)\cdots(k-n+1)}{n!}$)

6. 근의공식

2차 방정식 $ax^2 + bx + c = 0$에서

$$x = \frac{-b \pm \sqrt{b^2 - 4ac}}{2a}$$

7. 부등식과 절대값

$a < b$ 이고 $b < c$ 이면 $a < c$

$a < b$ 이면 $a + c < b + c$

$a < b$ 이고 $\begin{cases} c > 0 \text{ 이면 } ca < cb \\ c < 0 \text{ 이면 } ca > cb \end{cases}$

$a > 0$에 대하여 $\begin{cases} |x| = a \text{ 이면 } x = a \text{ 또는 } x = -a \\ |x| < a \text{ 이면 } -a < x < a \\ |x| > a \text{ 이면 } x > a \text{ 또는 } x < -a \end{cases}$

8. 급 수

① 등차급수

a를 초항, d를 공차, n을 항수, l을 말항, S를 총합이라 하면

$$l = a + (n-1)d, \quad S = \frac{1}{2}n(a + l)$$

$$S = a + (a + b) + (a + 2d) + \cdots + \{a + (n-1)d\}$$

$$= \frac{1}{2}n[2a + (n-1)d]$$

② 등비급수

a를 초항, r을 공비, n을 항수, l을 말항, S를 총합이라 하면

$$l = ar^{n-1}, \quad S = a\frac{1-r^n}{1-r}$$

$$S = a + ar + ar^2 + \cdots + ar^{n-1} = \frac{a(1-r^n)}{1-r}$$

③ 무한등비급수

a를 초항, r을 공비, S를 총합이라 하면

$S = a/(1-r))$ (단, $r^2 < 1$)

9. 산술평균, 기하평균, 조화평균

① 산술평균 $x = \dfrac{1}{n} \sum_{i=1}^{n} x_i$ (예) $\dfrac{a+b}{2}$

② 기하평균 $\mathrm{gm}(x) = (x_1 \cdot x_2 \cdots x_n)^{1/n}$ (예) $\sqrt{ab}$

③ 조화평균 $\mathrm{hm}(x)$, $\dfrac{1}{\mathrm{hm}(x)} = \dfrac{1}{n} \sum_{i=1}^{n} \dfrac{1}{x_i}$ (예) $\dfrac{2ab}{a+b}$

Cauchy의 정리 $x \geq \mathrm{gm}(x) \geq \mathrm{hm}(x)$ (예) $\dfrac{a+b}{2} \geq \sqrt{ab} \geq \dfrac{2ab}{a+b}$

10. 근사치

$|x| \ll 1$에 대하여

$(1 \pm x)^2 \fallingdotseq 1 \pm 2x$ $(1 \pm x)^n \fallingdotseq 1 \pm nx$

$\sqrt{1+x} \fallingdotseq 1 + \dfrac{1}{2}x$ $\dfrac{1}{\sqrt{1+x}} \fallingdotseq 1 - \dfrac{1}{2}x$

$e^x \fallingdotseq 1 + x$ $\ln(1+x) \fallingdotseq x$

$\sin x \fallingdotseq 0$ $\sinh x \fallingdotseq x$

$\cos x \fallingdotseq 1$ $\cosh x \fallingdotseq 1 - x$

$\tan x \fallingdotseq x$ $\tanh x \fallingdotseq x$

$\tanh x \fallingdotseq 1$

11. 삼각함수

(1) 보각의 삼각함수

$\sin(180° \pm \theta) = \mp \sin\theta$

$\cos(180° \pm \theta) = -\cos\theta$

$\tan(180° \pm \theta) = \pm \sin\theta$

(2) 여각의 삼각함수

$$\sin(90° \pm \theta) = + \cos\theta$$
$$\cos(90° \pm \theta) = \mp \sin\theta$$
$$\tan(90° \pm \theta) = \mp \cot\theta$$
$$\cot(90° \pm \theta) = \mp \tan\theta$$

(3) 같은 각의 삼각함수 사이의 관계

① $\begin{cases} \sin A \operatorname{cosec} A = 1 \\ \cos A \sec A = 1 \\ \tan A \cot A = 1 \end{cases}$ ② $\begin{cases} \sin^2 A + \cos^2 A = 1 \\ \sec^2 A = 1 + \tan^2 A \\ \operatorname{cosec}^2 A = 1 + \cot^2 A \end{cases}$

③ $\tan A = \dfrac{\sin A}{\cos A}$

(4) 가법정리

$$\sin(A \pm B) = \sin A \cos B \pm \cos A \sin B$$
$$\cos(A \pm B) = \cos A \cos B \mp \sin A \sin B$$

(5) 배각의 공식

$$\sin 2A = 2\sin A \cos A$$
$$\cos 2A = 2\cos^2 A - 1 = 1 - 2\sin^2 A = \cos^2 A - \sin^2 A$$
$$\tan 2A = \frac{2\tan A}{1 - \tan^2 A}$$

(6) 반각의 공식

$$\sin\frac{A}{2} = \pm\sqrt{\frac{1 - \cos A}{2}}$$
$$\cos\frac{A}{2} = \pm\sqrt{\frac{1 + \cos A}{2}}$$
$$\tan\frac{A}{2} = \pm\sqrt{\frac{1 - \cos A}{1 + \cos A}} = \frac{1 - \cos A}{\sin A} = \frac{\sin A}{1 + \cos A}$$

(7) 합을 곱으로 고치는 공식

$$\sin A + \sin B = 2\sin\frac{1}{2}(A+B)\cos\frac{1}{2}(A-B)$$

$$\sin A - \sin B = 2\cos\frac{1}{2}(A+B)\sin\frac{1}{2}(A-B)$$

$$\cos A + \cos B = 2\cos\frac{1}{2}(A+B)\cos\frac{1}{2}(A-B)$$

$$\cos A - \cos B = -2\sin\frac{1}{2}(A+B)\sin\frac{1}{2}(A-B)$$

(8) 곱을 합으로 고치는 공식

$$\sin A\cos B = \frac{1}{2}\{\sin(A+B) + \sin(A-B)\}$$

$$\cos A\sin B = \frac{1}{2}\{\sin(A+B) - \sin(A-B)\}$$

$$\sin A\sin B = \frac{1}{2}\{\cos(A-B) - \cos(A+B)\}$$

$$\cos A\cos B = \frac{1}{2}\{\cos(A-B) + \cos(A+B)\}$$

(9) 반각 및 2배각에 관한 공식

① $\begin{cases} \sin A = 2\sin\dfrac{A}{2}\cos\dfrac{A}{2} \\ \cos A = \cos^2\dfrac{A}{2} - \sin^2\dfrac{A}{2} \end{cases}$

② $\begin{cases} 2\sin^2 A = 1 - \cos 2A \\ 2\cos^2 A = 1 + \cos 2A \end{cases}$ $\begin{cases} 2\sin^2\dfrac{A}{2} = 1 - \cos A \\ 2\cos^2\dfrac{A}{2} = 1 + \cos A \end{cases}$

(10) 상수를 갖는 같은 각의 정현과 여현의 합을 단항식으로 만드는 법

$a\cos A + b\sin A = \sqrt{a^2+b^2}\cos(A-\theta)$ (단, $\theta = \tan^{-1}\dfrac{b}{a}$)

(11) 삼각형의 두 변 a, b와 그 사이각 θ를 알고 맞변 P를 구하는 공식

$$P = \sqrt{a^2 + b^2 - 2ab\cos\theta}$$

(12) 호도법

$$1[\text{rad}] = \frac{360°}{2\pi} = 57°17'45'' = 3437'45''$$

(13) 삼각함수와 지수함수의 관계

$$\sin x = \frac{1}{2j}(e^{jx} - e^{-jx}) \qquad \cos x = \frac{1}{2}(e^{jx} + e^{-jx})$$

$$\tan x = -j\frac{e^{2jx}-1}{e^{2jx}+1} = \frac{1}{j}\,\frac{e^{jx}-e^{-jx}}{e^{jx}+e^{-jx}}$$

$$e^{jx} = \cos x + j\sin x \qquad e^{-jx} = \cos x - j\sin x$$

(14) 특수각의 삼각함수

각도	sin	cos	tan	cot	sec	cosec	라디안
0°	0	1	0		1		0
30°	$\frac{1}{2}$	$\frac{\sqrt{3}}{2}$	$\frac{\sqrt{3}}{3}$	$\sqrt{3}$	$\frac{2\sqrt{3}}{3}$	2	$\frac{1}{6}\pi$
45°	$\frac{\sqrt{2}}{2}$	$\frac{\sqrt{2}}{2}$	1	1	$\sqrt{2}$	$\sqrt{2}$	$\frac{1}{4}\pi$
60°	$\frac{\sqrt{3}}{2}$	$\frac{1}{2}$	$\sqrt{3}$	$\frac{\sqrt{3}}{3}$	2	$\frac{2\sqrt{3}}{3}$	$\frac{1}{3}\pi$
90°	1	0		0		1	$\frac{1}{2}\pi$
180°	0	-1	0		-1		π
270°	-1	0		0		-1	$\frac{3}{2}\pi$
360°	0	1	0		1		2π

(15) 역삼각함수의 공식

$a > 0$ 이면

$$\sin^{-1}(-a) = -\sin^{-1}a, \qquad \cot^{-1}(-a) = \pi - \tan^{-1}(1/a)$$

$$\cos^{-1}(-a) = \pi - \cos^{-1}a, \qquad \sec^{-1}(-a) = \cos^{-1}(1/a) - \pi$$

$$\tan^{-1}(-a) = -\tan^{-1}a, \qquad \operatorname{cosec}^{-1}(-a) = \sin^{-1}(1/a) - \pi$$

$$\sin^{-1}a = \cos^{-1}\sqrt{1-a^2}, \qquad \cos^{-1}a = \sin^{-1}\sqrt{1-a^2}$$

$a > 0$, $b > 0$ 이면

$$\sin^{-1}a - \sin^{-1}b = \sin^{-1}(a\sqrt{1-b^2} - b\sqrt{1-a^2})$$

$$\tan^{-1}a - \tan^{-1}b = \tan^{-1}(a-b)/(1+ab)$$

12. 쌍곡선함수

$$\sinh(-x) = -\sinh x \qquad \sinh(0) = 0 \qquad \sinh(\pm\infty) = \pm\infty$$

$$\cosh(-x) = \cosh x \qquad \cosh(0) = 1 \qquad \cosh(\pm\infty) = +\infty$$

$$\tanh(-x) = -\tanh x \qquad \tanh(0) = 0 \qquad \tanh(\pm\infty) = \pm 1$$

$$\cosh^2 x - \sinh^2 x = 1 \qquad \sinh 2x = 2\sinh x\cosh x$$

$$1 - \tanh^2 x = \operatorname{sech} x \qquad \cosh 2x = \cosh^2 x + \sinh^2 x$$

$$1 - \coth^2 x = -\operatorname{cosech}^2 x \qquad \tanh 2x = \frac{2\tanh x}{1+\tanh^2 x}$$

$$\sinh(x \pm y) = \sinh x\cosh y \pm \cosh x\sinh y$$

$$\cosh(x \pm y) = \cosh x\cosh y \pm \sinh x\sinh y$$

$$\tanh(x \pm y) = \frac{\tanh x \pm \tanh y}{1 \pm \tanh x\tanh y}$$

$$\sinh x + \sinh y = 2\sinh\frac{x+y}{2}\cosh\frac{x-y}{2}$$

$$\sinh x - \sinh y = 2\cosh\frac{x+y}{2}\sinh\frac{x-y}{2}$$

$$\cosh x + \cosh y = 2\cosh\frac{x+y}{2}\cosh\frac{x-y}{2}$$

$$\cosh x - \cosh y = 2\sinh\frac{x+y}{2}\sinh\frac{x-y}{2}$$

$$\sinh x \sinh y = \frac{1}{2}[\cosh(x+y) - \cosh(x-y)]$$

$$\cosh x \cosh y = \frac{1}{2}[\cosh(x+y) + \cosh(x-y)]$$

$$\sinh x \cosh y = \frac{1}{2}[\sinh(x+y) + \sinh(x-y)]$$

$$\sinh\frac{x}{2} = \sqrt{\frac{1}{2}(\cosh x - 1)} \quad \cosh\frac{x}{2} = \sqrt{\frac{1}{2}(\cosh x + 1)}$$

$$\tanh\frac{x}{2} = \frac{\cosh x - 1}{\sinh x} = \frac{\sinh x}{\cosh x + 1}$$

$$\sinh x = \frac{1}{2}(e^x - e^{-x}) \qquad \cosh x = \frac{1}{2}(e^x + e^{-x})$$

$$e^x = \cosh x + \sinh x \qquad e^{-x} = \cosh x - \sinh x$$

13. 삼각함수와 쌍곡선함수

$$\sinh jx = j\sin x \qquad \sinh x = -j\sin jx$$

$$\cosh jx = \cos x \qquad \cosh x = \cos jx$$

$$\tanh jx = j\tan x \qquad \tanh x = -j\tan jx$$

$$\sinh(x \pm jy) = \sinh x \cos y \pm j\cosh x \sin y = \pm j\sin(y \mp jx)$$

$$\cosh(x \pm jy) = \cosh x \cos y \pm j\sinh x \sin y = \cos(y \mp jx)$$

$$\sin(x \pm jy) = \sin x \cosh y \pm j\cos x \sinh y = \pm j\sinh(y \mp jx)$$

$$\cos(x \pm jy) = \cos x \cosh y \pm j\sin x \sinh y = \cosh(y \mp jx)$$

14. 역쌍곡선함수

$$\sinh^{-1}x = \cosh^{-1}\sqrt{x^2+1} = \log(x + \sqrt{x^2+1}) = \int\frac{dx}{\sqrt{x^2+1}}$$

$$\cosh^{-1}x = \sinh^{-1}\sqrt{x^2-1} = \log(x + \sqrt{x^2-1}) = \int\frac{dx}{\sqrt{x^2-1}}$$

$$\tanh^{-1}x = \frac{1}{2}\log\frac{1+x}{1-x} = \int\frac{dx}{1-x^2} \qquad (x^2 < 1)$$

$$\coth^{-1} x = \frac{1}{2} \log \frac{x+1}{x-1} = \int \frac{dx}{1-x^2} \qquad (x^2 > 1)$$

15. 미분공식

(1) $\frac{dc}{dx} = 0 \quad (c : \text{상수})$

(2) $\frac{d}{dx}(cu) = c\frac{du}{dx} \quad (c : \text{상수})$

(3) $\frac{d}{dx}(u \pm v) = \frac{du}{dx} \pm \frac{dv}{dx}$

(4) $\frac{d}{dx}(uv) = v\frac{du}{dx} + u\frac{dv}{dx}$

(5) $\frac{d}{dx}\left(\frac{u}{v}\right) = \frac{v\frac{du}{dx} - u\frac{dv}{dx}}{v^2}$

(6) $\frac{dy}{dx} = \frac{dy}{du} \cdot \frac{du}{dx}$

(7) $y = x^m \qquad y' = mx^{m-1}$

(8) $y = e^x \qquad y' = e^x$

(9) $y = a^x \qquad y' = a^x \log a$

(10) $y = \log x \qquad y' = \frac{1}{x}$

(11) $y = \sin x \qquad y' = \cos x$

(12) $y = \cos x \qquad y' = -\sin x$

(13) $y = \tan x \qquad y' = \frac{1}{\cos^2 x} = \sec^2 x$

(14) $y = \cot x \qquad y' = -\frac{1}{\sin^2 x} = -\operatorname{cosec}^2 x$

(15) $y = \sec x \qquad y' = \sec x \cdot \tan x$

(16) $y = \operatorname{cosec} x \qquad y' = -\operatorname{cosec} x \tan x$

(17) $y = \sin ax \qquad y' = a\cos ax$

(18) $y = \cos ax \qquad y' = -a\sin ax$

(19) $y = \sin^{-1}x$ $\qquad y' = \pm\dfrac{1}{\sqrt{1-x^2}}$

$$\left(\begin{array}{l} +:\ 2\pi n - \dfrac{\pi}{2} < y < 2\pi n + \dfrac{\pi}{2} \\ -:\ 2\pi n + \dfrac{\pi}{2} < y < 2\pi n + \dfrac{3\pi}{2} \end{array}\right)$$

(20) $y = \cos^{-1}x$ $\qquad y' = \mp\dfrac{1}{\sqrt{1-x^2}}$

$$\left(\begin{array}{l} -:\ 2\pi n < y < (2n+1)\pi \\ +:\ (2n+1)\pi < y < (2n+2)\pi \end{array}\right)$$

(21) $y = \tan^{-1}x$ $\qquad y' = \dfrac{1}{1+x^2}$

(22) $y = \sinh x$ $\qquad y' = \cosh x$

(23) $y = \cosh x$ $\qquad y' = \sinh x$

(24) $y = \tanh x$ $\qquad y' = \mathrm{sech}^2 x$

(25) $y = \cosh^{-1}x$ $\qquad y' = -\ \mathrm{cosech}^2 x$

(26) $y = \sinh^{-1}x$ $\qquad y' = \dfrac{1}{\sqrt{1+x^2}}$

(27) $y = \cosh^{-1}x$ $\qquad y' = \pm\dfrac{1}{\sqrt{x^2-1}}$ $\quad (x^2 > 1)$

(28) $y = \tanh^{-1}x$ $\qquad y' = \dfrac{1}{1-x^2}$ $\quad (1 > x^2)$

(29) $y = \coth^{-1}x$ $\qquad y' = -\dfrac{1}{x^2-1}$ $\quad (x^2 > 1)$

16. 적분공식 (적분상수는 생략함)

(1) $\int a\,dx = ax$

(2) $\int a \cdot f(x)\,dx = a\int f(x)dx$

(3) $\int \phi(y)\,dx = \int \dfrac{\phi(y)}{y'}\,dy, \quad y' = dy/x$

(4) $\int (u+v)dx = \int u dx + \int v dx$

(5) $\int u dv = uv - \int v du$

(6) $\int u \frac{dv}{dx} dx = uv - \int v \frac{du}{dx} dx$

(7) $\int x^n dx = x^{n+1}/n+1$, $(n \neq -1)$

(8) $\int \frac{f'(x)\, dx}{f(x)} = \log f(x)$, $[df(x) = f'(x)dx]$

(9) $\int \frac{dx}{x} = \log x$

(10) $\int \frac{f'(x)\, dx}{2\sqrt{f(x)}} = \sqrt{f(x)}$, $[df(x) = f'(x)dx]$

(11) $\int e^x dx = e^x$

(12) $\int e^{ax} dx = e^{ax}/a$

(13) $\int b^{ax} dx = \frac{b^{ax}}{a \log b}$

(14) $\int \log x\, dx = x \log x - x$

(15) $\int a^x \log a\, dx = a^x$

(16) $\int \frac{dx}{a^2+x^2} = \frac{1}{a} \tan^{-1}\left(\frac{x}{a}\right)$, 또는 $-\frac{1}{a} \cot^{-1}\left(\frac{x}{a}\right)$

(17) $\int \frac{dx}{a^2-x^2} = \frac{1}{a} \tanh^{-1}\left(\frac{x}{a}\right)$, 또는 $\frac{1}{2a} \log\left(\frac{a+x}{a-x}\right)$

(18) $\int \frac{dx}{x^2-a^2} = -\frac{1}{a} \coth^{-1}\left(\frac{x}{a}\right)$, 또는 $\frac{1}{2a} \log\left(\frac{x-a}{x+a}\right)$

(19) $\int \frac{dx}{a^2-x^2} = \sin^{-1}\left(\frac{x}{a}\right)$, 또는 $-\cos^{-1}\left(\frac{x}{a}\right)$

(20) $\int \frac{dx}{x^2 \pm a^2} = \log(x + \sqrt{x^2 \pm a^2})$

(21) $\int \frac{dx}{x\sqrt{x^2-a^2}} = \frac{1}{a} \cos^{-1}\left(\frac{a}{x}\right)$

(22) $\int \frac{dx}{x\sqrt{a^2 \pm x^2}} = -\frac{1}{a}\log\left(\frac{a+\sqrt{a^2 \pm x^2}}{x}\right)$

(23) $\int \frac{dx}{x\sqrt{a+bx}} = \frac{2}{\sqrt{-a}}\tan^{-1}\sqrt{\frac{a+bx}{-a}}$, 또는 $\frac{-2}{\sqrt{a}}\tanh^{-1}\sqrt{\frac{a+bx}{a}}$

$(a+bx)$ 형식

(24) $\int (a+bx)^n\,dx = \frac{(a+bx)^{n+1}}{(n+1)b}$ $(n \neq -1)$

(25) $\int x(a+bx)^n\,dx = \frac{1}{b^2(n+2)}(a+bx)^{n+2} - \frac{a}{b^2(n+1)}(a+bx)^{n+1}$

$(n = -1$ 또는 -2 제외$)$

(26) $\int x^2(a+bx)^n\,dx$

$$= \frac{1}{b^3}\left[\frac{(a+bx)^{n+3}}{n+3} - 2a\frac{(a+bx)^{n+2}}{n+2} + a^2\frac{(a+bx)^{n+1}}{n+1}\right]$$

(27) $\int x^m(a+bx)^n\,dx = \frac{x^{m+1}(a+bx)^n}{m+n+1} + \frac{an}{m+n+1}\int x^m(a+bx)^{n-1}\,dx$

(28) $\int \frac{dy}{a+bx} = \frac{1}{b}\log(a+bx)$

(29) $\int \frac{dx}{(a+bx)^2} = -\frac{1}{b(a+bx)}$

(30) $\int \frac{dx}{(a+bx)^3} = -\frac{1}{2b(a+bx)^2}$

(31) $\int \frac{x\,dx}{(a+bx)^2} = \frac{1}{b^2}[a+bx-a\log(a+bx)]$

(32) $\int \frac{x\,dx}{(a+bx)^2} = \frac{1}{b^2}\left[\log(a+bx)+\frac{a}{a+bx}\right]$

(33) $\int \frac{x\,dx}{(a+bx)^3} = \frac{1}{b^2}\left[-\frac{1}{a+bx}+\frac{a}{2(a+bx)^2}\right]$

(34) $\int \frac{x^2dx}{a+bx} = \frac{1}{b^3}\left[\frac{1}{2}(a+bx)^2 - 2a(a+bx) + a^2\log(a+bx)\right]$

(35) $\int \frac{x^2dx}{(a+bx)^2} = \frac{1}{b^3}\left[a+bx-2a\log(a+bx)-\frac{a^2}{a+bx}\right]$

(36) $$\int \frac{x^2dx}{(a+bx)^3} = \frac{1}{b^3}\left[\log(a+bx) + \frac{2a}{(a+bx)} - \frac{a^2}{2(a+bx)^2}\right]$$

(37) $$\int \frac{dx}{x(a+bx)} = -\frac{1}{a}\log\frac{a+bx}{x}$$

(38) $$\int \frac{dx}{x(a+bx)^2} = \frac{1}{a(a+bx)} - \frac{1}{a^2}\log\frac{a+bx}{x}$$

(39) $$\int \frac{dx}{x^2(a+bx)} = -\frac{1}{ax} + \frac{b}{a^2}\log\frac{a+bx}{x}$$

(40) $$\int \frac{dx}{x^2(a+bx)^2} = -\frac{a+2bx}{a^2x(a+bx)} + \frac{2b}{a^3}\log\frac{a+bx}{x}$$

$c^2 \pm x^2$, $x^2 - c^2$ 형식

(41) $$\int \frac{dx}{c^2+x^2} = \frac{1}{c}\tan^{-1}\frac{x}{c}, \text{ 또는 } \frac{1}{c}\sin^{-1}\frac{x}{\sqrt{c^2+x^2}}$$

(42) $$\int \frac{dx}{c^2-x^2} = \frac{1}{2c}\log\frac{c+x}{c-x}, \text{ 또는 } \frac{1}{c}\tanh^{-1}\left(\frac{x}{c}\right)$$

(43) $$\int \frac{dx}{x^2-c^2} = \frac{1}{2c}\log\frac{x-c}{x+c}, \text{ 또는 } -\frac{1}{c}\coth^{-1}\left(\frac{x}{c}\right)$$

$x+bx$ 및 $a'+b'x$ 형식

(44) $$\int \frac{dx}{(a+bx)(a'+b'x)} = \frac{1}{ab'-a'b}\cdot\log\left(\frac{a'+b'x}{a+bx}\right)$$

(45) $$\int x\frac{dx}{(a+bx)(a'+b'x)}$$
$$= \frac{1}{ab'-db}\cdot\left[\frac{a}{b}\log(a+bx) - \frac{a'}{b'}\log(a'+b'x)\right]$$

(46) $$\int \frac{dx}{(a+bx)^2(a'+b'x)}$$
$$= \frac{1}{ab'-a'b}\left(\frac{1}{a+bx} + \frac{b'}{ab'-a'b}\log\frac{a'+b'x}{a+bx}\right)$$

(47) $$\int \frac{x\,dx}{(a+bx)^2(a'+b'x)}$$
$$= \frac{-a}{b(ab'-a'b)(a+bx)} - \frac{a'}{(ab'-a'b)^2}\log\frac{a'+b'x}{a+bx}$$

(48) $$\int \frac{x^2 dx}{(a+bx)^2(a'+b'x)} = \frac{a^2}{b^2(ab'-a'b)(a+bx)} + \frac{1}{(ab'-a'b)^2}$$
$$\cdot \left[\frac{a'^2}{b'} \log(a'+b'x) + \frac{a(ab'-2a'b)}{b^2} \log(a+bx) \right]$$

(49) $$\int \frac{dx}{(a+bx)^n(a'+b'x)^m} = \frac{1}{(m-1)(ab'-a'b)}$$
$$\cdot \left\{ \frac{1}{(a+bx)^{n-1}(a'+b'x)^{m-1}} - (m+n-2)b \int \frac{dx}{(a+bx)^n(a'+b'x)^{m-1}} \right\}$$

$\sqrt{a+bx}$, $\sqrt{a'+b'x}$ 형식

$u = a+bx, v = a'+b'x$ 및 $k = ab' - a'b$ 라 두면

(50) $$\int \sqrt{uv}\, dx = \frac{k+2bv}{4bb'} \sqrt{uv} - \frac{k^2}{8bb'} \int \frac{dx}{\sqrt{uv}}$$

(51) $$\int \frac{dx}{v\sqrt{u}} = \frac{1}{\sqrt{kb'}} \log \frac{b'\sqrt{u} - \sqrt{kb'}}{b'\sqrt{u} + \sqrt{kb'}} = \frac{2}{\sqrt{-kb'}} \tan^{-1} \frac{b\sqrt{u}}{\sqrt{-kb'}}$$

(52) $$\int \frac{dx}{\sqrt{uv}} = \frac{2}{\sqrt{bb'}} \log(\sqrt{bb'u} + b\sqrt{v}) = \frac{2}{\sqrt{-bb'}} \tan^{-1} \sqrt{\frac{-b'u}{bv}}$$

또는 $$\frac{2}{\sqrt{bb'}} \tan^{-1} \sqrt{\frac{b'u}{v}} = \frac{1}{\sqrt{-bb'}} \sin^{-1} \frac{2bb'x + a'b + ab'}{k}$$

(53) $$\int \frac{x\, dx}{\sqrt{uv}} = \frac{\sqrt{uv}}{bb'} - \frac{ab' + a'b}{2bb'} \int \frac{dx}{\sqrt{uv}}$$

(54) $$\int \frac{dx}{v\sqrt{uv}} = -\frac{2\sqrt{u}}{k\sqrt{v}}$$

(55) $$\int \frac{\sqrt{v}\, dx}{\sqrt{u}} = \frac{1}{b} \sqrt{uv} - \frac{k}{2b} \int \frac{dx}{\sqrt{uv}}$$

(56) $$\int v^m \sqrt{u}\, dx = \frac{1}{(2m+3)b'} \left(2v^{m+1} + k \int \frac{v^m dx}{\sqrt{u}} \right)$$

(57) $$\int \frac{dx}{v^m \sqrt{u}} = -\frac{1}{(m-1)k} \left\{ \frac{\sqrt{u}}{v^{m-1}} + \left(m - \frac{3}{2}\right) b \int \frac{dx}{v^{m-1}\sqrt{u}} \right\}$$

$(a+bx^n)$ 형식

(58) $$\int \frac{dx}{a+bx^2} = \frac{1}{\sqrt{ab}} \tan^{-1} \frac{x\sqrt{ab}}{a}$$

(59) $$\int \frac{dx}{a+bx^2} = \frac{1}{2\sqrt{-ab}} \log \frac{a+x\sqrt{-ab}}{a-x\sqrt{-ab}},$$

또는 $$\frac{1}{\sqrt{-ab}} \tanh^{-1} \frac{x\sqrt{-ab}}{a}$$

(60) $$\int \frac{x\,dx}{a+bx^2} = \frac{1}{2b} \log\left(x^2 + \frac{a}{b}\right)$$

(61) $$\int \frac{x^2dx}{a+bx^2} = \frac{x}{b} - \frac{a}{b} \int \frac{dx}{a+bx^2}$$

(62) $$\int \frac{dx}{(a+bx^2)^2} = \frac{x}{2a(a+bx^2)} + \frac{1}{2a} \int \frac{dx}{a+bx^2}$$

(63) $$\int \frac{dx}{(a+bx^2)^{m+1}} = \frac{1}{2ma} \frac{x}{(a+bx^2)^m} + \frac{2m-1}{2ma} \int \frac{dx}{(a+bx^2)^m}$$

(64) $$\int \frac{x\,dx}{(a+bx^2)^{m+1}} = \frac{1}{2} \int \frac{dz}{(a+bz)^{m+1}} \quad (z = x^2)$$

(65) $$\int \frac{x^2dx}{(a+bx^2)^{m+1}} = \frac{-x}{2mb(a+bx^2)^m} + \frac{1}{2mb} \int \frac{dx}{(a+bx^2)^m}$$

(66) $$\int \frac{dx}{x^2(a+bx^2)^{m+1}} = \frac{1}{a} \int \frac{dx}{x^2(a+bx^2)^m} - \frac{b}{a} \int \frac{dx}{(a+bx^2)^{m+1}}$$

(67) $$\int \frac{dx}{x(a+bx^2)} = \frac{1}{2a} \log \frac{x^2}{a+bx^2}$$

(68) $$\int \frac{dx}{x^2(a+bx^2)} = -\frac{1}{ax} - \frac{b}{a} \int \frac{dx}{a+bx^2}$$

(69) $$\int \frac{dx}{a+bx^3} = \frac{k}{3a}\left[\frac{1}{2} \log \frac{(k+x)^2}{k^2-kx+x^2} + \sqrt{3} \tan^{-1} \frac{2x-k}{k\sqrt{3}}\right] \ (bk^3 = a)$$

(70) $$\int \frac{x\,dx}{a+bx^3} = \frac{1}{3bk}\left[\frac{1}{2} \log \frac{k^2-kx+x^2}{(k+x)^2} + \sqrt{3} \tan^{-1} \frac{2x-k}{k\sqrt{3}}\right] \ (bk^3 = a)$$

(71) $$\int \frac{dx}{(a+bx^n)} = \frac{1}{an} \log \frac{x^n}{a+bx^n}$$

(72) $$\int \frac{dx}{(a+bx^n)^{m+1}} = \frac{1}{a} \int \frac{dx}{(a+bx^n)^m} - \frac{b}{a} \int \frac{x^n dx}{(a+bx^n)^{m+1}}$$

(73) $$\int \frac{x^m dx}{(a+bx^n)^{p+1}} = \frac{1}{b}\int \frac{x^{m-n}dx}{(a+bx^n)^p} - \frac{a}{b}\int \frac{x^{m-n}dx}{(a+bx^n)^{p+1}}$$

(74) $$\int \frac{dx}{x^m(a+bx^n)^{p+1}} = \frac{1}{a}\int \frac{dx}{x^m(a+bx^n)^p} - \frac{b}{a}\int \frac{dx}{x^{m-n}(a+bx^n)^{p+1}}$$

(75) $$\int x^m(a+bx^n)^p dx = \frac{x^{m-n+1}(a+bx^n)^{p+1}}{b(np+m+1)} - \frac{a(m-n+1)}{b(np+m+1)}\int x^{m-n}(a+bx^n)^p dx$$

(76) $$\int x^m(a+bx^n)^p dx = \frac{x^{m+1}(a+bx^n)^p}{np+m+1} + \frac{anp}{np+m+1}\int x^m(a+bx^n)^{p-1}dx$$

(77) $$\int x^{m-1}(a+bx^n)^p dx = \frac{1}{b(m+np)}[x^{m-n}(a+bx^n)^{p+1} - (m-n)a\int x^{m-n-1}(a+bx^n)^p dx]$$

(78) $$\int x^{m-1}(a+bx^n)^p dx = \frac{1}{m+np}[x^m(a+bx^n)^p + npa\int x^{m-1}(a+bx^n)^{p-1}dx]$$

(79) $$\int x^{m-1}(a+bx^n)^p dx = \frac{1}{ma}[x^m(a+bx^n) - (m+np+n)b\int x^{m+n-1}(a+bx^n)^p dx]$$

(80) $$\int x^{m-1}(a+bx^n)^p dx = \frac{1}{an(p+1)}[-x^m(a+bx^n)^{p+1} + (m+np+n)\int x^{m-1}(a+bx^n)^{p+1}dx]$$

$(a+bx+cx^2)$ 형식

$X = a+bx+cx^2$ 및 $q = 4ac-b^2$ 라 두면

(81) $$\int \frac{dx}{X} = \frac{2}{\sqrt{q}}\tan^{-1}\frac{2cx+b}{\sqrt{q}}$$

(82) $$\int \frac{dx}{X} = \frac{-2}{\sqrt{-q}}\tanh^{-1}\frac{2cx+b}{\sqrt{-q}}$$

(83) $$\frac{dx}{X} = \frac{1}{\sqrt{-q}} \log \frac{2cx+b-\sqrt{-q}}{2cx+b+\sqrt{-q}}$$

(84) $$\int \frac{dx}{X^2} = \frac{2cx+b}{qX} + \frac{2c}{q} \int \frac{dx}{X}$$

(85) $$\int \frac{dx}{X^3} = \frac{2cx+b}{q}\left(\frac{1}{2X^2} + \frac{3c}{qX}\right) + \frac{6c^2}{q^2} \int \frac{dx}{X}$$

(86) $$\int \frac{dx}{X^{n+1}} = \frac{2cx+b}{nqX^n} + \frac{2(2n-1)c}{qn} \int \frac{dx}{X^n}$$

(87) $$\int \frac{x\,dx}{X} = \frac{1}{2c} \log X - \frac{b}{2c} \int \frac{dx}{X}$$

(88) $$\int \frac{x\,dx}{X^2} = -\frac{bx+2a}{qX} - \frac{b}{q} \int \frac{dx}{X}$$

(89) $$\int \frac{x\,dx}{X^{n+1}} = -\frac{2a+bx}{nqX^n} - \frac{b(2n-1)}{nq} \int \frac{dx}{X^n}$$

(90) $$\int \frac{x^2}{X} dx = \frac{x}{c} - \frac{b}{2c^2} \log X + \frac{b^2-2ac}{2c^2} \int \frac{dx}{X}$$

(91) $$\int \frac{x^2}{X^2} dx = \frac{(b^2-2ac)x+ab}{cqX} + \frac{2a}{q} \int \frac{dx}{X}$$

(92) $$\int \frac{x^m dx}{X^{n+1}} = -\frac{x^{m-1}}{(2n-m+1)cX^n} - \frac{n-m+1}{2n-m+1} \cdot \frac{b}{c} \int \frac{x^{m-1}dx}{X^{n+1}}$$
$$+ \frac{m-1}{2n-m+1} \cdot \frac{a}{c} \int \frac{x^{m-2}dx}{X^{n+1}}$$

(93) $$\int \frac{dx}{xX} = \frac{b}{2a} \log \frac{x^2}{X} - \frac{b}{2a} \int \frac{dx}{X}$$

(94) $$\int \frac{dx}{x^2X} = \frac{b}{2a^2} \log \frac{X}{x^2} - \frac{1}{ax} + \left(\frac{b^2}{2a^2} - \frac{c}{a}\right) \int \frac{dx}{X}$$

(95) $$\int \frac{dx}{xX^n} = \frac{1}{2a(n-1)X^{n-1}} - \frac{b}{2a} \int \frac{dx}{X^n} + \frac{1}{a} \int \frac{dx}{xX^{n-1}}$$

(96) $$\int \frac{dx}{x^m X^{n+1}} = -\frac{1}{(m-1)ax^{m-1}X^n} - \frac{n+m-1}{m-1} \cdot \frac{b}{a} \int \frac{dx}{x^{m-1}X^{n+1}}$$
$$- \frac{2n+m-1}{m-1} \cdot \frac{c}{a} \int \frac{dx}{x^{m-2}X^{n+1}}$$

$\sqrt{a+bx}$ 형식

(97) $$\int \sqrt{a+bx}\,dx = \frac{2}{3b}\sqrt{(a+bx)^3}$$

(98) $$\int x\sqrt{a+bx}\,dx = -\frac{2(2a-3bx)\sqrt{(a+bx)^3}}{15b^2}$$

(99) $$\int x^2\sqrt{a+bx}\,dx = \frac{2(8a^2-12abx+15b^2x^2)\sqrt{(a+bx)^3}}{105b^3}$$

(100) $$\int \frac{\sqrt{a+bx}}{x}\,dx = 2\sqrt{a+bx} + a\int \frac{dx}{x\sqrt{a+bx}}$$

(101) $$\int \frac{dx}{\sqrt{a+bx}} = \frac{2\sqrt{a+bx}}{b}$$

(102) $$\int \frac{x\,dx}{\sqrt{a+bx}} = -\frac{2(2a-bx)}{3b^2}\sqrt{a+bx}$$

(103) $$\int \frac{x^2dx}{\sqrt{a+bx}} = \frac{2(8a^2-4abx+3b^2x^2)}{15b^3}\sqrt{a+bx}$$

(104) $$\int \frac{x^m dx}{\sqrt{a+bx}} = \frac{2x^m\sqrt{a+bx}}{(2m+1)b} - \frac{2ma}{(2m+1)b}\int \frac{x^{m-1}dx}{\sqrt{a+bx}}$$

(105) $$\int \frac{dx}{x\sqrt{a+bx}} = \frac{1}{\sqrt{a}}\log\left(\frac{\sqrt{a+bx}-\sqrt{a}}{\sqrt{a+bx}+\sqrt{a}}\right)$$

(106) $$\int \frac{dx}{x\sqrt{a+bx}} = \frac{-2}{\sqrt{a}}\tanh^{-1}\sqrt{\frac{a+bx}{a}}$$

(107) $$\int \frac{dx}{x^2\sqrt{a+bx}} = -\frac{\sqrt{a+bx}}{ax} - \frac{b}{2a}\int \frac{dx}{x\sqrt{a+bx}}$$

(108) $$\int \frac{dx}{x^n\sqrt{a+bx}} = -\frac{\sqrt{a+bx}}{(n-1)\,ax^{n-1}} - \frac{(2n-3)b}{(2n-2)a}\int \frac{dx}{x^{n-1}\sqrt{a+bx}}$$

(109) $$\int (a+bx)^{\pm n/2}dx = \frac{2(a+bx)^{\frac{2\pm n}{2}}}{b(2\pm n)}$$

(110) $$\int x(a+bx)^{\pm n/2}dx = \frac{2}{b^2}\left[\frac{(a+bx)^{\frac{4\pm n}{4}}}{4\pm n} - \frac{(a+bx)^{\frac{2\pm n}{2}}}{2\pm n}\right]$$

(111) $$\int \frac{dx}{x(a+bx)^{m/2}} = \frac{1}{a}\int \frac{dx}{x(a+bx)^{\frac{m-2}{2}}} - \frac{b}{a}\int \frac{dx}{(a+bx)^{m/2}}$$

(112) $\int \frac{(a+bx)^{n/2}\,dx}{x} = b\int (a+bx)^{\frac{n-2}{2}}\,dx + a\int \frac{(a+bx)^{\frac{n-2}{2}}}{x}\,dx$

$\sqrt{x^2 \pm a^2}$ 형식

(113) $\int \sqrt{x^2 \pm a^2}\,dx = \frac{1}{2}[x\sqrt{x^2 \pm a^2} \pm a^2 \log(x+\sqrt{x^2 \pm a^2})]$

(114) $\int \frac{dx}{\sqrt{x^2 \pm a^2}} = \log(x+\sqrt{x^2 \pm a^2})$

(115) $\int \frac{dx}{x\sqrt{x^2 - a^2}} = \frac{1}{a}\cos^{-1}\left(\frac{1}{a}\right)$, 또는 $\frac{1}{a}\sec^{-1}\left(\frac{x}{a}\right)$

(116) $\int \frac{dx}{x\sqrt{x^2 + a^2}} = -\frac{1}{a}\log\left(\frac{a+\sqrt{x^2+a^2}}{x}\right)$

(117) $\int \frac{\sqrt{x^2+a^2}}{x}\,dx = \sqrt{x^2+a^2} - a\log\left(\frac{a+\sqrt{x^2+a^2}}{x}\right)$

(118) $\int \frac{\sqrt{x^2-a^2}}{x}\,dx = \sqrt{x^2-a^2} - a\cos^{-1}\frac{a}{x}$

(119) $\int \frac{x\,dx}{\sqrt{x^2 \pm a^2}} = \sqrt{x^2 \pm a^2}$

(120) $\int x\sqrt{x^2 \pm a^2}\,dx = \frac{1}{3}\sqrt{(x^2 \pm a^2)^3}$

(121) $\int \sqrt{(x^2 \pm a^2)^3}\,dx = \frac{1}{4}\left[x\sqrt{(x^2 \pm a^2)^3} \pm \frac{3a^2x}{2}\sqrt{x^2 \pm a^2} + \frac{3a^4}{2}\log(x+\sqrt{x^2 \pm a^2})\right]$

(122) $\int \frac{dx}{\sqrt{(x^2 \pm a^2)^3}} = \frac{\pm x}{a^2\sqrt{x^2 \pm a^2}}$

(123) $\int \frac{x\,dx}{\sqrt{(x^2 \pm a^2)^3}} = \frac{-1}{\sqrt{x^2 \pm a^2}}$

(124) $\int x\sqrt{(x^2 \pm a^2)^3}\,dx = \frac{1}{5}\sqrt{(x^2 \pm a^2)^5}$

(125) $\int x^2\sqrt{x^2 \pm a^2}\,dx = \frac{x}{4}\sqrt{(x^2 \pm a^2)^3} \mp \frac{a^2}{8}x\sqrt{x^2 \pm a^2}$

$$-\frac{a^4}{8}\log(x+\sqrt{x^2\pm a^2})$$

(126) $\displaystyle\int\frac{x^2dx}{x\sqrt{x^2\pm a^2}}=\frac{x}{2}\sqrt{x^2\pm a^2}\mp\frac{a^2}{2}\log(x+\sqrt{x^2\pm a^2})$

(127) $\displaystyle\int\frac{dx}{x^2\sqrt{x^2\pm a^2}}=\mp\frac{\sqrt{x^2\pm a^2}}{a^2x}$

(128) $\displaystyle\int\frac{\sqrt{x^2\pm a^2}\,dx}{x^2}=-\frac{\sqrt{x^2\pm a^2}}{x}+\log(x+\sqrt{x^2\pm a^2})$

(129) $\displaystyle\int\frac{x^2dx}{\sqrt{(x^2\pm a^2)^3}}=\frac{-x}{\sqrt{x^2\pm a^2}}+\log(x+\sqrt{x^2\pm a^2})$

$\sqrt{a^2-x^2}$ 형식

(130) $\displaystyle\int\sqrt{a^2-x^2}\,dx=\frac{1}{2}\left[x\sqrt{a^2-x^2}+a^2\sin^{-1}\left(\frac{x}{a}\right)\right]$

(131) $\displaystyle\int\frac{dx}{\sqrt{a^2-x^2}}=\sin^{-1}\left(\frac{x}{a}\right)$, 또는 $\displaystyle-\cos^{-1}\left(\frac{x}{a}\right)$

(132) $\displaystyle\int\frac{dx}{x\sqrt{a^2-x^2}}=-\frac{1}{a}\log\left(\frac{a+\sqrt{a^2-x^2}}{x}\right)$

(133) $\displaystyle\int\frac{\sqrt{a^2-x^2}}{x}\,dx=\sqrt{a^2-x^2}-a\log\left(\frac{a+\sqrt{a^2-x^2}}{x}\right)$

(134) $\displaystyle\int\frac{x\,dx}{\sqrt{a^2-x^2}}\,dx=\sqrt{a^2-x^2}$

(135) $\displaystyle\int x\sqrt{a^2-x^2}\,dx=-\frac{1}{3}\sqrt{(a^2-x^2)^3}$

(136) $\displaystyle\int\sqrt{(a^2-x^2)^3}\,dx=\frac{1}{4}\left[x\sqrt{(a^2-x^2)^3}+\frac{3a^2x}{2}\sqrt{a^2-x^2}+\frac{3a^4}{2}\sin^{-1}\frac{x}{a}\right]$

(137) $\displaystyle\int\frac{dx}{\sqrt{(a^2-x^2)^3}}=\frac{x}{a^2\sqrt{a^2-x^2}}$

(138) $\displaystyle\int\frac{x\,dx}{\sqrt{(a^2-x^2)^3}}=\frac{1}{\sqrt{a^2-x^2}}$

(139) $\int x\sqrt{(a^2-x^2)^3}\,dx = -\frac{1}{5}\sqrt{(a^2-x^2)^5}$

(140) $\int x^2\sqrt{a^2-x^2}\,dx = -\frac{x}{4}\sqrt{(a^2-x^2)^3} + \frac{a^2}{8}\left(x\sqrt{a^2-x^2} + a^2\sin^{-1}\frac{x}{a}\right)$

(141) $\int \frac{x^2dx}{x\sqrt{a^2-x^2}} = -\frac{x}{2}\sqrt{a^2-x^2} + \frac{a^2}{2}\sin^{-1}\frac{x}{a}$

(142) $\int \frac{dx}{x^2\sqrt{a^2-x^2}} = -\frac{\sqrt{a^2-x^2}}{a^2x}$

(143) $\int \frac{\sqrt{a^2-x^2}}{x}\,dx = -\frac{\sqrt{a^2-x^2}}{x} - \sin^{-1}\frac{x}{a}$

(144) $\int \frac{x^2dx}{\sqrt{(a^2-x^2)^3}} = \frac{x}{\sqrt{a^2-x^2}} - \sin^{-1}\frac{x}{a}$

$\sqrt{a+bx+cx^2}$ 형식

$X = a+bx+cx^2$, $q = 4ac-b^2$ 및 $k = \frac{4c}{q}$ 라 두면

(145) $\int \frac{dx}{\sqrt{X}} = \frac{1}{\sqrt{c}}\log\left(\sqrt{X} + x\sqrt{c} + \frac{b}{2\sqrt{c}}\right)$

(146) $\int \frac{dx}{\sqrt{X}} = \frac{1}{\sqrt{c}}\sinh^{-1}\left(\frac{2cx+b}{\sqrt{4ac-b^2}}\right) \quad (c>0)$

(147) $\int \frac{dx}{\sqrt{X}} = \frac{1}{\sqrt{-c}}\sin^{-1}\left(\frac{-2cx-b}{\sqrt{b^2-4ac}}\right) \quad (c<0)$

(148) $\int \frac{dx}{X\sqrt{X}} = \frac{2(2cx+b)}{q\sqrt{X}}$

(149) $\int \frac{dx}{X^2\sqrt{X}} = \frac{2(2cx+b)}{3q\sqrt{X}}\left(\frac{1}{X} + 2k\right)$

(150) $\int \frac{dx}{X^n\sqrt{X}} = \frac{2(2cx+b)\sqrt{X}}{(2n-1)qX^n} + \frac{2k(n-1)}{2n-1}\int \frac{dx}{X^{n-1}\sqrt{X}}$

(151) $\int \sqrt{X}\,dx = \frac{(2cx+b)\sqrt{X}}{4c} + \frac{1}{2k}\int \frac{dx}{\sqrt{X}}$

(152) $\int X\sqrt{X}\,dx = \frac{(2cx+b)\sqrt{X}}{8c}\left(X + \frac{3}{2k}\right) + \frac{3}{8k^2}\int \frac{dx}{\sqrt{X}}$

(153) $\int X^2\sqrt{X}\,dx = \frac{(2cx+b)\sqrt{X}}{12c}\left(X^2 + \frac{5X}{4k} + \frac{15}{8k^2}\right) + \frac{5}{16k^3}\int\frac{dx}{\sqrt{X}}$

(154) $\int X^n\sqrt{X}\,dx = \frac{(2cx+b)X^n\sqrt{X}}{4(n+1)c} + \frac{2n+1}{2(n+1)k}\int\frac{X^n dx}{\sqrt{X}}$

(155) $\int\frac{x\,dx}{\sqrt{X}} = \frac{\sqrt{X}}{c} - \frac{b}{2c}\int\frac{dx}{\sqrt{X}}$

(156) $\int\frac{x\,dx}{X\sqrt{X}} = -\frac{2(bx+2a)}{q\sqrt{X}}$

(157) $\int\frac{x\,dx}{X^n\sqrt{X}} = -\frac{\sqrt{X}}{(2n-1)cX^n} - \frac{b}{2c}\int\frac{dx}{X^n\sqrt{X}}$

(158) $\int\frac{x^2dx}{\sqrt{X}} = \left(\frac{x}{2c} - \frac{3b}{4c^2}\right)\sqrt{X} + \frac{3b^2-4ac}{8c^2}\int\frac{dx}{\sqrt{X}}$

(159) $\int\frac{x^2dx}{X\sqrt{X}} = \frac{(2b^2-4ac)x+2ab}{cq\sqrt{X}} + \frac{1}{c}\int\frac{dx}{\sqrt{X}}$

(160) $\int\frac{x^2dx}{X^n\sqrt{X}} = \frac{(2b^2-4ac)x+2ab}{(2n-1)cqX^{n-1}\sqrt{X}}$

$$+ \frac{4ac+(2n-3)b^2}{(2n-1)cq}\int\frac{dx}{X^{n-1}\sqrt{X}}$$

(161) $\int\frac{x^3dx}{\sqrt{X}} = \left(\frac{x^2}{3c} - \frac{5bx}{12c^2} + \frac{5b^2}{8c^3} - \frac{2a}{3c^2}\right)\sqrt{X} + \left(\frac{3ab}{4c^2} - \frac{5b^3}{16c^3}\right)\int\frac{dx}{\sqrt{X}}$

(162) $\int x\sqrt{X}\,dx = \frac{X\sqrt{X}}{3c} - \frac{b}{2c}\int\sqrt{X}\,dx$

(163) $\int xX\sqrt{X}\,dx = \frac{X^2\sqrt{X}}{5c} - \frac{b}{2c}\int X\sqrt{X}\,dx$

(164) $\frac{xX^n dx}{\sqrt{X}} = \frac{X^n\sqrt{X}}{(2n+1)c} - \frac{b}{2c}\int\frac{X^n dx}{\sqrt{X}}$

(165) $\int x^2\sqrt{X}\,dx = \left(x - \frac{5b}{6c}\right)\frac{X\sqrt{X}}{4c} + \frac{5b^2-4ac}{16c^2}\int\sqrt{X}\,dx$

(166) $\int\frac{dx}{x\sqrt{X}} = -\frac{1}{\sqrt{a}}\log\left(\frac{\sqrt{X}+\sqrt{a}}{x} + \frac{b}{2\sqrt{a}}\right) \quad (a>0)$

(167) $\int\frac{dx}{x\sqrt{X}} = -\frac{1}{\sqrt{-a}}\sin^{-1}\left(\frac{bx+2a}{x\sqrt{b^2-4ac}}\right) \quad (a<0)$

(168) $$\int \frac{dx}{x\sqrt{X}} = -\frac{2\sqrt{X}}{bx} \quad (a=0)$$

(169) $$\int \frac{dx}{x^2\sqrt{X}} = -\frac{\sqrt{X}}{ax} - \frac{b}{2a}\int \frac{dx}{x\sqrt{X}}$$

(170) $$\int \frac{\sqrt{X}\,dx}{x} = \sqrt{X} + \frac{b}{2}\int \frac{dx}{\sqrt{X}} + a\int \frac{dx}{x\sqrt{X}}$$

(171) $$\int \frac{\sqrt{X}\,dx}{x^2} = -\frac{\sqrt{X}}{x} + \frac{b}{2}\int \frac{dx}{x\sqrt{X}} + c\frac{dx}{\sqrt{X}}$$

기타 형식

(172) $$\int \sqrt{2ax-x^2}\,dx = \frac{1}{2}[(x-a)\sqrt{2ax-x^2} + a^2\sin^{-1}(x-a)/a]$$

(173) $$\int \sqrt{ax^2+c}\,dx = \frac{x}{2}\sqrt{ax^2+c} + \frac{c}{2\sqrt{a}}\log(x\sqrt{a} + \sqrt{ax^2+c} \quad (a>0)$$

$$= \frac{x}{2}\sqrt{ax^2+c} + \frac{c}{2\sqrt{-a}}\sin^{-1}\left(x\sqrt{\frac{-a}{c}}\right) \quad (a<0)$$

(174) $$\int \frac{dx}{\sqrt{2ax-x^2}} = \cos^{-1}\left(\frac{a-x}{a}\right)$$

(175) $$\int \frac{dx}{\sqrt{a+bx}\cdot\sqrt{a'+b'x}} = \frac{2}{\sqrt{-bb'}}\tan^{-1}\sqrt{\frac{-b'(a+bx)}{b(a'+b'x)}}$$

(176) $$\int \sqrt{\frac{1+x}{1-x}}\,dx = \sin^{-1}x - \sqrt{1-x^2}$$

(177) $$\int \frac{dx}{\sqrt{a\pm 2bx+cx^2}} = \frac{1}{\sqrt{c}}\log(\pm b + cx + \sqrt{c}\sqrt{a\pm 2bx+cx^2})$$

(178) $$\int \frac{dx}{\sqrt{a\pm 2bx-cx^2}} = \frac{1}{\sqrt{c}}\sin^{-1}\frac{cx\mp b}{\sqrt{b^2+ac}}$$

(179) $$\int \frac{x\,dx}{\sqrt{a\pm 2bx+cx^2}} = \frac{1}{c}\sqrt{a\pm 2bx+cx^2}$$

$$-\frac{b}{\sqrt{c^3}}\log(\pm b + cx + \sqrt{c}\sqrt{a\pm 2bx+cx^2})$$

(180) $$\int \frac{x\,dx}{\sqrt{a\pm 2bx-cx^2}} = -\frac{1}{c}\sqrt{a\pm 2bx-cx^2} \pm \frac{b}{\sqrt{c^3}}\sin^{-1}\frac{cx\mp b}{\sqrt{b^2+ac}}$$

삼각함수형식

(181) $\int \sin x\,dx = -\cos x$

(182) $\int \cos x\,dx = \sin x$

(183) $\int \tan x\,dx = -\log \cos x$ 또는 $\log \sec x$

(184) $\int \cot x\,dx = \log \sin x$

(185) $\int \sec x\,dx = \log \tan\left(\frac{\pi}{4} + \frac{x}{2}\right)$

(186) $\int \csc x\,dx = \log \tan \frac{1}{2} x$

(187) $\int \sin^2 x\,dx = -\frac{1}{2} \cos x \ \sin x + \frac{1}{2} x = \frac{1}{2} x - \frac{1}{4} \sin 2x$

(188) $\int \sin^3 x\,dx = -\frac{1}{3} \cos x(\sin^2 + 2)$

(189) $\int \sin^n x\,dx = -\frac{\sin^{n-1} x \ \cos x}{n} + \frac{n-1}{n} \int \sin^{n-2} x \ dx$

(190) $\int \cos^2 x\,dx = \frac{1}{2} \sin x \ \cos x + \frac{1}{2} x = \frac{1}{2} x + \frac{1}{4} \sin 2x$

(191) $\int \cos^3 x \ dx = \frac{1}{3} \sin x(\cos^2 x + 2)$

(192) $\int \cos^n x \ dx = \frac{1}{n} \cos^{n-1} x \ \sin x + \frac{n-1}{n} \int \cos^{n-2} x \ dx$

(193) $\int \sin \frac{x}{a}\,dx = -a \cos \frac{x}{a}$

(194) $\int \cos \frac{x}{a}\,dx = a \sin \frac{x}{a}$

(195) $\int \sin(a + bx)dx = -\frac{1}{b} \cos(a + bx)$

(196) $\int \cos(a + bx)dx = \frac{1}{b} \sin(a + bx)$

(197) $\int \frac{dx}{\sin x} = -\frac{1}{2} \log \frac{1 + \cos x}{1 - \cos x} = \log \tan \frac{x}{2}$

(198) $\int \frac{dx}{\cos x} = \log \tan\left(\frac{\pi}{2} + \frac{x}{2}\right) = \frac{1}{2} \log\left(\frac{1+\sin x}{1-\sin x}\right)$

(199) $\int \frac{dx}{\cos^2 x} = \tan x$

(200) $\int \frac{dx}{\cos^n x} = \frac{1}{n-1} \cdot \frac{\sin x}{\cos^{n-1} x} + \frac{n-2}{n-1} \int \frac{dx}{\cos^{n-2} x}$

(201) $\int \frac{dx}{1 \pm \sin x} = \mp \tan\left(\frac{\pi}{4} \mp \frac{x}{2}\right)$

(202) $\int \frac{dx}{1+\cos x} = \tan \frac{x}{2}$

(203) $\int \frac{dx}{1-\cos x} = -\cot \frac{x}{2}$

(204) $\int \frac{dx}{a+b\sin x} = \frac{2}{\sqrt{a^2-b^2}} \tan^{-1} \frac{a\tan\frac{1}{2}x+b}{\sqrt{a^2-b^2}}$

$$= \frac{1}{\sqrt{b^2-a^2}} \log \frac{a\tan\frac{1}{2}x+b-\sqrt{b^2-a^2}}{a\tan\frac{1}{2}x+b+\sqrt{b^2-a^2}}$$

(205) $\int \frac{dx}{a+b\operatorname{cox}x} = \frac{2}{\sqrt{a^2-b^2}} \tan^{-1} \frac{\sqrt{a^2-b^2}\tan\frac{1}{2}x}{a+b}$

$$= \frac{1}{\sqrt{b^2-a^2}} \log\left(\frac{\sqrt{b^2-a^2}\tan\frac{1}{2}x+a+b}{\sqrt{b^2-a^2}\tan\frac{1}{2}x-a-b}\right)$$

(206) $\int \sin mx \sin nx \; dx = \frac{\sin(m-n)x}{2(m-n)} - \frac{\sin(m+n)x}{2(m+n)} \quad (m^2 \neq n^2)$

(207) $\int x\sin^2 x \; dx = \frac{x^2}{4} - \frac{x\sin 2x}{4} - \frac{\cos 2x}{8}$

(208) $\int x^2\sin^2 x \; dx = \frac{x^3}{6} - \left(\frac{x^2}{4} - \frac{1}{8}\right)\sin 2x - \frac{x\cos 2x}{4}$

(209) $\int x\sin^3 x \; dx = \frac{x\cos 3x}{12} - \frac{\sin 3x}{36} - \frac{3}{4}x\cos x + \frac{3}{4}\sin x$

(210) $\int \sin^4 x \; dx = \frac{3x}{8} - \frac{\sin 2x}{4} + \frac{\sin 4x}{32}$

(211) $\int \cos mx \cos nx \ dx = \frac{\sin(m-n)y}{2(m-n)} + \frac{\sin(m+n)x}{2(m+n)} \quad (m^2 \neq n^2)$

(212) $\int x \cos^2 x \ dx = \frac{x^2}{4} + \frac{x \sin 2x}{12} + \frac{\cos 2x}{8}$

(213) $\int x^2 \cos^2 x \ dx = \frac{x^3}{6} + \left(\frac{x^2}{4} - \frac{1}{8}\right)\sin 2x + \frac{x \cos 2x}{4}$

(214) $\int x \cos^3 x \ dx = \frac{x \sin 3x}{12} + \frac{\cos 3x}{36} + \frac{3}{4} x \sin x + \frac{3}{4} \cos x$

(215) $\int \cos^4 x \ dx = \frac{3x}{8} + \frac{\sin 2x}{4} + \frac{\sin 4x}{32}$

(216) $\int \frac{\sin x \ dx}{x^m} = -\frac{\sin x}{(m-1)x^{m-1}} + \frac{1}{m-1} \int \frac{\cos x \ dx}{x^{m-1}}$

(217) $\int \frac{\cos x \ dx}{x^m} = -\frac{\cos x}{(m-1)x^{m-1}} - \frac{1}{m-1} \int \frac{\sin x \ dx}{x^{m-1}}$

(218) $\int \tan^3 x \ dx = \frac{1}{2} \tan^2 x + \log \cos x$

(219) $\int \tan^4 x \ dx = \frac{1}{3} \tan^3 x - \tan x + x$

(220) $\int \cot^3 x \ dx = -\frac{1}{2} \cot^2 x - \log \sin x$

(221) $\int \cot^4 x \ dx = -\frac{1}{3} \cot^3 x + \cot x + x$

(222) $\int \cot^n x \ dx = -\frac{\cot^{n-1} x}{n-1} - \int \cot^{n-2} x \ dx \quad (n \neq 1)$

(223) $\int \sin x \cos x \ dx = \frac{1}{2} \sin^2 x$

(224) $\int \sin mx \cos nx \ dx = \frac{\cos(m-n)x}{2(m-n)} - \frac{\cos(m+n)x}{2(m+n)}$

(225) $\int \sin^2 x \cos^2 x \ dx = -\frac{1}{8}\left(\frac{1}{4} \sin 4x - x\right)$

(226) $\int \sin x \cos^m x \ dx = -\frac{\cos^{m+1} x}{m+1}$

(227) $\int \sin^m x \cos x \ dx = \frac{\sin^{m+1} x}{m+1}$

(228) $\int \cos^m x \sin^n x \ dx = \frac{\cos^{m-1} x \sin^{n+1} x}{m+n} + \frac{m-1}{m+n} \int \cos^{n-2} x \sin^n x \ dx$

(229) $\int \cos^m x \sin^n x \, dx = -\dfrac{\sin^{n-1} x \cos^{m+1} x}{m+n} + \dfrac{n-1}{m+n} \int \cos^m x \sin^{n-2} x \, dx$

(230) $\int \dfrac{\cos^m x \, dx}{\sin^n x} = -\dfrac{\cos^{m+1} x}{(n-1) \sin^{n-1} x} - \dfrac{m-n+2}{n-1} \int \dfrac{\cos^m x \, dx}{\sin^{n-2} x}$

(231) $\int \dfrac{\cos^m x \, dx}{\sin^n x} = -\dfrac{\cos^{m-1} x}{(m-n) \sin^{n-1} x} - \dfrac{m-1}{m-n} \int \dfrac{\cos^{m-2} x \, dx}{\sin^n x}$

(232) $\int \dfrac{\sin^m x \, dx}{\cos^n x} = -\int \dfrac{\cos^m\left(\frac{\pi}{2} - x\right) d\left(\frac{\pi}{2} - x\right)}{\sin^n\left(\frac{\pi}{2} - x\right)}$

(233) $\int \dfrac{\sin x \, dx}{\cos^2 x} = \dfrac{1}{\cos x} = \sec x$

(234) $\int \dfrac{\sin^2 x \, dx}{\cos x} = -\sin x + \log \tan\left(\dfrac{\pi}{4} + \dfrac{x}{2}\right)$

(235) $\int \dfrac{\cos x \, dx}{\sin^2 x} = \dfrac{-1}{\sin x} = -\operatorname{cosec} x$

(236) $\int \dfrac{dx}{\sin x \cos x} = \log \tan x$

(237) $\int \dfrac{dx}{\sin x \cos^2 x} = \dfrac{1}{\cos x} + \log \tan \dfrac{x}{2}$

(238) $\int \dfrac{dx}{\sin x \cos^n x} = \dfrac{1}{(n-1) \cos^{n-1} x} + \int \dfrac{dx}{\sin x \cos^{n-2} x} \quad (n \neq 1)$

(239) $\int \dfrac{dx}{\sin^2 x \cos x} = -\dfrac{1}{\sin x} + \log \tan\left(\dfrac{\pi}{4} + \dfrac{x}{2}\right)$

(240) $\int \dfrac{dx}{\sin^2 x \cos^2 x} = -2 \cot 2x$

(241) $\int \dfrac{dx}{\sin^m x \cos^n x} = -\dfrac{1}{m-1} \cdot \dfrac{1}{\sin^{m-1} x \cdot \cos^{n-1} x} + \dfrac{m+n-2}{m-1} \int \dfrac{dx}{\sin^{m-2} x \cdot \cos^n x}$

(242) $\int \dfrac{dx}{\sin^m x} = -\dfrac{1}{m-1} \cdot \dfrac{\cos x}{\sin^{m-1} x} + \dfrac{m-2}{m-1} \int \dfrac{dx}{\sin^{m-2} x}$

(243) $\int \dfrac{dx}{\sin^2 x} = -\cot x$

(244) $\int \tan^2 x \, dx = \tan x - x$

(245) $\int \tan^n x\, dx = \frac{\tan^{n-1} x}{n-1} - \int \tan^{n-2} x\, dx$

(246) $\int \cot^2 x\, dx = -\cot x - x$

(247) $\int \cot^n x\, dx = -\frac{\cot^{n-1} x}{n-1} - \int \cot^{n-2} x\, dx$

(248) $\int \sec^2 x\, dx = \tan x$

(249) $\int \sec^n x\, dx = \int \frac{dx}{\cos^n x}$

(250) $\int \csc^2 x\, dx = -\cot x$

(251) $\int \csc^n x\, dx = \int \frac{dx}{\sin^n x}$

(252) $\int x \sin x\, dx = \sin x - x \cos x$

(253) $\int x^2 \sin x\, dx = 2x \sin x - (x^2 - 2) \cos x$

(254) $\int x^3 \sin x\, dx = (3x^2 - 6) \sin x - (x^3 - 6x) \cos x$

(255) $\int x^m \sin x\, dx = -x^m \cos x + m \int x^{m-1} \cos x\, dx$

(256) $\int x \cos x\, dx = \cos x + x \sin x$

(257) $\int x^2 \cos x\, dx = 2x \cos x + (x^2 - 2) \sin x$

(258) $\int x^3 \cos x\, dx = (3x^2 - 6) \cos x + (x^2 - 6x) \sin x$

(259) $\int x^m \cos x\, dx = x^m \sin x - m \int x^{m-1} \sin x\, dx$

(260) $\int \frac{\sin x}{x} dx = x - \frac{x^3}{3 \cdot 3!} + \frac{x^5}{5 \cdot 5!} - \frac{x^7}{7 \cdot 7!} + \frac{x^9}{9 \cdot 9!} - + \cdots$

(261) $\int \frac{\cos x}{x} dx = \log x - \frac{x^2}{2 \cdot 2!} + \frac{x^4}{4 \cdot 4!} - \frac{x^6}{6 \cdot 6!} + \frac{x^8}{8 \cdot 8!} - + \cdots$

(262) $\int \sin^{-1} x\, dx = x \sin^{-1} x + \sqrt{1 - x^2}$

(263) $\int \cos^{-1} x\, dx = x \cos^{-1} x - \sqrt{1 - x^2}$

(264) $\int \tan^{-1}x\ dx = x\tan^{-1}x - \frac{1}{2}\log(1+x^2)$

(265) $\int \cot^{-1}x\ dx = x\cot^{-1}x + \frac{1}{2}\log(1+x^2)$

(266) $\int \sec^{-1}x\ dx = x\sec^{-1}x - \log(x+\sqrt{x^2-1})$

(267) $\int \csc^{-1}x\ dx = x\csc^{-1}x + \log(x+\sqrt{x^2-1})$

(268) $\int \mathrm{vers}^{-1}x\ dx = (x-1)\,\mathrm{vers}^{-1}x + \sqrt{2x-x^2})$

(269) $\int \sin^{-1}\frac{x}{a}\,dx = x\sin^{-1}\frac{x}{a} + \sqrt{a^2-x^2}$

(270) $\int \cos^{-1}\frac{x}{a}\,dx = x\cos^{-1}\frac{x}{a} - \sqrt{a^2-x^2}$

(271) $\int \tan^{-1}\frac{x}{a}\,dx = x\tan^{-1}\frac{x}{a} - \frac{a}{2}\log(a^2+x^2)$

(272) $\int \cot^{-1}\frac{x}{a}\,dx = x\cot^{-1}\frac{x}{a} + \frac{a}{2}\log(a^2+x^2)$

(273) $\int(\sin^{-1}x)^2 dx = x(\sin^{-1}x)^2 - 2x + 2\sqrt{1-x^2}\,(\sin^{-2}x)$

(274) $\int(\cos^{-1}x)^2 dx = x(\cos^{-1}x)^2 - 2x - 2\sqrt{1-x^2}\,(\cos^{-1}x)$

(275) $\int x\cdot\sin^{-1}x\ dx = \frac{1}{4}[(2x^2-1)\sin^{-1}x + x\sqrt{1-x^2}]$

(276) $\int x^n\sin^{-1}x\ dx = \frac{x^{n+1}\sin^{-1}x}{n+1} - \frac{1}{n+1}\int\frac{x^{n+1}dx}{\sqrt{1-x^2}}$

(277) $\int x^n\cos^{-1}x\ dx = \frac{x^{n+1}\cos^{-1}x}{n+1} + \frac{1}{n+1}\int\frac{x^{n+1}dx}{\sqrt{1-x^2}}$

(278) $\int x^n\tan^{-1}x\ dx = \frac{x^{n+1}\tan^{-1}x}{n+1} - \frac{1}{n+1}\int\frac{x^{n+1}dx}{\sqrt{1+x^2}}$

(279) $\int\frac{\sin^{-1}x\ dx}{x^2} = \log\left(1-\frac{\sqrt{1-x^2}}{x}\right) - \frac{\sin^{-1}x}{x}$

(280) $\int\frac{\tan^{-1}x\ dx}{x^2} = \log x - \frac{1}{2}(\log 1 + x^2) - \frac{\tan^{-1}x}{x}$

대수형식

(281) $\int \log x \, dx = x \log x - x$

(282) $\int x \log x \, dx = \frac{x^2}{2} \log x - \frac{x^2}{4}$

(283) $\int x^2 \log x \, dx = \frac{x^3}{3} \log x - \frac{x^3}{9}$

(284) $\int x^p \log (ax) \, dx = \frac{x^{p+1}}{p+1} \log (ax) - \frac{x^{p+1}}{(p+1)^2} \quad (p \neq -1)$

(285) $\int (\log x)^2 dx = x(\log x)^2 - 2x \log x + 2x$

(286) $\int (\log x)^n dx = x(\log x)^n - n \int (\log x)^{n-1} dx \quad (n \neq -1)$

(287) $\int \frac{(\log x)^n}{n} dx = \frac{1}{n+1} (\log x)^{n+1}$

(288) $\int \frac{dx}{\log x} = \log(\log x) + \log x + \frac{(\log x)^2}{2 \cdot 2!} + \frac{(\log x)^2}{3 \cdot 3!} + \cdots$

(289) $\int \frac{dx}{x \log x} = \log (\log x)$

(290) $\int \frac{dx}{x(\log x)^n} = - \frac{1}{(n-1)(\log x)^{n-1}}$

(291) $\int \frac{x^m dx}{(\log x)^n} = - \frac{x^{m+1}}{(n-1)(\log x)^{n-1}} + \frac{m+1}{n-1} \int \frac{x^m dx}{(\log x)^{n-1}}$

(292) $\int x^m \log x \, dx = x^{m+1} \left[\frac{\log x}{m+1} - \frac{1}{(m+1)^2} \right]$

(293) $\int x^m (\log x)^n dx = \frac{x^{m+1} (\log x)^n}{m+1} - \frac{n}{m+1} \int x^m (\log x)^{n-1} dx$

$(m, n \neq -1)$

(294) $\int \sin \log x \, dx = \frac{1}{2} x \sin \log x - \frac{1}{2} x \cos \log x$

(295) $\int \cos \log x \, dx = \frac{1}{2} x \sin \log x + \frac{1}{2} x \cos \log x$

지수형식

(296) $\int e^{x} dx = e^{x}$

(297) $\int e^{-x} dx = -e^{-x}$

(298) $\int e^{ax} dx = \frac{e^{ax}}{a}$

(299) $\int x e^{ax} dx = \frac{e^{ax}}{a^2}(ax-1)$

(300) $\int x^m e^{ax} dx = \frac{x^m e^{ax}}{a} - \frac{m}{a}\int x^{m-1} e^{ax} dx$

(301) $\int \frac{e^{ax} dx}{x} = \log x + \frac{ax}{1!} + \frac{a^2 x^2}{2 \cdot 2!} + \frac{a^3 x^3}{3 \cdot 3!} + \cdots$

(302) $\int \frac{e^{ax}}{x^m} dx = -\frac{1}{m-1}\frac{e^{ax}}{x^{m-1}} + \frac{a}{m-1}\int \frac{e^{ax}}{x^{m-1}} dx$

(303) $\int e^{ax} \log x \ dx = \frac{e^{ax} \log x}{a} - \frac{1}{a}\int \frac{e^{ax}}{x^{m-1}} dx$

(304) $\int e^{ax} \cdot \sin px \ dx = \frac{e^{ax}(a \sin px - p \cos px)}{a^2 + p^2}$

(305) $\int e^{ax} \cdot \cos px \ dx = \frac{e^{ax}(a \cos px + p \sin px)}{a^2 + p^2}$

(306) $\int \frac{dx}{1+e^{x}} = x - \log(1+e^{x}) = \log \frac{e^{x}}{1+e^{x}}$

(307) $\int \frac{dx}{a + be^{px}} = \frac{x}{a} - \frac{1}{ap}\log(a + be^{px})$

(308) $\int \frac{dx}{ae^{mx} + be^{mx}} = \frac{1}{m\sqrt{ab}} \tan^{-1}\left(e^{mx}\sqrt{\frac{a}{b}}\right)$

(309) $\int e^{ax} \sin px \ dx = \frac{e^{ax}(a \cos px - p \sin px)}{a^2 + p^2}$

(310) $\int e^{ax} \cos px \ dx = \frac{e^{ax}(a \cos px + p \sin px)}{a^2 + p^2}$

(311) $\int e^{ax} \sin^{n} bx \ dx = \frac{1}{a^2 + n^2 b^2}[(a \sin bx - nb \cos bx) e^{ax} \sin^{n-1} bx$

$$+ n(n-1)b^2 \int e^{ax} \sin^{n-2} bx \ dx]$$

(312) $\int e^{ax} \cos^n bx \, dx = \frac{1}{a^2 + n^2 b^2} [(a \cos bx + nb \sin bx) e^{ax} \cos^{n-1} bx$

$$+ n(n-1)b^2 \int e^{ax} \cos^{n-2} bx \ dx]$$

(313) $\int \sinh x \ dx = \cosh x$

(314) $\int \cosh x \ dx = \sinh x$

(315) $\int \tanh x \ dx = \log \cosh x$

(316) $\int \coth x \ dx = \log \sinh x$

(317) $\int \operatorname{sech} x \ dx = 2 \tan^{-1}(e^x)$

(318) $\int \operatorname{csch} x \ dx = \log \tanh\left(\frac{x}{2}\right)$

(319) $\int x \sinh x \ dx = x \cosh x - \sinh x$

(320) $\int x \cosh x \ dx = x \sinh x - \cosh x$

(321) $\int \operatorname{sech} x \tanh x \ dx = -\operatorname{sech} x$

(322) $\int \operatorname{csch} x \coth x \ dx = -\operatorname{csch} x$

부 록 3 수 표

1. 삼각함수표

각	sin	cos	tan	각	sin	cos	tan
0°	0.0000	1.0000	0.0000	45°	0.7071	0.7071	1.0000
1°	0.0175	0.9998	0.0175	46°	0.7193	0.6947	1.0355
2°	0.0349	0.9994	0.0349	47°	0.7314	0.6820	1.0724
3°	0.0523	0.9986	0.0524	48°	0.7431	0.6691	1.1106
4°	0.0698	0.9976	0.0699	49°	0.7547	0.6561	1.1504
5°	0.0872	0.9962	0.0875	50°	0.7660	0.6428	1.1918
6°	0.1045	0.9945	0.1057	51°	0.7771	0.6293	1.2349
7°	0.1219	0.9925	0.1228	52°	0.7880	0.6157	1.2799
8°	0.1392	0.9903	0.1405	53°	0.7986	0.6018	1.3270
9°	0.1564	0.9877	0.1584	54°	0.8090	0.5878	1.3764
10°	0.1736	0.9848	0.1763	55°	0.8192	0.5736	1.4281
11°	0.1908	0.9816	0.1944	56°	0.8290	0.5592	1.4826
12°	0.2079	0.9781	0.2126	57°	0.8387	0.5446	1.5399
13°	0.2250	0.9744	0.2309	58°	0.8480	0.5299	1.6003
14°	0.2419	0.9703	0.2493	59°	0.8572	0.5150	1.6643
15°	0.2588	0.9659	0.2679	60°	0.8660	0.5000	1.7321
16°	0.2756	0.9613	0.2867	61°	0.8746	0.4848	1.8040
17°	0.2924	0.9563	0.3057	62°	0.8829	0.4695	1.8807
18°	0.3090	0.9511	0.3249	63°	0.8910	0.4540	1.9626
19°	0.3256	0.9455	0.3443	64°	0.8988	0.4384	2.0503
20°	0.3420	0.9397	0.3640	65°	0.9063	0.4226	2.1445
21°	0.3584	0.9336	0.3839	66°	0.9135	0.4067	2.2460
22°	0.3746	0.9272	0.4040	67°	0.9205	0.3907	2.3559
23°	0.3907	0.9205	0.4245	68°	0.9272	0.3746	2.4751
24°	0.4067	0.9135	0.4452	69°	0.9336	0.3584	2.6051
25°	0.4226	0.9063	0.4663	70°	0.9397	0.3420	2.7475
26°	0.4384	0.8988	0.4877	71°	0.9455	0.3256	2.9042
27°	0.4540	0.8910	0.5095	72°	0.9511	0.3090	3.0777
28°	0.4695	0.8829	0.5317	73°	0.9563	0.2924	3.2709
29°	0.4848	0.8746	0.5543	74°	0.9613	0.2756	3.4874
30°	0.5000	0.8660	0.5774	75°	0.9659	0.2588	3.7321
31°	0.5150	0.8572	0.6009	76°	0.9703	0.2419	4.0108
32°	0.5299	0.8480	0.6249	77°	0.9744	0.2250	4.3315
33°	0.5446	0.8387	0.6494	78°	0.9781	0.2079	4.7046
34°	0.5592	0.8290	0.6745	79°	0.9816	0.1908	5.1446
35°	0.5736	0.8192	0.7002	80°	0.9848	0.1736	5.6713
36°	0.5878	0.8090	0.7265	81°	0.9877	0.1564	7.1154
37°	0.6018	0.7986	0.7536	82°	0.9903	0.1392	8.1443
38°	0.6157	0.7880	0.7813	83°	0.9925	0.1219	9.5144
39°	0.6293	0.7771	0.8098	84°	0.9945	0.1045	6.3138
40°	0.6428	0.7660	0.8391	85°	0.9962	0.0872	11.4301
41°	0.6561	0.7547	0.8693	86°	0.9976	0.0698	14.3007
42°	0.6691	0.7431	0.9004	87°	0.9986	0.0523	19.0811
43°	0.6820	0.7314	0.9325	88°	0.9994	0.0349	28.6363
44°	0.9747	0.7193	0.9657	89°	0.9998	0.0175	57.2900
45°	0.7071	0.7071	1.0000	90°	1.0000	0.0000	∞

2. 상용대수표 (Ⅰ) $\log_{10} x$

x	0	1	2	3	4	5	6	7	8	9	표차								
											1	2	3	4	5	6	7	8	9
1.0	.0000	.0043	.0086	.0128	.0170	.0212	.0253	.0294	.0334	.0374	4	8	12	17	21	25	29	33	37
1.1	.0414	.0453	.0492	.0531	.0569	.0607	.0645	.0682	.0719	.0755	4	8	11	15	19	23	26	30	34
1.2	.0792	.0828	.0864	.0899	.0934	.0969	.1004	.1038	.1072	.1106	3	7	10	14	17	21	24	28	31
1.3	.1139	.1173	.1206	.1239	.1271	.1303	.1335	.1367	.1399	.1430	3	6	10	13	16	19	23	26	29
1.4	.1461	.1492	.1523	.1553	.1584	.1614	.1644	.1673	.1703	.1732	3	6	9	12	15	18	21	24	27
1.5	.1761	.1790	.1818	.1847	.1875	.1803	.1931	.1959	.1987	.2014	3	6	8	11	14	17	20	22	25
1.6	.2041	.2068	.2095	.2122	.2148	.2175	.2201	.2227	.2253	.2279	3	5	8	11	13	16	18	21	24
1.7	.2304	.2330	.2355	.2380	.2405	.2430	.2455	.2480	.2504	.2529	2	5	7	10	12	15	17	20	22
1.8	.2553	.2577	.2601	.2625	.2648	.2672	.2695	.2718	.2742	.2765	2	5	7	9	12	14	16	19	21
1.9	.2788	.2810	.2833	.2856	.2878	.2900	.2923	.2945	.2967	.2989	2	4	7	9	11	13	16	18	20
2.0	.3010	.3032	.3054	.3075	.3096	.3118	.3139	.3160	.3181	.3201	2	4	6	8	11	13	15	17	19
2.1	.3222	.3243	.3263	.3284	.3304	.3324	.3345	.3365	.3385	.3404	2	4	6	8	10	12	14	16	18
2.2	.3424	.3444	.3464	.3483	.3502	.3522	.3541	.3560	.3579	.3598	2	4	6	8	10	12	14	15	17
2.3	.3617	.3636	.3655	.3674	.3692	.3711	.3729	.3747	.3766	.3784	2	4	6	7	9	11	13	15	17
2.4	.3802	.3820	.3838	.3856	.3874	.3892	.3909	.3927	.3945	.3962	2	4	5	7	9	11	12	14	16
2.5	.3979	.3997	.4014	.4031	.4048	.4065	.4082	.4099	.4116	.4133	2	3	5	7	9	10	12	14	15
2.6	.4150	.4166	.4083	.4200	.4216	.4232	.4249	.4265	.4281	.4298	2	3	5	7	8	10	11	13	15
2.7	.4314	.4330	.4346	.4362	.4378	.4393	.4409	.4425	.4440	.4456	2	3	5	6	8	9	11	13	14
2.8	.4472	.4487	.5602	.4518	.4533	.4548	.4564	.4579	.4594	.4609	2	3	5	6	8	9	11	12	14
2.9	.4624	.4639	.4654	.4669	.4683	.4698	.4713	.4728	.4742	.4757	1	3	4	6	7	9	10	12	13
3.0	.4771	.4786	.4800	.4814	.4829	.4843	.4857	.4871	.4886	.4900	1	3	4	6	7	9	10	11	13
3.1	.4914	.4928	.4942	.4955	.4969	.4983	.4997	.5011	.5024	.5038	1	3	4	6	7	8	10	11	12
3.2	.5051	.5065	.5079	.5092	.5105	.5119	.5132	.5145	.5159	.5172	1	3	4	5	7	8	9	11	12
3.3	.5185	.5198	.5211	.5224	.5237	.5250	.5263	.5276	.5289	.5302	1	3	4	5	6	8	9	10	12
3.4	.5315	.5328	.5340	.5353	.5366	.5378	.5391	.5403	.5416	.5428	1	3	4	5	6	8	9	10	11
3.5	.5441	.5453	.5465	.5478	.5490	.5502	.5514	.5527	.5539	.5551	1	2	4	5	6	7	9	10	11
3.6	.5563	.5575	.5587	.5599	.5611	.5623	.5635	.5647	.5658	.5670	1	2	4	5	6	7	8	10	11
3.7	.5682	.5694	.5705	.5717	.5729	.5740	.5752	.5763	.5775	.5786	1	2	3	5	6	7	8	9	10
3.8	.5798	.5809	.5821	.5832	.5843	.5855	.5866	.5877	.5888	.5899	1	2	3	5	6	7	8	9	10
3.9	.5911	.5922	.5933	.5944	.5955	.5966	.5977	.5988	.5999	.6010	1	2	3	4	5	7	8	9	10
4.0	.6021	.6031	.6042	.6053	.6064	.6075	.6085	.6096	.6107	.6117	1	2	3	4	5	6	7	9	10
4.1	.6128	.6138	.6149	.6160	.6170	.6180	.6191	.6201	.6212	.6222	1	2	3	4	5	6	7	8	9
4.2	.6232	.6243	.6253	.6263	.6274	.6284	.6294	.6304	.6314	.6325	1	2	3	4	5	6	7	8	9
4.3	.6335	.6345	.6355	.6365	.6375	.6385	.6395	.6405	.6415	.6425	1	2	3	4	5	6	7	8	9
4.4	.6435	.6444	.6454	.6464	.6474	.6484	.6493	.6503	.6513	.6522	1	2	3	4	5	6	7	8	9
4.5	.6532	.6542	.6551	.6561	.6571	.6580	.6590	.6599	.6609	.6618	1	2	3	4	5	6	7	8	9
4.6	.6628	.6637	.6646	.6656	.6665	.6675	.6684	.6693	.6702	.6712	1	2	3	4	5	6	7	7	8
4.7	.6721	.6730	.6739	.6749	.6758	.6767	.6776	.6785	.6794	.6803	1	2	3	4	5	5	6	7	8
4.8	.6812	.6821	.6830	.6839	.6848	.6857	.6866	.6875	.6884	.6893	1	2	3	4	4	5	6	7	8
4.9	.6902	.6911	.6920	.6928	.6937	.6946	.6955	.6964	.6972	.6981	1	2	3	4	4	5	6	7	8
5.0	.6990	.6998	.7007	.7016	.7024	.7033	.7042	.7050	.7059	.7067	1	2	3	3	4	5	6	7	8
5.1	.7076	.7084	.7093	.7101	.7110	.7118	.7126	.7135	.7143	.7152	1	2	3	3	4	5	6	7	8
5.2	.7160	.7168	.7177	.7185	.7193	.7202	.7210	.7218	.7226	.7235	1	2	2	3	4	5	6	7	7
5.3	.7243	.7251	.7259	.7267	.7275	.7284	.7292	.7300	.7308	.7316	1	2	2	3	4	5	6	6	7
5.4	.7324	.7332	.7340	.7348	.7356	.7364	.7372	.7380	.7388	.7396	1	2	2	3	4	5	6	6	7

3. 상용대수표 (II) $\log_{10} x$

x	0	1	2	3	4	5	6	7	8	9	표차								
											1	2	3	4	5	6	7	8	9
5.5	.7404	.7412	.7419	.7427	.7435	.7443	.7451	.7459	.7466	.7474	1	2	2	3	4	5	5	6	7
5.6	.7482	.7490	.7497	.7505	.7513	.7520	.7528	.7536	.7543	.7551	1	2	2	3	4	5	5	6	7
5.7	.7559	.7566	.7574	.7582	.7589	.7597	.7604	.7612	.7619	.7627	1	2	2	3	4	5	5	6	7
5.8	.7634	.7642	.7649	.7657	.7664	.7672	.7679	.7686	.7694	.7701	1	1	2	3	4	4	5	6	7
5.9	.7709	.7716	.7723	.7731	.7738	.7745	.7752	.7760	.7767	.7774	1	1	2	3	4	4	5	6	7
6.0	.7782	.7789	.7796	.7803	.7810	.7818	.7825	.7832	.7893	.7846	1	1	2	3	4	4	5	6	6
6.1	.7853	.7860	.7868	.7875	.7882	.7889	.7896	.7903	.7910	.7917	1	1	2	3	4	4	5	6	6
6.2	.7924	.7931	.7938	.7945	.7952	.7959	.7966	.7973	.7980	.7987	1	1	2	3	3	4	5	6	6
6.3	.7993	.8000	.8007	.8014	.8021	.8028	.8035	.8041	.8048	.8055	1	1	2	3	3	4	5	5	6
6.4	.8062	.8069	.8075	.8082	.8089	.8096	.8102	.8109	.8116	.8122	1	1	2	3	3	4	5	5	6
6.5	.8129	.8136	.8142	.8149	.8156	.8162	.8169	.8176	.8182	.8189	1	1	2	3	3	4	5	5	6
6.6	.8195	.8202	.8209	.8215	.8222	.8228	.8235	.8241	.8248	.8254	1	1	2	3	3	4	5	5	6
6.7	.8261	.8267	.8274	.8280	.8287	.8293	.8299	.8306	.8312	.8319	1	1	2	3	3	4	5	5	6
6.8	.8325	.8331	.8338	.8344	.8351	.8357	.8363	.8370	.8376	.8382	1	1	2	3	3	4	4	5	6
6.9	.8388	.8395	.8401	.8407	.8414	.8420	.8426	.8432	.8439	.8445	1	1	2	2	3	4	4	5	6
7.0	.8451	.8457	.8463	.8470	.8476	.8482	.8488	.8494	.8500	.8506	1	1	2	2	3	4	4	5	6
7.1	.8513	.8519	.8525	.8531	.8537	.8543	.8549	.8555	.8561	.8567	1	1	2	2	3	4	4	5	5
7.2	.8573	.8579	.8585	.8591	.8597	.8603	.8609	.8615	.8621	.8627	1	1	2	2	3	4	4	5	5
7.3	.8633	.8639	.8645	.8651	.8657	.8663	.8669	.8675	.8681	.8686	1	1	2	2	3	4	4	5	5
7.4	.8692	.8698	.8704	.8710	.8716	.8722	.8727	.8733	.8739	.8745	1	1	2	2	3	4	4	5	5
7.5	.8751	.8756	.8762	.8768	.8774	.8779	.8785	.8791	.8797	.8802	1	1	2	2	3	3	4	5	5
7.6	.8808	.8814	.8820	.8825	.8831	.8837	.8842	.8848	.8854	.8859	1	1	2	2	3	3	4	5	5
7.7	.8865	.8871	.8876	.8882	.8887	.8893	.8899	.8904	.8910	.8915	1	1	2	2	3	3	4	4	5
7.8	.8921	.8927	.8932	.8938	.8943	.8949	.8954	.8960	.8965	.8971	1	1	2	2	3	3	4	4	5
7.9	.8976	.8982	.8987	.8993	.8998	.9004	.9009	.9015	.9020	.9025	1	1	2	2	3	3	4	4	5
8.0	.9031	.9036	.9042	.9047	.9053	.9058	.9063	.9069	.9074	.9079	1	1	2	2	3	3	4	4	5
8.1	.9085	.9090	.9096	.9101	.9106	.9112	.9117	.9122	.9128	.9133	1	1	2	2	3	3	4	4	5
8.2	.9138	.9143	.9149	.9154	.9159	.9165	.9170	.9175	.9180	.9186	1	1	2	2	3	3	4	4	5
8.3	.9191	.9196	.9201	.9206	.9212	.9217	.9222	.9227	.9232	.9238	1	1	2	2	3	3	4	4	5
8.4	.9243	.9248	.9253	.9258	.9263	.9269	.9274	.9279	.9284	.9289	1	1	2	2	3	3	4	4	5
8.5	.9294	.9299	.9304	.9309	.9315	.9320	.9325	.9330	.9335	.9340	1	1	2	2	3	3	4	4	5
8.6	.9345	.9350	.9355	.9360	.9365	.9370	.9375	.9380	.9385	.9390	1	1	2	2	3	3	4	4	5
8.7	.9395	.9400	.9405	.9410	.9415	.9420	.9425	.9430	.9435	.9440	0	1	1	2	2	3	3	4	4
8.8	.9445	.9450	.9455	.9460	.9465	.9469	.9474	.9479	.9484	.9489	0	1	1	2	2	3	3	4	4
8.9	.9494	.9499	.9504	.9509	.9513	.9518	.9523	.9528	.9533	.9538	0	1	1	2	2	3	3	4	4
9.0	.9542	.9547	.9552	.9557	.9562	.9566	.9571	.9576	.9581	.9586	0	1	1	2	2	3	3	4	4
9.1	.9590	.9595	.9600	.9605	.9609	.9614	.9619	.9624	.9628	.9633	0	1	1	2	2	3	3	4	4
9.2	.9638	.9643	.9647	.9652	.9657	.9661	.9666	.9671	.9675	.9680	0	1	1	2	2	3	3	4	4
9.3	.9685	.9689	.9694	.9699	.9703	.9708	.9713	.9717	.9722	.9727	0	1	1	2	2	3	3	4	4
9.4	.9731	.9736	.9741	.9745	.9750	.9754	.9759	.9763	.9768	.9773	0	1	1	2	2	3	3	4	4
9.5	.9777	.9782	.9786	.9791	.9795	.9800	.9805	.9809	.9814	.9818	0	1	1	2	2	3	3	4	4
9.6	.9823	.9827	.9832	.9836	.9841	.9845	.9850	.9854	.9859	.9863	0	1	1	2	2	3	3	4	4
9.7	.9868	.9872	.9877	.9881	.9886	.9890	.9894	.9903	.9903	.9908	0	1	1	2	2	3	3	4	4
9.8	.9912	.9917	.9921	.9926	.9930	.9934	.9939	.9943	.9948	.9952	0	1	1	2	2	3	3	4	4
9.9	.9956	.9961	.9965	.9969	.9974	.9978	.9983	.9987	.9991	.9996	0	1	1	2	2	3	3	3	4

4. 제곱근 · 세제곱근 · 역수의 표

수	제곱	세제곱	제곱근	세제곱근	역수	수	제곱	세제곱	제곱근	세제곱근	역수
1	1	1	1.0000	1.0000	1.00000	51	2601	132651	7.1414	3.7084	0.01961
2	4	8	1.4142	1.2599	0.50000	52	2704	140608	7.2111	3.7325	0.01923
3	9	27	1.7321	1.4222	0.33333	53	2809	148877	7.2801	3.7563	0.01887
4	16	64	2.0000	1.5874	0.25000	54	2916	157464	7.3485	3.7798	0.01852
5	25	125	2.2361	1.7100	0.20000	55	3025	166375	7.4162	3.8030	0.01818
6	36	216	2.4495	1.8171	0.16667	56	3136	175616	7.4833	3.8259	0.01786
7	49	343	2.6458	1.9129	0.14286	57	3249	185193	7.5498	3.8485	0.01754
8	64	512	2.8284	2.0000	0.12500	58	3364	195112	7.6158	3.8709	0.01724
9	81	729	3.0000	2.0801	0.11111	59	3481	205379	7.6811	3.8930	0.01695
10	100	1000	3.1623	2.1544	0.10000	60	3600	216000	7.7460	3.9149	0.01667
11	121	1331	3.3166	2.2240	0.09091	61	3721	226981	7.8102	3.9365	0.01639
12	144	1728	3.4641	2.2894	0.08333	62	3844	238328	7.8740	3.9579	0.01613
13	169	2197	3.6056	2.3513	0.07692	63	3969	250047	7.9373	3.9791	0.01587
14	196	2744	3.7417	2.4101	0.07143	64	4096	262144	8.0000	4.0000	0.01563
15	225	3375	3.8730	2.4662	0.06667	65	4225	274625	8.0623	4.0207	0.01538
16	256	4096	4.0000	2.5198	0.06250	66	4356	287496	8.1240	4.0412	0.01515
17	289	4913	4.1231	2.5713	0.05882	67	4489	300763	8.1854	4.0615	0.01493
18	324	5832	4.2426	2.6207	0.05556	68	4624	314462	8.2462	4.0817	0.01471
19	361	6859	4.3589	2.6684	0.05263	69	4761	328509	8.3066	4.1016	0.01449
20	400	8000	4.4721	2.7144	0.05000	70	4900	343000	8.3666	4.1213	0.01429
21	441	9261	4.5826	2.7589	0.04762	71	5041	357911	8.4261	4.1408	0.01408
22	484	10648	4.6904	2.8020	0.04545	72	5184	373248	8.4353	4.1602	0.01389
23	529	12167	4.7958	2.8439	0.04348	73	5329	389017	8.5440	4.1793	0.01370
24	576	13824	4.8990	2.8845	0.04167	74	5476	405224	8.6023	4.1983	0.01351
25	625	15625	5.0000	2.9240	0.04000	75	5625	421875	8.6603	4.2172	0.01333
26	676	17576	5.0990	2.8625	0.03846	76	5776	438976	8.7178	4.2358	0.01316
27	729	19683	5.1962	3.0000	0.03704	77	5929	456533	8.7750	4.2543	0.01299
28	784	21952	5.2915	3.0366	0.03571	78	6084	474552	8.8318	4.2727	0.01282
29	841	24389	5.3852	3.0723	0.03448	79	6241	493039	8.8882	4.2908	0.01266
30	900	27000	5.4772	3.1072	0.03333	80	6400	512000	8.9443	4.3089	0.01250
31	961	29791	5.5678	3.1414	0.03226	81	6561	531441	9.0000	4.3267	0.01235
32	1024	32768	5.6569	3.1748	0.03125	82	6724	551368	9.0554	4.3445	0.01220
33	1089	35937	5.7446	3.2075	0.03030	83	6889	571787	9.1104	4.3621	0.01205
34	1156	39304	5.8310	3.2396	0.02941	84	7056	592704	9.1652	4.3795	0.01190
35	1225	42875	5.9161	3.2711	0.02857	85	7225	614125	9.2195	4.3968	0.01176
36	1296	46656	6.0000	3.3019	0.02778	86	7396	636056	9.2736	4.4140	0.01163
37	1369	50653	6.0828	3.3322	0.02703	87	7569	658503	9.3274	4.4310	0.01149
38	1444	54872	6.1644	3.3620	0.02632	88	7744	681472	9.3808	4.4480	0.01136
39	1521	59319	6.2450	3.3912	0.02564	89	7921	704969	9.4340	4.4647	0.01124
40	1600	64000	6.3246	3.4200	0.02500	90	8100	729000	9.4868	4.4814	0.01111
41	1681	68921	6.4031	3.4482	0.02439	91	8281	753571	9.5394	4.4979	0.01099
42	1764	74088	6.4807	3.4760	0.02381	92	8464	778688	9.5917	4.5144	0.01087
43	1849	79507	6.5574	3.5034	0.02326	93	8649	804357	9.6437	4.5307	0.01075
44	1936	85184	6.6332	3.5303	0.02273	94	8836	830584	9.6954	4.5468	0.01064
45	2025	91125	6.7082	3.5569	0.02222	95	9025	857375	9.7468	4.5629	0.01053
46	2116	97336	6.7823	3.5830	0.02174	96	9216	884736	9.7980	4.5789	0.01042
47	2209	103823	6.8557	3.6088	0.02128	97	9409	912673	9.8489	4.5947	0.01031
48	2304	110592	6.9282	3.6342	0.02083	98	9604	941192	9.8995	4.6104	0.01020
49	2401	117649	7.0000	3.6593	0.02941	99	9801	970299	9.9499	4.6261	0.01010
50	2500	125000	7.0711	3.6840	0.02000	100	10000	1000000	10.0000	4.6416	0.01000

$\pi = 3.14\ 159\ 265$ $\quad \frac{1}{\pi} = 0.31831$ $\quad \sqrt{\pi} = 1.7725$ $\quad \sqrt[3]{\pi} = 1.4646$

5. 자연대수표 (Ⅰ) $\log_e x (= \ln x)$

10보다 크거나 1보다 작은 수의 대수를 구할 때, ln 10 = 2.30259를 이용하여라.

x	0	1	2	3	4	5	6	7	8	9
1.0	0.0000	0096	0198	0296	0392	0488	0583	0677	0770	0862
1.1	0953	1044	1133	1222	1310	1398	1484	1570	1655	1740
1.2	1823	1906	1989	2070	2151	2231	2311	2390	2469	2546
1.3	2624	2700	2776	2852	2927	3001	3075	3148	6221	3292
1.4	3365	3436	3507	3577	3646	3716	3784	3853	3920	3988
1.5	0.4055	4124	4187	4253	4318	4383	4447	4511	4574	4637
1.6	4700	4762	4824	4886	4947	5008	5068	5128	5188	5247
1.7	5306	5365	5423	5481	5539	5596	5653	5710	5766	5822
1.8	5878	5933	5988	6043	6098	6152	6206	6259	6313	6366
1.9	6419	6471	6523	6575	6627	6678	6729	6780	6831	6881
2.0	0.6932	6981	7031	7080	7129	7178	7227	7275	7324	7372
2.1	7419	7467	7514	7561	7608	7655	7701	7747	7793	7839
2.2	7885	7930	7975	8020	8065	8109	8154	8189	8242	8246
2.3	8329	8372	8416	8459	8502	8544	8587	8629	8671	8713
2.4	8755	8796	8838	8879	8920	8961	9002	9042	9083	9123
2.5	0.9163	9203	9243	9282	9322	9361	9400	9439	9478	9517
2.6	9555	9594	9632	9670	9708	9746	9783	9821	9858	9895
2.7	9933	9969	1.0006	1.0043	1.0079	1.0116	1.0152	1.0188	1.0225	1.0260
2.8	1.0296	1.0332	0367	0403	0438	0473	0508	0543	0578	0613
2.9	0647	0682	0726	0750	0784	0818	0852	0886	0919	0953
3.0	1.0986	1019	1053	1086	1119	1151	1184	1217	1249	1282
3.1	1314	1346	1378	1410	1442	1474	1506	1537	1569	1600
3.2	1632	1663	1694	1725	1756	1787	1817	1848	1878	1909
3.3	1939	1969	2000	2030	2060	2090	2119	2149	2179	2208
3.4	2238	2267	2296	2326	2355	2384	2413	2442	2470	2499
3.5	1.2528	2556	2585	2613	2641	2669	2698	2726	2754	2782
3.6	2809	2837	2865	2892	2920	2947	2975	3002	3029	3056
3.7	3083	3110	3137	3164	3191	3218	3244	3271	3297	3324
3.8	3350	3376	3403	3429	3455	3481	3507	3533	3558	3584
3.9	3610	3635	3661	3686	3712	3737	3762	3788	3813	3838
4.0	1.3863	3888	3913	3938	3962	3987	4012	4036	4061	4085
4.1	4110	4134	4159	4183	4207	4231	4255	4279	4303	4327
4.2	4351	4375	4398	4422	4446	4469	4493	4516	4540	4563
4.3	4586	4609	4633	4656	4679	4702	4725	4748	4770	4793
4.4	4816	4839	4861	4884	4907	4929	4951	4974	4996	5019
4.5	1.5041	5063	5085	5107	5129	5151	5173	5195	5217	5239
4.6	5261	5282	5304	5326	5347	5369	5390	5412	5433	5454
4.7	5476	5497	5518	5539	5560	5581	5602	5623	5644	5655
4.8	5686	5707	5728	5748	5769	5790	5810	5831	5851	5872
4.9	5892	5913	5933	5953	5974	5994	6014	6034	6054	6074
5.0	1.6094	6114	6134	6154	6174	6194	6214	6233	6253	6273
5.1	6292	6312	6332	6351	6371	6390	6409	6429	6448	6467
5.2	6487	6506	6525	6544	6563	6582	6601	6620	6639	6658
5.3	6677	6696	6725	6734	6752	6771	6790	6808	6827	6845
5.4	6864	6882	6901	6919	6938	6956	6974	6993	7011	7029

6. 자연대수표 (II) $\log_e x (= \ln x)$

Exa. ln 220 = ln 2.2 + 2 ln 10 = 0.7885 + 2(2.30259) = 5.3937

x	0	1	2	3	4	5	6	7	8	9
5.5	1.7047	7066	7084	7102	7120	7138	7156	7174	7192	7210
5.6	7228	7246	7263	7281	7299	7317	7334	7352	7370	7387
5.7	7405	7422	7440	7457	7475	7492	7509	7527	7544	7561
5.8	7579	7596	7613	7630	7647	7664	7681	7699	7716	7733
5.9	7750	7766	7783	7800	7817	7834	7851	7867	7884	7901
6.0	1.7918	7934	7951	7967	7984	8001	8017	8034	8050	8066
6.1	8083	8099	8116	8132	8148	8165	8181	8197	8213	8229
6.2	8245	8262	8278	8294	8310	8326	8342	8358	8374	8390
6.3	8405	8421	8437	8453	8496	8485	8500	8516	8532	8547
6.4	8563	8579	8594	8610	8625	8641	8656	8672	8687	8703
6.5	1.8718	8733	8749	8764	8779	8795	8810	8825	8840	8856
6.6	8871	8886	8901	8916	8931	8946	8961	8976	8991	9006
6.7	9021	9036	9051	9066	9081	9095	9110	9125	9140	9155
6.8	9169	9184	9199	9213	9228	9242	9257	9272	9286	9301
6.9	9315	9330	9344	9359	9373	9387	9402	9416	9430	9445
7.0	1.9459	9473	9488	9502	9516	9530	9544	9559	9573	9587
7.1	9601	9615	9629	9643	9657	9671	9685	9669	9713	9727
7.2	9741	9755	9769	9782	9796	9810	9824	9838	9851	9865
7.3	9879	9892	9906	9920	9933	9947	9961	9974	9988	2.0001
7.4	2.0015	2.0028	2.0042	2.0055	2.0069	2.0082	2.0096	2.0109	2.0122	2.0136
7.5	2.0149	0162	0176	0189	0202	0215	0229	0242	0255	0268
7.6	0281	0295	0308	0321	0334	0347	0360	0373	0386	0399
7.7	0412	0425	0438	0451	0464	0477	0490	0503	0516	0528
7.8	0541	0554	0567	0580	0592	0605	0618	0631	0643	0656
7.9	0669	0681	0694	0707	0719	0732	0744	0757	0769	0782
8.0	2.0794	0807	0819	0832	0844	0857	0869	0882	0894	0906
8.1	0919	0931	0943	0956	0968	0980	0992	1005	1017	1029
8.2	1041	1054	1066	1078	1090	1102	1114	1126	1138	1150
8.3	1163	1175	1187	1199	1211	1223	1235	1247	1258	1270
8.4	1282	1294	1306	1318	1330	1342	1353	1365	1377	1389
8.5	2.1401	1412	1424	1436	1448	1459	1471	1483	1494	1506
8.6	1518	1529	1541	1552	1564	1576	1587	1599	1610	1622
8.7	1633	1645	1656	1668	1679	1691	1702	1713	1725	1736
8.8	1748	1759	1770	1782	1793	1804	1815	1827	1838	1849
8.9	1861	1872	1883	1894	1905	1917	1929	1939	1950	1961
9.0	2.1972	1983	1994	2006	2017	2028	2039	2050	2061	2072
9.1	2083	2094	2105	2116	2127	2138	2148	2159	2170	2181
9.2	2192	2203	2214	2225	2235	2246	2257	2268	2279	2289
9.3	2300	2311	2322	2332	2343	2354	2364	2375	2386	2396
9.4	2407	2418	2428	2439	2450	2460	2471	2481	2492	2502
9.5	2.2513	2523	2534	2544	2555	2565	2576	2586	2597	2607
9.6	2618	2628	2638	2649	2659	2670	2680	2690	2701	2711
9.7	2721	2732	2742	2752	2762	2773	2783	2793	2803	2814
9.8	2824	2834	2844	2854	2865	2875	2885	2895	2905	2915
9.9	2925	2935	2946	2956	2966	2976	2986	2996	3006	3016

7. 지수함수와 쌍곡선함수의 표

x	e^x	e^{-x}	sinh x	cosh x	tanh x
0	1.0000	1.0000	.00000	1.0000	.00000
0.1	1.1052	.90484	.10017	1.0050	.09967
0.2	1.2214	.81884	.20134	1.0201	.19738
0.3	1.3499	.74082	.30452	1.0452	.29131
0.4	1.4918	.67032	.41075	1.0811	.37995
0.5	1.6487	.60653	.52110	1.1276	.46212
0.6	1.8221	.54881	.63665	1.1855	.53705
0.7	2.0138	.49659	.75858	1.2552	.60437
0.8	2.2255	.44938	.88811	1.3374	.66404
0.9	2.4596	.40657	1.0265	1.4331	.71630
1.0	2.7183	.36788	1.1752	1.5431	.76159
1.1	3.0042	.33287	1.3356	1.6685	.80050
1.2	3.3201	.30119	1.5095	1.8107	.83365
1.3	3.6693	.27253	1.6984	1.9709	.86172
1.4	4.0552	.24660	1.9043	2.1509	.88535
1.5	4.4817	.22313	2.1293	2.3524	.90515
1.6	4.9530	.20190	2.3756	2.5775	.92167
1.7	5.4739	.18268	2.6456	2.8283	.93541
1.8	6.0496	.16530	2.9422	3.1075	.94681
1.9	6.6859	.14957	3.2682	3.4177	.95624
2.0	7.3891	.13534	3.6269	3.7622	.96403
2.1	8.1662	.12246	4.0219	4.1443	.97045
2.2	9.0250	.11080	4.4571	4.5679	.97574
2.3	9.9742	.10026	4.9370	5.0372	.98010
2.4	11.023	.09072	5.4662	5.5569	.98367
2.5	12.182	.08208	9.0502	6.1323	.98661
2.6	13.464	.07427	6.6947	6.7690	.98903
2.7	14.880	.06721	7.4063	7.4735	.99101
2.8	16.445	.06081	8.1919	8.2527	.99263
2.9	18.174	.05502	9.0596	9.1146	.99396
3.0	20.086	.04979	10.018	10.068	.99505
3.1	22.198	.04505	11.076	11.122	.99595
3.2	24.533	.04076	12.246	12.287	.99668
3.3	24.113	.03688	13.538	13.575	.99728
3.4	19.964	.03337	14.965	14.999	.99777
3.5	33.115	.03020	16.543	16.573	.99818
3.6	36.598	.02732	18.285	18.313	.99777
3.7	40.447	.02472	20.211	20.236	.99878
3.8	44.701	.02237	22.339	22.362	.99900
3.9	49.402	.02024	24.691	24.711	.99918
4.0	54.593	.01832	27.290	27.308	.99933
4.1	60.340	.01657	30.162	30.178	.99945
4.2	66.686	.01500	33.336	33.351	.99955
4.3	73.700	.01357	36.843	86.856	.99963
4.4	81.451	.01228	40.719	40.732	.99970
4.5	90.017	.01111	45.003	45.014	.99975
4.6	99.484	.01005	39.737	49.747	.99980
4.7	109.95	.00910	54.969	54.978	.99983
4.8	121.51	.00823	60.751	60.759	.99986
4.9	134.29	.00745	67.141	67.149	.99989
5.0	148.41	.00674	74.023	74.210	.99991

8. 초등함수표

x	$\sin x$	$\cos x$	$\tan x$	e^x	$\sinh x$	$\cosh x$
0.0	0.00000	1.00000	0.00000	1.00000	0.00000	1.00000
0.1	0.09983	0.99500	0.10033	1.10517	0.10017	1.00500
0.2	0.19867	0.98007	0.20271	1.22140	0.20134	1.02007
0.3	0.29552	0.95534	0.30934	1.34986	0.30452	1.04534
0.4	0.38942	0.92106	0.42279	1.49182	0.41075	1.08107
0.5	0.47943	0.87758	0.54630	1.64872	0.52110	1.12763
0.6	0.56464	0.82534	0.68414	1.82212	0.63665	1.18547
0.7	0.64422	0.76484	0.84229	2.01375	0.75858	1.25517
0.8	0.71736	0.69671	1.02964	2.22554	0.88811	1.33743
0.9	0.78333	0.62161	1.26016	2.45960	1.02652	1.43309
1.0	0.84147	0.54030	1.55741	2.71828	1.17520	1.54308
1.1	0.89121	0.45360	1.96476	3.00417	1.33565	1.66852
1.2	0.93204	0.36236	2.57215	3.32012	1.50946	1.81066
1.3	0.96356	0.26750	3.60210	3.66930	1.69838	1.97091
1.4	0.98545	0.16997	5.79788	4.05520	1.90430	2.15090
1.5	0.99750	0.07074	14.10142	4.48169	2.12928	2.35241
1.6	0.99957	0.02920	−34.23253	4.95303	2.37557	2.57746
1.7	0.99166	0.12884	−7.69660	5.47395	2.64563	2.82832
1.8	0.97385	0.22720	−4.28626	6.04965	2.94217	3.10747
1.9	0.94630	−0.32329	−2.92710	6.68589	3.26816	3.41773
2.0	0.90930	−0.41615	−2.18504	7.38906	3.62686	3.76220

x	$\ln x$	x	$\ln x$	x	$\ln x$	x	$\ln x$
1.0	0.00000	2.0	0.69315	3.0	1.09861	5	1.60944
1.1	0.09531	2.1	0.74194	3.1	1.13140	7	1.94591
1.2	0.18232	2.2	0.78846	3.2	1.16315	11	2.39790
1.3	0.26236	2.3	0.83291	3.3	1.19392	13	2.56495
1.4	0.33647	2.4	0.87547	3.4	1.22378	17	2.83321
1.5	0.40547	2.5	0.91629	3.5	1.25276	19	2.94444
1.6	0.47000	2.6	0.95551	3.6	1.28093	23	3.13549
1.7	0.53063	2.7	0.99325	3.7	1.30833	29	3.36730
1.8	0.58779	2.8	1.02962	3.8	1.33500	31	3.43399
1.9	0.64185	2.9	1.06471	3.9	1.36098	37	3.61092

$\frac{y}{x}$	$\arctan \frac{y}{x}$	$\frac{y}{x}$	$\arctan \frac{y}{x}$	$\frac{y}{x}$	$\arctan \frac{y}{x}$	$\frac{y}{x}$	$\arctan \frac{y}{x}$
0.0	0.00000	1.0	0.78540	2.0	1.10715	4.0	1.32582
0.1	0.09967	1.1	0.83298	2.2	1.14417	4.5	1.35213
0.2	0.19740	1.2	0.87606	2.4	1.17601	5.0	1.37340
0.3	0.29146	1.3	0.91510	2.6	1.20362	5.5	1.39094
0.4	0.38051	1.4	0.95055	2.8	1.22777	6.0	1.40565
0.5	0.46365	1.5	0.98279	3.0	1.24905	7.0	1.42890
0.6	0.54042	1.6	1.01220	3.2	1.26791	8.0	1.46644
0.7	0.61073	1.7	1.03907	3.4	1.28474	9.0	1.46014
0.8	0.67474	1.8	1.06370	3.6	1.29965	10.0	1.47113
0.9	0.73282	1.9	1.08632	3.8	1.31347	11.0	1.48014

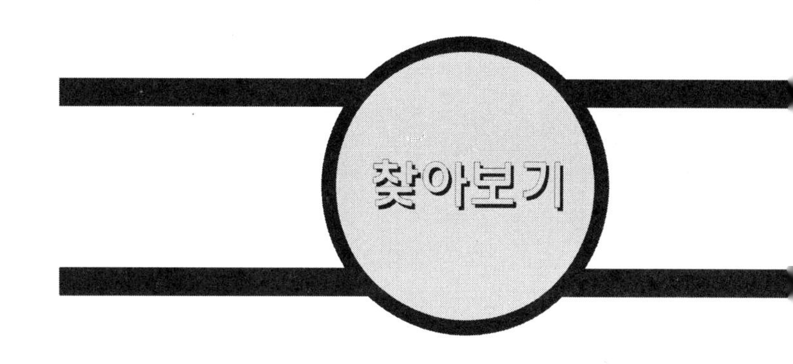
찾아보기

【ㅎ】

【기타】

알기 쉬운 대학수학

인쇄 | 2021년 2월 05일
발행 | 2021년 2월 10일

지은이 | 오흥준 · 유종광 · 유지현
펴낸이 | 조승식
펴낸곳 | (주)도서출판 북스힐

등 록 | 1998년 7월 28일 제22-457호

주 소 | 서울시 강북구 한천로 153길 17
전 화 | (02) 994-0071
팩 스 | (02) 994-0073

홈페이지 | www.bookshill.com
이메일 | bookshill@bookshill.com

정가 15,000원

ISBN 89-5526-411-1

Published by bookshill, Inc. Printed in Korea.